中国茶叶博物馆 编著

话说中国

（第二版）

中国农业出版社

图书在版编目（CIP）数据

话说中国茶/中国茶叶博物馆编著. -- 2版. -- 北京：中国农业出版社，2018.6
ISBN 978-7-109-23816-9

Ⅰ.①话… Ⅱ.①中… Ⅲ.①茶文化—中国—图解 Ⅳ.①TS971.21-64

中国版本图书馆CIP数据核字(2018)第003270号

中国农业出版社出版

（北京市朝阳区农展馆北路2号）

（邮政编码 100125）

责任编辑 刘彦博 赵 勤 胡 键

书籍设计 张 磊（维尔思创工作室）

北京华联印刷有限公司印刷 新华书店北京发行所发行

2018年6月第2版 2018年6月北京第1次印刷

开本：787mm×1092mm 1/16 印张：25.25

字数：450千字

定价：138.00元

前　言

中华民族五千年的悠久历史，孕育了灿烂的文明。在漫长的岁月里，在传统民族文化精神的融会贯通下，中华文明由涓涓细流不断汇入各种支脉，逐渐波澜壮阔，永不断绝。

中国是茶树的原产地，是茶的故乡，是最早发现和利用茶叶的国家。中国三千年的饮茶历史，形成了中华民族独特的茶文化。茶文化是人们在对茶的认识与应用的实践过程中有关物质和精神财富的总和。

作为古老的东方文明的重要组成部分，中国传统文化源于一种根深叶茂、源远流长的农耕文明。中国农耕文明是世界上所有农耕文明中发展最完善、最优美的。以这种文明为背景的文化有其更接近生活、更人性化的一面。这种文化更强调顺应与融入自然，即"天人合一"的观念。在自身的发展过程中，中国传统文化不断吸取各种传统文明的精华，更是融入了在漫长的封建社会中作为社会思想基础的"儒""释""道"等诸多观念。

在这种大背景下孕育而成的中华茶文化，正是以其独特的亲和力和生活化的形态汇入了民族文化浩荡的长河中，成为一枝悄然独放的奇葩。

中华茶文化的形成与发展过程，应是饮茶人的认识从生理健康到心理健康的发展过程，是一种饮茶人精神的自我修炼与人格完善的过程。这里包括人的整体社会素质，即心理、道德、文化，以及价值取向、人生追求等。

茶是人类和大自然共同创造的杰作。

就今日而言，中华茶文化关注的重心，则是人与茶、人与自然、人与人、人与社会的和谐关系。在茗饮中完美地实现人生的价值，这也正是中国茶的品格"和、清、廉、洁"的精神指向与永恒的魅力所在。

诚如李约瑟所言："茶是中国继火药、造纸、印刷术和指南针四大发明后，对人类的第五个贡献。"

编　者

茶为国饮。幽幽一缕茶香从传说时代飘扬到如今，从未断绝。

　　历经几千年的发展，茶叶衍生出无穷的话题，供人言谈，促人深省，引人入胜。在此，我们也将围绕茶叶说史说具、谈艺论道、话茶俗、聊茶馆。

　　呈现给大家的不仅是茶文化的声音色彩，还有茶文化的血肉精髓。

目　录

目
录

第八篇 茶之传播/373

　　茶叶原本寂静地生长于莽莽丛林的某处，但是当它们进入
喧嚣的尘世后，一段段不同寻常的故事便次第展开。历经岁月
长河的淘洗，茶叶始终留存于我们的日常生活和精神天地。
毋庸置疑，茶叶的历史由来、沧桑变幻值得我们回眸。

第一篇 茶史溯源

饮茶思源。中国茶文化的历史最早可追溯到五千多年前的远古时代。中国茶从发现到利用，经历了药用、食用、饮用的漫长过程；经历了从粗放式的解渴饮用，到成为"细煎慢品"的茗饮艺术的发展历程。

第一章　茶的起源与茶文化的萌芽

一、茶的起源

在植物分类系统中，茶树属被子植物门、双子叶植物纲、山茶目、山茶科、山茶属、茶种。植物学家认为，茶树起源至今至少已有一百万年。

茶树源于何地，历来争论较多。随着考古技术的发展和新技术的出现，人们逐渐认识到，中国是茶树的原产地，并确认中国西南地区是茶树原产地的中心。

到目前为止，我国十个省(区)已发现有古茶树分布，共有两百多处。其中，在云南哀牢

云南西双版纳巴达山的野生大茶树

云南哀牢山野生大茶树

山、巴达山和澜沧发现了野生型大茶树，哀牢山的大茶树已有两千七百多年的历史，是迄今发现的最古老的野生型茶树；生长在邦崴的过渡型茶树，树龄达一千多年；而云南南糯山的栽培型茶树，也有八百多年的生长历史。

茶籽化石

二、古老的茶字

在中国古代，表示茶的字很多。在"茶"字形成之前，槚、荈、荼、茗、茶等都曾

集历代茶字

用来表示茶。

槚（音"jiǎ"），秦汉间《尔雅》的"释木篇"

古老的茶字

中，有"槚，苦荼"的释义。东汉许慎撰写的《说文解字》中有"槚，楸也，从木、贾声"之句。贾有"假"、"古"两种读音，"古"与"荼"、"苦荼"音近，因茶为木本而非草本，遂用"槚"来借指"茶"。

荈（音"chuǎn"），专指茶。"荈"最早见于西汉司马相如《凡将篇》中"荈诧"一词。汉代到南北朝时期"荈"用得较多，如《三国志·吴书·韦曜传》中，有"曜饮酒不过二升，皓初礼异，密赐茶荈以当酒"，茶荈当酒，荈应是茶饮料。晋杜育作《荈赋》，南北朝《魏王花木志》中载："茶，叶似栀子，可煮为饮。其老叶谓之荈，嫩叶谓之茗。"

莈（音"shè"），东汉《说文解字》："莈，香草也，从草设声。"莈本义是指香草或草香。因茶具香味，故用莈借指茶。西汉扬雄《方言》："蜀西南人谓茶曰莈。"但以莈指茶仅蜀西南这样用，应属方言用法。

唐代陆羽《茶经》"五之煮"载："其味甘，莈也；不甘而苦，荈也；啜苦咽甘，茶也。"隋唐后，荈字少用，逐渐被茗字所取代。

茗（音"míng"），其出现比"莈"、"荈"迟，但比"荼"早，至今"茗"已成为"茶"的别名。"茗"古通"萌"，《说文解字》："萌，草木芽也，从草明声。""茗"、"萌"本义是指草木的嫩芽。后来"茗"、"萌"、"芽"分工，以"茗"专指茶的嫩芽。五代宋初文学家、书法家徐铉校定《说文解字》时补："茗，茶芽也。从草名声。"也有的指老茶，如晋郭璞《尔雅》"槚，苦荼。"注云："早取为荼，晚取为茗，或一曰荈，蜀人名之苦荼。"还有指介于早茶与荈之间的茶叶，即不老也不嫩的茶。如王祯《农书》中有"初采为茶，老为茗，再老为荈"等解释。

荼（音"tú"、"shū"），我国第一本诗歌总集《诗经》里有7个地方出现"荼"字，其中《诗经·邶风》中就有"谁谓荼苦，其甘如荠"的诗句。"荼"是形声字，从草余声，草字头是义符，说明它是草本。

此外，古代也有用瓜芦、皋卢等来指茶。

陆羽在撰写《茶经》时，在当时流传着茶的众多称呼的情况下，采用了《开元文字音义》的用法，统一改写成"茶"字。从此，茶字的字形、字音和字义沿用至今。

《说文解字》书影

《尔雅》书影

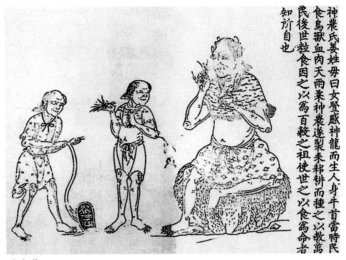

《神农本草》书影　　　　　神农像

三、饮茶的萌芽

茶的发现和利用，经历了药用、食用及饮用的漫长过程。

据考证，距今约五千年前，成书于汉代的《神农本草经》有"神农尝百草，日遇七十二毒，得荼而解之"的记述，是茶叶最初作为药用的记载。但由于《神农本草经》中的许多内容是后人根据传说的补记，其可靠性值得商榷。

茶从最初发源地我国西南地区顺江河流入川地——古巴蜀国地区。中国最早的地方志《华阳国志》中记载："武王既克殷，以其宗姬封于巴，爵之以子……鱼、盐、铜、铁、丹、漆、茶、蜜……皆纳贡之。其果实之珍者：树有荔枝，蔓有辛蒟，园有芳蒻、香茗……"这一史料说明：早在三千年前的周武王时期，古巴蜀国的人们已开始种茶于园圃，并把茶作为地方的特产进献给周武王。这是我国人工栽培茶树及把茶作为贡品的最早的文字记载。

汉代，巴蜀地区饮茶已较普遍，茶在流通中开始成为商品。公元前59年，川人王褒在他买卖家奴的文书《僮约》中已有"烹茶尽具"以及"武阳买茶"的记载。由此可知，早在两千多年前茶叶已作为商品在市场上买卖，并进入了士人的日常生活。

西汉时期的甘露祖师吴理真是我国有记载的第一位种茶人。史料记载，他在四川蒙山上清峰手植茶树七株，后世有"仙茶七株，不生不灭，

《华阳国志·巴志》　**东晋·常璩**

茶史溯源

王褒像

《僮约》 汉代·王褒

服之四两，即地为仙"之说。而"扬子江心水，蒙山顶上茶"更是对蒙顶茶的盛赞。

四川蒙山吴理真种茶遗址

西汉时，茶已由巴蜀地区传播到了湖北、湖南一带。据《路史》引《衡州图经》载："茶陵（今湖南茶陵）者，所谓山谷生茶茗也"，表明至迟到西汉，茶已传播到了今湖南、湖北一带。

从汉代到三国，茶叶从荆楚传播到了长江中下游地区。古文献《方言》中就记有汉代有人到阳羡（今江苏）买茶之事。茶乡浙江湖州的一座东汉晚期墓葬中出土了一只完整的青瓷瓮，引人注意的是青瓷瓮的肩部刻有一"荼"字，故认定是汉时用于储存茶叶的容器。湖州在长江下游的太湖之滨，是古时名茶"阳羡茶"的产地。

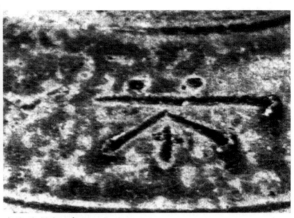

青瓷瓮 **东汉**　　　　　　　　　　青瓷瓮局部 **东汉**

　　根据三国时魏人张揖编写的《广雅》记载，古荆巴(现湖北、四川)一带，人们把采摘的茶叶做成饼状，将老叶和米膏搅和一起制成茶饼。煮饮时，先将茶饼炙烤成深红色，再捣成茶叶末，并混合葱、姜、橘子等，一起煮饮，是一种羹煮的形式。

　　尽管此时人们的饮茶还停留在粗放的阶段，但已经开始了对茶叶的加工。这种饼茶的加工方法及煮饮方式，一直沿袭至唐宋时期。

四、茶文化的形成

　　西周时代朝廷祭祀时已经用到茶。《周礼·掌茶》中记载："掌茶，掌以时聚茶，以供丧事。"掌茶是专设部门，其职责是及时收集茶叶以供朝廷祭祀之用，并具一定规模。《周礼·地官司徒》载："掌茶，下士二人，府一人，史一人，徒二十人。"掌茶一职下设24人可供调遣，说明以茶祭祀在当时已是重要的活动。

　　两汉魏晋时期的文人们写下了有关茶的诗文，如西汉著名文人司马相如的《凡将篇》、扬雄的《方言》、晋代杜育的《荈赋》以及左思的《娇女诗》等。

　　汉代以俭朴为美德。三国时门阀渐显，但未尽失两汉遗风。晋代门阀制度业已形成，社会风气大变，王公贵族争富斗奢。于是，一批有识之士纷纷提出以茶养廉，对抗奢靡之风。如东晋时期吴兴太守陆纳，有"恪勤贞固，始终勿渝"的口碑，是一个以俭德著称的人。对登门拜访的客人，陆纳只是端上茶水和一些瓜果招待。与陆纳同时代的桓温是东晋明帝之婿，桓温政治、军事才干卓著，且提倡节俭。《说郛》记载："桓温为扬州牧，性俭，每宴饮惟下七奠拌茶果而已。"

　　南朝齐武帝萧赜永明十一年（493）遗诏说："我灵上慎勿以牲为祭，唯设饼、茶饮、干饭、酒脯而已。天下贵贱，咸同此制。"齐武帝萧赜是南朝较节俭的少数统治者之一，他提倡以茶为祭，把民间的礼俗吸收到统治阶级的丧礼中，并鼓励和推广了这种制度。

此外，两晋的清谈和玄学之风也促进了文人与茶的结合。

东汉后期，清谈之风渐兴。最初的清谈家多酒徒，如著名的"竹林七贤"。后来，清谈之风渐渐发展到一般文人。玄学家喜演讲，普通清谈者也喜高谈阔论。酒能使人兴奋，但喝多了便会举止失措、胡言乱语，有失雅观。而茶则可令人思路清晰，心态平和。于是，许多玄学家、清谈家从好酒转向好茶。

玄学由清谈直接演变而来，是三国、两晋时期兴起，综合道家和儒家思想学说为主的哲学思潮，通常也被称为"魏晋玄学"。玄学家多方论证了道家的"自然"与儒家的"名教"二者是一致的，他们一改汉代"儒道互黜"的思想格局，主张"儒道兼综"。而中国茶道的精髓，也恰恰正是将儒、释、道融为一体。

两晋南北朝时期，许多文化思想与茶相关。此时，茶已经超出了它的自然功能，其精神内涵日益显现，中国茶文化初现端倪。

第二章　唐代茶文化

唐代是我国封建社会空前兴盛的时期，在这一时期，茶始成书，茶始销世，茶始征税。唐代饮茶风俗，品饮技艺都已法相初具。中唐时期，茶叶的加工技术、生产规模、饮茶风尚及品饮艺术等都有了很大的发展，并广泛传播到少数民族地区。《封氏闻见记》记载："自邹、齐、沧、棣渐至京邑城市，多开店铺，煎茶卖之……按此古人亦饮茶耳，但不如今人溺之甚，穷日尽夜，殆成风俗，始自中地，流于塞外。"

《宫乐图》（局部）**唐代**

《调琴啜茗图》（局部）**唐代**

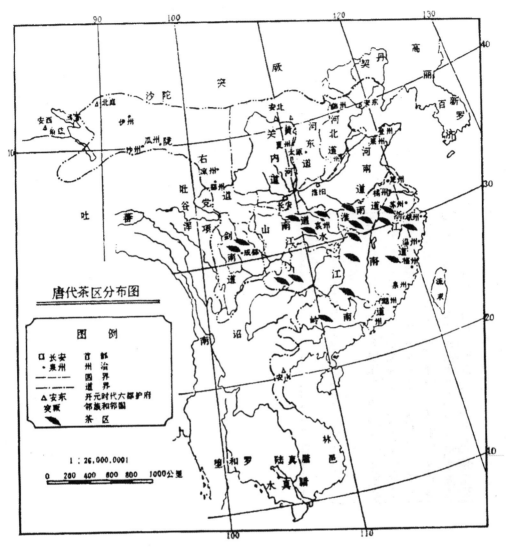

茶区分布图　**唐代**

一、唐代茶文化兴盛的原因

　　隋代统一全国后，为南北方茶业的进一步交流和茶业重心的进一步东移，奠定了基础。

　　茶兴于唐而盛于宋。唐代是国力强盛、经济发达、文化繁荣的时代，经济的发展，社会生产力的提高，大大促进了茶叶生产的发展。从《茶经》和唐代其他文献记载来看，唐代茶叶产区已遍及今四川、陕西、湖北、云南、广西、贵州、湖南、广东、福建、江西、浙江、江苏、安徽、河南等14个省(区)。唐代，茶已成了人们日常生活的重要饮料。《膳夫经手录》载："今关西、山东、闾阎村落皆吃之，累日不食犹得，不得

9

一日无茶。"说明中原和西北少数民族地区，都已嗜茶成俗。由于西北及中原地区不产茶，因而南方茶的生产和全国茶叶贸易空前发展起来了。茶叶贸易的发展，带动了茶叶生产的发展，同时也带动了茶叶制作技术和品质的大幅提高。

唐以前文人士大夫就介入饮茶活动，与茶结下缘分，并有作品留世。唐朝的统一强盛和宽松开明的文化背景为文人提供了优越的社会条件，激发了文人创作的激情，加之茶能涤烦提神、醒脑益思，因而深得文人喜爱。文人士大夫面对名山大川、稀疏竹影、夜后明月、晨前朝霞尽兴饮茶，将饮茶作为一种愉悦精神、修身养性的手段，视为一种高雅的文化体验过程。因此，自唐以来，流传下来的茶文、茶诗、茶画、茶歌，无论从数量到质量、从形式到内容，都大大超过了唐以前的任何时代。

《封氏闻见记》书影

随着佛教禅宗的兴盛与影响，在南方饮茶风习不断发展的基础上，茶在北方也迅速传播，形成了全国性的饮茶规模。茶和佛教的关系，也是相互促进的关系，佛教特别是禅宗需要饮茶来协助修行。佛教禅宗的主要修行方法是坐禅，坐禅夜不能睡，且只能早、中两餐进食，以便身心轻安、静坐敛心、专注一境，最终顿悟成佛。坐禅时间长达三个月，空腹长时间静坐，需要一种既符合佛教教义戒规，又能清心提神、补充营养的食物。僧人从饮茶实践中发现，饮茶既可提神醒脑、消除疲乏、修身养性，又能补充水分，获得丰富的营养，因而茶深得僧人喜爱，成为适应佛徒生活一日不可缺少的必需品。饮茶逐渐成为寺院生活的重要内容。精神境界上，禅讲求清净、修心、静虑，以求得智能，开悟生命的道理。茶性高洁清淡，与禅的追求境界相似。在唐人封演的《封氏闻见记》中就有山东泰山灵岩寺禅师学禅饮茶的记载："开元中，泰山灵岩寺有降魔大师大兴禅教。学禅务于不寐，又不夕食，人皆许饮茶，到处煮饮，从此转相仿效，遂成风俗。"为满足佛教禅宗用茶的需要，各大小寺院大力种茶、研茶，对促进茶叶的生产及品质的提高做出了历史性的贡献。

山东泰山灵岩寺塔

唐代茶事兴盛的另一个重要原因，是由于朝廷贡茶的出现。唐代宫廷大量饮茶，又有茶道、茶宴多种形式，朝廷对茶叶生产十分重视。唐大历五年（770）唐代宗在浙江长兴顾渚山开始设立官焙（专门采造宫廷用茶的生产基地），责成湖州、常州两州刺史督造贡茶并负责进贡紫笋茶、阳羡茶和金沙水事宜。史有"天子未尝阳羡茶，百草不敢先开花"的说法。唐李郢有诗句："十日王程路四千，到时须及清明宴"，指每年新茶采摘后，便昼夜兼程解送京城长安，以便在清明宴上享用，即"先荐宗庙，后赐群臣"。

由于茶叶经济的发展，唐德宗贞元九年（793）开始征收茶税。茶在当时与漆、竹、木一起成为征税的对象，税率是"十分税一"。这是我国历史上最早的茶税开征，当年收入40万贯。此后，茶税渐增。唐文宗大和年间，江西饶州浮梁是全国最大的茶叶市场，《元和郡县志·饶州浮梁县》载"每岁出茶七百万驮，税十五余万贯"。唐代大诗人白居易在《琵琶行》中，还写下了"商人重利轻离别，前月浮梁买茶去"的著名诗句，反映了当时贩茶是十分有利可图的买卖。据《新唐书·食货志》记载，到唐宣宗时，每年茶税收入达80万贯。茶税已发展成为唐朝后期财政收入的一项重要来源。

唐德宗像

二、茶文化在唐代的兴盛

《茶经·一之源》 **唐代**·陆羽

唐朝作为我国古代茶业发展史上的一座里程碑，其突出之处不仅在于茶叶产量的极大提高，而且还表现在这一时期的茶文化发展上。唐代文人以茶会友，以茶传道，以茶兴艺，使茶饮在人们社会生活中的地位大大提高，使茶饮的文化内涵更加深厚。

1.陆羽《茶经》

中唐时陆羽《茶经》的问世，把茶文化推向了空前的高度。《茶经》是唐代和唐以前有关茶叶的科学知识和实践经验的系统总结，是陆羽取得茶叶生产和制作的第一手资料，是广采博收茶家采制经验的结晶。它对当时盛行的各种茶事做了追溯与归纳，对茶的起源、历史、生产、加工、烹煮、品饮，以及诸多人文与自然因素做了深入细致的研究，使茶学真正成为一种专门的学科。

《茶经》全书共7 000多字，3卷10节，分"一之源"论茶的起源；"二之具"论茶的采制工具；"三之造"论茶的加工方法；"四之器"论茶的烹煮用具；"五之煮"论茶的烹煮方法和水的品第；"六之饮"论饮茶的风俗与饮茶方法；"七之事"论述古代有关茶事的记载；"八之出"论全国名茶的产地；"九之略"论怎样在一定的条件下省略茶叶的采制和饮用工具；"十之图"则指出《茶经》要写在绢上挂在座前，指导茶叶制作和品饮。

在中国茶文化史上，陆羽创造的茶学、茶艺、茶道思想以及他所著的《茶经》是一个划时代的标志。《茶经》中提出的一系列从煎到饮的理论、一系列工具、一整套程序，目的是为了引导饮者在从煎到饮的过程中，进入一种

陆羽像 坐落于中国茶叶博物馆内

澄心静虑的境界，将精神注入茶中，使饮茶活动成为"精行俭德"、陶冶性情的手段，由此开创了中国茶道之先河，为后世茶文化的发展提供了典范。

2.咏茶诗文

在唐代茶文化的发展中，文人的热情参与起了重要的推动作用。其中，最为典型的是茶诗创作。在唐诗中，有关茶的作品很多，题材涉及茶的采、制、煎、饮，以及茶具、茶礼、茶功、茶德等。

唐代诗人写下了大量茶诗，言茶妙用、宣茶功效、普及饮茶知识。诗仙李白、诗圣杜甫和白居易、卢仝、杜牧、皮日休、刘禹锡、柳宗元、姚合、元稹、温庭筠、韦应物、岑参、皎然等诗界名流，均留有脍炙人口的茶诗。其中，卢仝的《走笔谢孟谏议寄新茶》为茶诗千古佳作："一碗喉吻润，两碗破孤闷。三碗搜枯肠，唯有文字五千卷。四碗发轻汗，平生不平事，尽向毛孔散。五碗肌骨清，六碗通仙灵。七碗吃不得也，唯觉两腋习习清风生。"这七碗茶诗把饮茶的生理感受和心理感觉描绘得有声有色、淋漓尽致，表达了诗人对茶的深切喜爱。

一些爱茶成癖的诗人还热衷于从事茶的其他活动。如诗人白居易"平生无所好，见此心依然。如获终老地，忽乎不知还。架岩结茅宇，砍壑开茶园。"诗人陆龟蒙"有田数百亩，嗜茶，置园顾渚山下，岁取租茶，自判品弟。"诗人们身体力行，爱茶、种茶、研茶，对茶的生产及饮用具有重要推动作用。

三、唐代茶事

唐贞观十五年（641），文成公主进藏，茶叶作为文成公主的陪嫁品带到了西藏。据《西藏政教鉴附录》载："茶叶亦自文成公主入藏也。"随之，西藏饮茶之风兴起，以至达到"宁可三日无粮，不可一日无茶"的程度。藏人以奶与肉食为主，饮茶得以保健养生，故而饮茶成为风尚。此后，茶作为大宗商品销往西北、西南边疆，形成了中国历史上历经唐、宋、明、清一千多年的"茶马交易"。

茶马古道是指唐、宋、明、清以来至民国时期汉、藏之间以茶马交易为主而形成的一条交通要道。藏区和川、滇边地出产的骡马、毛

西藏大昭寺寺内唐代泥塑作品，文成公主进藏时的情景

皮、药材和内地出产的茶叶、布匹、盐和日用器皿等，在横断山区的高山深谷间南来北往、流动不息，形成一条延续至今的"茶马古道"。

西藏寺院厨房中的酥油茶桶

茶马古道

四川名山古茶马司遗址
　　茶马司为唐、宋、明、清时管理茶马交易的政府机构。

茶马古道遗址

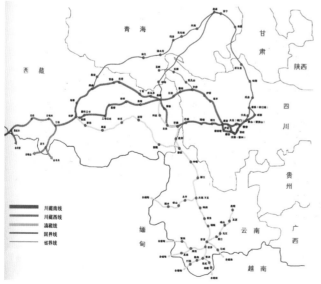
茶马古道全图

茶马古道遗址

话 说 中国茶

韩熙载夜宴图（局部）**唐代**·顾闳中

茶马古道主要分南、北两条道路，即滇藏道和川藏道。滇藏道起自云南版纳一带产茶区，经丽江、中甸、德钦、芒康、察雅至昌都，再由昌都通往卫藏地区。川藏道则以今四川雅安一带产茶区为起点，首先进入康定，自康定起，川藏道又分成南、北两条支线：北线是从康定向北，经道孚、炉霍、甘孜、德格、江达，抵达昌都（即今川藏公路的北线），再由昌都通往卫藏地区；南线则是从康定向南，经雅江、理塘、巴塘、芒康、左贡至昌都（即今川藏公路的南线），再由昌都通向卫藏地区。

在唐代，饼茶是当时制茶主要的形式。根据陆羽《茶经》记载，唐代制作饼茶有"采"、"蒸"、"捣"、"拍"、"焙"、"穿"、"封"七道工序。具体的做法是：采取鲜叶，先放入甑釜中蒸；然后，把蒸过的茶叶用杵臼捣碎；再把它拍(压)制成团饼，焙干以后，用篾穿起来封存。

唐朝拍制茶饼使用的模具叫做"规承"。"规"一般为铁制，圆形或方形；"承"也称"台"，一般用石头做成。

陆羽在《茶经》中对饮茶也做了详细描述，认为以往加调料羹煮的茶犹如"沟渠间弃水"，故不可取，提倡清茶的烹煮。在碾茶之前，先要烤茶，使其均匀变软后用纸包好，以保其香。冷却后，再碾成细末，罗(筛)后贮于合(盒)中。煎茶时当用风炉和釜。煮水时当于有"鱼目"气泡，"微有声"，即烧水至一沸时，加入适量盐调味，并除去浮在表面、状似"黑云母"的水膜，以使茶汤纯正。待到水边缘气泡如"涌泉连珠"，即烧水到二沸时，舀出一瓢，再用竹夹在沸水中边搅边投茶末。到水泡如"腾波鼓浪"，即水烧到三沸时，若继续煮，则水"老"不适饮用。此时，应加进二沸时舀出的一瓢水，使沸腾暂时停止，这时便可以饮了。

唐代的茶具中，特别值得一提的是1987年5月陕西扶风法门寺地宫中出土的皇家宫

鎏金银茶匙 唐代

琉璃盏托 唐代

鎏金银笼子 唐代

鎏金银茶罗 唐代

鎏金银茶碾 唐代

廷茶具。这些茶具质地以银质鎏金为主，异常精美，是目前发现的我国最早、最完备的宫廷系列茶具实物。

李唐皇室为了满足对珍品茶的需求，使贡茶制度在唐代更臻完善。唐代贡茶绝大部分都是蒸青团饼茶，有方有圆、有大有小。唐代的贡茶制度有两种：一种是官焙制度，即由官府直接设立御用焙茶作坊，如顾渚贡茶院。除朝廷指派京官管理外，当地的州官也有监督之责，共同管理。另一种是选择茶叶品质优异的产茶地，每年定额上贡。

唐代宗大历年间，朝廷在水陆交通便捷，茶叶品质上乘且产量集中的顾渚茶区，建立了我国历史上第一座官焙茶园。宜兴原产阳羡茶，陆羽推荐为贡品，湖州产紫笋茶，同列贡品。建官焙后两地所产的茶统称为紫笋茶。

顾渚在代宗大历五年（770）开始造贡茶院，并于贞元十六年（801）建成。当时贡茶，"岁有定额，鬻有禁令"，而且贡额不断增加，由几千斤增到一万八千四百斤，并规定第一批新茶要赶上皇宫"清明宴"，其余限四月底全部送到京都长安。春茶采制季节，湖、常两州刺史，要亲临督选。并在顾渚山啄木岭建"境会亭"，共商修贡事宜和鉴评

位于浙江省湖州长兴的顾渚紫笋贡茶院遗址

贡茶品质，官员云集，张灯结彩，载歌载舞，盛况空前。如制作不精，运送不及时，是要治罪的。

四、唐代名茶

1.唐代茶的命名方式

一是以地名之。如著名的蒙顶茶产于四川雅安蒙山，峨眉茶产于四川峨眉山等。二是以形名之。如著名的仙人掌茶，是一种佛茶，李白在诗中描写过，其形如仙人掌，产于荆州当阳（今湖北当阳）。其他如产于四川雅安蒙山的石花茶；蜀州、眉州产的蝉翼；蜀州产的片甲、麦颗、鸟嘴、横牙、雀舌；产于衡州的月团；产于潭州、邵州的薄片；产于吴地的金饼等。三是以形色名之。如著名的紫笋茶，色近紫，形如笋，符合《茶经》的名茶标准，故备受推崇，"牡丹花笑金钿动，传奏吴兴紫笋来"，紫笋进宫，照例一年要轰动一次，不仅茶美，其名也雅。其他如产于鄂州的团黄；产于蒙山的鹰嘴芽白茶；产于岳州的黄翎毛等。其他命名法。如蒙顶研膏茶、压膏露芽、压膏谷芽，包含着地名、外形和制作特点。瑞草魁、明月、瀑布仙茗其辞富诗意，西山寺炒青以地名和最新制茶工艺名之。给茶命名，唐人匠心独运，视命名为艺术，赋予其一定文化色彩。

2.唐代名茶种类

陈宗懋主编《中国茶经》中总结唐代有50余种名茶：顾渚紫笋、阳羡茶、寿州黄芽、靳门团黄、蒙顶石花、神泉小团、昌明茶、兽目茶、碧涧、明月、芳蕊、茱萸、方山露芽、香雨、衡山茶、邕湖含膏、东白、鸠坑茶、西山白露、仙崖石花、绵州松岭、仙人掌茶、夷陵、茶牙、紫阳茶、义阳茶、六安茶、天柱茶、黄冈、鸦山茶、天目山茶、径山茶、歙州茶、仙茗、腊面茶、横牙、雀舌、鸟嘴、麦颗、片(鳞)甲、蝉翼、邛州茶、泸州茶、峨眉白芽茶、赵坡茶、界桥茶、茶岭茶、剡溪茶、蜀冈茶、庐山茶、唐茶、柏岩茶、九华英、小江园。

《茶经》 **唐代** · 陆羽

五、唐代名人与茶

茶圣——陆羽（733-约804）字鸿渐，又名疾，号竟陵子、桑苎翁、东冈子，唐复州竟陵（今湖北天门）人。陆羽一生嗜茶，精于茶道，以著世界第一部茶叶专著——《茶经》闻名于世，被誉为"茶圣"。

唐肃宗乾元元年（758），陆羽来到江苏南京，寄居栖霞寺，钻研茶事。次年，旅居丹阳。上元元年（760）陆羽应皎然之邀至湖州，后隐居苕溪，与湖州刺史大书法家颜真卿及好茶的诗僧皎然等相往来。陆羽于此时乱中求静，躬身实践，遍游江南茶区，考察茶事。他以自己平生的饮茶实践和茶学知识，在总结前人经验的基础上写出世界上第一部茶学著作《茶经》。

茶僧——皎然 俗姓谢，字清昼，浙江湖州人。唐代著名诗僧，早年信仰佛教，天宝后期在杭州灵隐寺受戒出家，后来徙居湖州乌程杼山山麓妙喜寺，与武丘山元浩、会稽灵澈为道友。他博学多识，精通佛教经典，著作颇丰，有《杼山集》10卷、《诗式》5卷、《诗评》3卷及《儒释交游传》等著作。

品茶是皎然生活中不可或缺的一种嗜好。《对陆迅饮天目山茶因寄元居士晟》云："喜见幽人会，初开野客茶。日成东井叶，露采北山芽。文火香偏胜，寒泉味转嘉。投铛涌作沫，著碗聚生花。稍与禅经近，聊将睡网赊。知君在天目，此意日无涯。"友人元晟送来天目山茶，皎然高兴地赋诗致谢，叙述了他与陆迅等友人分享天目山茶的乐趣。

《顾渚行寄裴方舟》一诗中详细地记下了茶树生长环境、采收季节和方法、茶叶品质与气候的关系等，是研究当时湖州茶事的史料。

皎然与陆羽交往笃深，他们在湖州所倡导的崇尚节俭的品茗习俗对唐代后期茶文化的影响甚巨。

白居易（772-846）字乐天，晚年号香山居士，唐代杰出的现实主义诗人。他酷爱茶叶，曾自称"别茶人"。

唐宪宗元和十二年（817），白居易的好友，忠州（今四川忠县）刺史李宣给病中的他寄来了新茶，白居易品尝新茶欣喜之余写下《谢李六郎中寄新蜀茶》一诗。诗云："故情周匝向交亲，新茗分张及病身。红纸一封书后信，绿芽十片火前春。汤添勺水煎鱼眼，末下刀圭搅曲尘。不寄他人先寄我，应缘我是别茶人。"

白居易像

在《琵琶行》中提到茶事："弟走从军阿姨死，暮去朝来颜色故。门前冷落车马稀，老大嫁作商人妇。商人重利轻别离，前月浮梁买茶去。去来江口守空船，绕船月明江水寒。"

卢仝（约775-835）唐代诗人，祖籍范阳（今河北涿县），生于河南济源市

位于河南济源的卢仝碑石，上刻"唐贤卢仝泉石"

武山镇（今思礼村）。著《玉川子诗集》一卷，《全唐诗》收录其诗80余首。因一首《走笔谢孟谏议寄新茶》诗被后人誉为"茶仙"。其中的"七碗"之吟，最为脍炙人口："一碗喉吻润，二碗破孤闷。三碗搜枯肠，唯有文字五千卷。四碗发轻汗，平生不平事，尽向毛孔散。五碗肌骨清。六碗通仙灵。七碗吃不得也，唯觉两腋习习清风生……"

卢仝一生爱茶成癖，亦有"茶痴"之号。他的一曲"茶歌"，自唐以来，历经宋、元、明、清各代至今，传唱千年不衰。诗人骚客嗜茶擅烹，多与"卢仝"、"玉川子"相比。

据清乾隆年间萧应植等所撰《济源县志》载：在县西北十二里武山头有"卢仝墓"，山上有卢仝当年汲水烹茶的"玉川泉"。卢仝自号"玉川子"，乃是取自泉名。

第三章　宋代茶文化

"茶兴于唐而盛于宋。"到了宋代，茶文化在唐代的基础上继续发展，并逐渐走向成熟。

宋代茶是以工艺精湛的贡茶——龙凤团茶和讲究技艺的斗茶、分茶艺术为其主要特征的。宋代的饮法，已从唐人的煎茶法（烹煮法）过渡到点茶法。

一、宋代茶文化繁盛的原因

1.茶学的深入

在宋代茶叶著作中，著名的有叶清臣的《述煮茶小品》、蔡襄的《茶录》、宋子安的《东溪试茶录》、沈括的《本朝茶法》、赵佶的《大观茶论》等。宋代茶学研究的人才和研究层次都很丰富，研究内容上包括茶叶产地的比较、烹茶技艺、茶叶形制、原料与成茶的关系、饮茶器具、斗茶过程及欣赏、茶叶品评、北苑贡茶名实等。

《宋人斗茶图》

宋徽宗赵佶（1082-1135）著有《大观茶论》一书，是中国古代唯一一本由皇帝撰写的茶书。全书共20篇，对北宋时期蒸青团茶的产地、采制、烹试、品质、斗茶风尚等均有详细记述。其中"点茶"一篇，见解精辟，论述深刻。从一个侧面反映了北宋以来我国茶业的发达程度和制茶技术的发展状况。

《茶录》是宋代重要的茶学专著，作者为当时的大书法家蔡襄。全书分为两篇。在上篇论茶中，主要论述色、香、味、藏茶、炙茶、碾茶、罗茶、候汤、熁盏和点茶。

《大观茶论》 **宋代**·赵佶

论述茶色时，蔡襄称："茶色贵白，而饼茶多以珍膏油其面，故有青、黄、紫、黑之异。"论述茶香时，蔡襄说："茶有真香，而入贡者，微以龙脑和膏，欲助其香。建安民间试茶，皆不入香，恐夺其真。"论述茶味时，蔡襄称："茶味主于甘滑，惟北苑、凤凰山连属诸焙所产者味佳，隔溪诸山，虽及时加意制作，色味皆重，莫能及也；又有水泉不甘，能损茶味，前世之论水品者以此。"说明茶味与产地、水土、环境等有密切关系。在论述藏茶时，蔡襄说："茶宜蒻叶，而畏香药。"就是说，贮藏茶叶要讲究茶器和方法，"宜温燥而忌湿冷"，否则，茶叶会吸收"异味"而变质，不能保持本色和茶味。在下篇论茶器中，主要论述茶焙、茶笼、砧椎、茶钤、茶碾、茶罗、茶盏、茶匙和汤瓶。

爱国诗人陆游涉及茶的诗词有两百多首，为历代诗人咏茶之冠。《老学庵北窗杂书》一诗："小龙团与长鹰爪，桑苎玉川俱未知。自置风炉北窗下，勒回睡思赋新诗。"谈到陆游以茶破睡促诗的经验。《登北榭》一诗写道："香浮鼻观煎茶熟，喜动眉间炼句成。"生动展示了放翁茶香诗成的快乐。

黄庭坚记载了以茶助诗兴，如《碾建溪第一奉邀徐天隐奉议并效建除体》："建溪有灵草，能蜕诗人骨。除草开三径，为君碾玄月。满瓯泛春风，诗味生牙舌。平斗量珠玉，以救风雅渴。"又如《戏答荆州王充道烹茶》云："三径虽锄客自稀，醉乡安稳更何之。老翁更把春风碗，灵府清寒要做诗。"

宋代的文人们通过写茶诗、茶文，作茶画，大大提高了茶事的文化品位，这也是宋代茶文化成熟的一个标志。

2.宫廷皇室的大力倡导

宋代茶文化的发展，在很大程度上受到宫廷皇室的影响。无论其文化特色，或是文化形式，都或多或少地带上了一种贵族色彩。宫廷皇室的大力倡导主要表现在以下方面：

《文会图》 宋代·赵佶
　　描绘了北宋文人雅士品茗雅集的场景。

《宣和北苑贡茶图》中的宋代
龙团茶线描图

《宣和北苑贡茶图》中的宋代凤
团茶线描图

福建建州凤凰山摩崖石刻（拓片）
石刻内容：
　　建州东，凤凰山，厥植宜茶惟北苑。太平兴国初，始为御焙。岁贡龙凤上。东东宫、西幽湖、南新会、北溪，属三十二焙。有署暨亭榭，中日御茶堂。后坎泉甘，宇之曰御泉。前引二泉，曰龙凤池。庆历戊子仲春朔柯适记。

朝廷对贡茶的精益求精

　　宋代赵匡胤是黄袍加身，又在杯酒释兵权中奠定立国基础，因此国风崇文抑武。宋太宗时期加强了中央集权，即使在茶叶生产及皇室饮茶方面也是一样。宋太宗在太平兴国二年（977）下诏要求必须"取象于龙凤，以别庶饮，由此入贡。"

　　宋徽宗赵佶更是爱茶成癖，所著《大观茶论》论述了茶叶产地、采制、品饮等内容。熊蕃《宣和北苑贡茶录》载："圣朝开宝末，下南唐，太平兴国初，特置龙凤模，遣使即北苑造团茶，以别庶饮。"在建安郡(现福建建瓯)北苑设立规模宏大的贡茶院。北苑生产的龙凤团饼茶，采制技术精益求精，年年花样翻新，名品达数十种之多，生产规模之大，历史罕见。宋徽宗赵佶《大观茶论》称："本朝之兴，岁修建溪之贡，龙团凤饼，名冠天下。"

宋代贡茶自蔡襄任福建转运使后，通过精工改制，在形式和品质上有了更进一步的发展，号称"小龙团饼茶"。欧阳修称这种茶"其价值金二两，然金可有，而茶不可得"。宋仁宗最推荐这种小龙团，珍惜倍加，即使是宰相近臣，也不随便赐赠，只有每年在南郊大礼祭天地时，中书和枢密院各四位大臣才有幸共同分到一团，而这些大臣往往自己舍不得品饮，专门用来孝敬父母，家藏为宝。这种茶在赐赠大臣前，先由宫女用金箔剪成龙凤、花草图案贴在上面，称为"绣茶"。

宋代贡茶的发展促进了品饮技艺的提高。范仲淹《和章岷从事斗茶歌》诗："……北苑将期献天子，林下雄豪先斗美……斗茶味兮轻醍醐，斗茶香兮薄兰芷。其间品第胡能欺，十目视而十手指。胜若登仙不可攀，输同降将无穷耻……"同时也带动了茶具、茶艺的发展，江西景德镇的青白瓷、福建建州的黑瓷、浙江龙泉的青瓷茶具都精美绝伦。建州的黑釉兔毫盏(即天目茶碗)十分流行，还流传日本，被视为国宝珍品。

宋墓壁画中的宴饮图

北苑茶焙遗址
北苑是宋代设在福建建瓯凤凰山一带的皇家贡茶苑，专门为皇室加工制作龙凤团茶。

宫廷朝仪中加进了茶礼 朝廷春秋大宴，皇帝面前要设茶床。皇帝视察国子监，要对学官、学生赐茶。接待契丹使者，亦赐茶，契丹使者辞行，亦设茶床。宋朝在贵族婚礼中已引入茶仪。据《宋史·礼志十八》记载，宋朝诸王纳妃，聘礼之中包括"茗百斤"。这样，便使茶事上升到更高的地位。

3.市民茶文化的兴起

宋代，除皇家的贡茶外，还在民间衍生出"斗茶"；文人自娱自乐的有"分茶"；民间茶肆、茶坊中的饮茶方式更是丰富多彩。

宋代民间饮茶最典型的是在南宋时期的临安(今杭州)。南宋建都临安之时，由于南北饮茶文化的交流融合，以此为中心的茶馆文化崭露头角。现在的茶馆在南宋时被称为茶肆。据吴自牧《梦粱录》卷十六记载，临安茶肆在格调上模仿汴京城中的

《茗园赌市图》 **宋代**·刘松年
反映了南宋临安茶肆民间斗茶的盛况。

茶酒肆布置，茶肆张挂名人书画，陈列花架，插上四季鲜花。一年四季"卖奇茶异汤，冬月卖七宝擂茶、馓子、葱茶……"，到晚上，还推出流动的车铺，应游客的点茶之需。当时的临安城，茶饮买卖昼夜不绝，即使是隆冬大雪，三更之后也还有人提瓶卖茶。

临安城茶肆分成很多层次，以适应不同的消费者，一般作为饮茶之所的茶肆茶店，顾客中"多有富室子弟，诸司下直等人会聚，习学乐器，上教曲赚之类"，当时称此为"挂牌儿"。

有的茶肆，"本非以茶点茶汤为业，但将此为由，多觅茶金耳"，时称"人情茶肆"。再有一些茶肆，专门是士大夫期朋会友的约会场所。

此外，还出现了"漏影春"的玩茶艺术，先观赏，后品尝。"漏影春"的玩法大约出现于唐末或五代，到宋代时，已作为一种较为时髦的茶饮方式。宋代陶谷《清异录》中，详细地记录了这种做法："漏影春法，用镂纸贴盏，糁茶而去纸，伪为花身。别以荔肉为叶，松实、鸭脚之类珍物为蕊，沸汤点搅"。相对于此，"斗茶"和"分茶"则是一种末茶冲点艺术。

"斗茶"是一种茶汤品质的相互比较方法，有着极强的竞技性，最早应用于贡茶的选送和

《卖浆图》 佚名 现藏黑龙江省博物馆

茶史溯源

市场价格品位的竞争。一个"斗"字，已经概括了这种活动的激烈程度，因而"斗茶"也被称为"茗战"。

如果说"斗茶"有浓厚的竞技色彩的话，那么"分茶"就有一种淡雅的文人气息。"分茶"亦称"茶百戏"、"汤戏"。善于分茶之人，可以利用茶碗中的水脉，创造善于变化的书画来，从这些碗中图案里，观赏者和创作者能得到许多美的享受。

都茶场铜印谱 屠燕治收藏(正面) （背面）

铜印正面镌有阳文篆书"行在榷货务都茶场中门朱记"，背面阴刻楷书"绍兴十年 文思院铸"。都茶场是设在南宋都城临安的专门掌管茶叶专卖的官署。

二、宋代茶文化的特点

1.龙凤团茶

龙凤团茶即龙团凤饼之合称，为宋北苑贡茶之统称，是中国古代饼茶生产的最高成就。北苑为如今福建建瓯凤凰山一带。宋太平兴国年间（976-983）已造龙凤团茶。咸平间（998-1003）丁谓造"大龙团"以进。庆历时蔡襄造"小龙团"，较"大龙团"更胜一筹。

龙团凤饼加工工序异常复杂，要经过采茶、拣茶、蒸茶、榨茶、研磨、造茶、过黄等多道程序。

采茶 北苑茶采制多在惊蛰前后，《苕溪渔隐丛话》记载，北苑"其地暖，才惊蛰，茶芽已长寸许。"黄儒在《品茶要录》中作了解释，"茶发芽时尤畏霜，有造于一火二火皆遇霜，而三火霜霁，则三火之茶胜矣。"所谓"一火"、"二火"、"三火"是指第一轮、第二轮、第三轮采的茶芽。北苑人们认为早上露水未干，茶芽肥润；太阳出来茶芽为阳气所侵，茶内的膏汁内耗，清水洗后叶张颜色不够鲜明。与惊蛰开摘茶叶相关的民俗文化现象——"喊山"，即先春（春分前）喊山，在惊蛰前三天开焙采茶之日，凌晨五更天之际，聚集千百人上山，一边击鼓一边喊："茶发芽！茶发芽！"，此时"千夫雷动，一时之盛，诚为伟观。"欧阳修诗云："年穷腊尽春欲动，蛰雷未起驱龙蛇。夜闻击鼓满山谷，千人助叫声喊呀……万木寒凝睡不醒，唯有此树先萌芽。乃知此为最灵物，宜其独得天地之英华。"南宋中期赵汝砺《北苑别录》记载："每日常以五更挝鼓，集群夫于凤凰山，监采官人给一牌入山，至辰刻复鸣锣以聚之，恐其逾时贪多务得

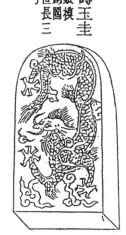

《宣和北苑贡茶录》中的宋代龙凤团茶线描图

采茶

洗茶

蒸茶

捣茶

研磨

造茶

过黄

包装

此8幅图为茶饼制作流程图

也"，已是打鼓上工、鸣锣收工之意。辰时（上午7～9时）则鸣锣促众下山。采茶时，用指甲断茶，而不用手指。因为手指多温，茶芽受汗气熏渍不鲜洁，指甲可以速断而不揉。为了避免茶芽因阳气和汗水而受损，采茶时，每人身上背一木桶，木桶装有清洁的泉水，茶芽摘下后，就放入木桶水里浸泡。采摘标准是茶芽或一芽一叶。

拣茶 最高等级的原料称斗品、亚斗，是茶芽细小如谷粒者，或指白茶。其次，经选择的茶叶，号拣芽，拣芽又分三品（中芽、小芽、水芽），再次为茶芽。鲜叶有小芽、水芽、中芽、紫芽、白合、乌蒂之分。小芽指有芽无叶的茶芽，其中，细小如针的茶芽古人认为是小芽的上品，蒸熟后要放置水盆中拣剔出来，又称水芽；一芽一叶叫中芽；两叶一芽叫白合（"一鹰爪之芽，有两小叶抱而生者，白合也"，今称为鱼叶）；紫色的茶芽叫紫芽；乌蒂是指茶芽梗基部带有棕黑色乳状物。茶芽的优劣顺序是：水芽、小芽、中芽、紫芽、白合、乌蒂。拣茶就是把紫芽、白合、乌蒂剔去。

蒸茶 蒸叶之前必须把鲜叶洗涤干净。过熟，则叶色过黄，芽叶糜烂，不易胶粘；不熟，则出现青草气，色泽过青，泡茶易沉。蒸好后应用冷水淋洗，使之速冷。

榨茶 分小榨、大榨、复榨三个过程。蒸好并冷却的茶鲜叶，先放小榨榨去水分，

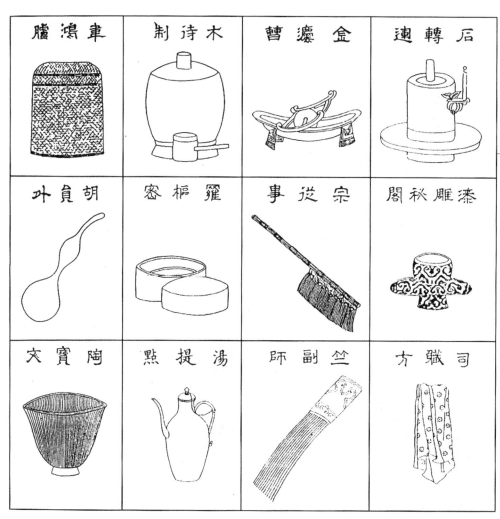

《茶具图赞》中所附的十二种茶具图　**宋代·审安老人**

然后用细绸布包好，在外层束以竹片，放入大榨，榨去茶汁，榨一次后将茶取出揉匀，再用竹篾捆好入榨进行翻榨。榨茶一般昼夜不停，直到茶汁榨尽为止。把茶汁榨尽，破坏茶中有效成分，这似乎是不符合常理，但斗茶之茶以色白为上，茶味求清淡甘美，尽去茶汁，可防止茶之味、色重浊，正是斗茶的需要。

　　研磨　将压榨过的茶放入盆内捣研，北苑茶工按研茶的质量和加水次数的关系称作十六水、十二水、六水、四水、二水。贡茶第一纲龙团胜雪与白茶的研茶工序都是"十六水"，其余各纲次贡茶的研茶工序都是"十二水"。加水研磨的次数越多，茶末就越细，它是

元代碾茶、煮茶线描图

话说中国茶

茶叶品质的重要参数之一。高档的茶研的时间长。研茶的标准是把水研干，茶叶大小均匀、柔韧。研磨时，须"至于水干茶熟而后已，水不干则茶不熟，茶不熟则面不匀，煎试易沉。"研过之茶要达到"荡之欲其匀，操之欲其腻"的程度。

造茶 将研磨后的茶放入模子中，压成饼状。模子有圆形、方形、菱形、花形、椭圆形等，上刻有龙凤、花草各种图纹。模子有银模、铜模，圈有银圈、铜圈、竹圈。一般有龙凤纹的用银圈、铜圈，其他用竹圈。蔡襄在《造茶》中有诗云"廓玉寸阴间，抟金新范里。规呈月正圆，势动龙初起。"生动地描述出造茶时的情景。

河北宣化下八里辽墓壁画备茶图（图中左边人正在碾茶）

过黄 即把茶饼烘干。开始时用较大的火烘焙，然后蘸沸水，再用烈火烘焙，这样反复三次后，让茶饼烘烤一夜，第二天用温火烘，叫做烟焙。"焙之火不欲烈，烈则面泡而色黑"，烟焙火不可太猛，否则茶饼表面会发泡、发黑；也不能有烟，"烟则香尽而味焦，但取其温温而已"。烟焙的时间依茶饼的厚薄而定，一般在十天左右，最多达十五日，少的要七天。茶饼足干后，用热水在表面刷一下，之后放进密室用扇子扇之，使其有光泽，叫出色。

加工完成的龙团凤饼有八饼为一斤，也有二十饼为一斤。形状有方有圆，还有其他形状。尺寸有方一寸二分，有径一寸五分，有横长一寸五分，有横长一寸八分，有径二寸五分，有径三寸，有直长三寸，有直长三寸六分，有两尖径二寸二分。

2.点茶法

宋代的饮法，已从唐人的煎茶法（烹煮法）过渡到点茶法。所谓点茶，就是将碾细的茶末直接投入茶碗中，然后冲入沸水，再用茶筅在碗中加以调和。点茶的程序也异常复杂：

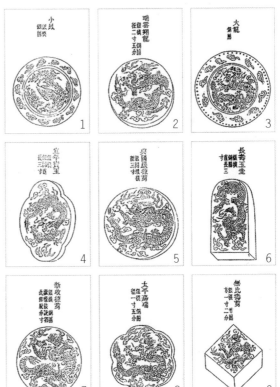
《宣和北苑贡茶录》中记载的宋代龙凤团茶线描图

《撵茶图》 **宋代**·刘松年

炙茶 斗茶使用团茶，用时先将茶饼放在炭火上烤干。要炙的茶是陈茶，陈茶香色味皆陈，先在净器中"以沸汤渍之"，刮去膏油一、二两重，然后用微火炙干。新茶一般不炙。这是唐时"欲煮茗，先炙令赤色"的沿用。

碾茶 先用干净的纸包裹，用槌敲碎，然后用碾轮将茶碾碎碾细，这样色白。若过夜，则色昏。诗云："何意苍龙解碎身，岂知幻相等微尘。莫言椎钝如幽冀，碎璧相如竟负秦。"

罗茶 取出小罗筛，把碾好的细末过筛，粗末再碾、再罗，使茶末精细。"罗细则茶浮，罗粗则水浮。"丁谓《煎茶》诗曰："罗细烹还好"，说明罗茶的标准是越细越好。诗云："新剪鹅溪样如月，中有琼糜落飞屑。何年解后紫霞仙，肘后亲传餐玉诀。"

候汤 即煮水，讲究三沸。候汤最难，未熟则沫浮，过熟则茶沉。南宋罗大经在《鹤林玉露》中记载：其好友李南金将候汤的工夫概括为四字，即"背二涉三"，也就是当水烧过二沸，刚到三沸之际，就迅速停火冲注。诗云："砌虫唧唧万蝉催，忽有千车捆载来。听得松风并涧水，急呼缥色绿瓷杯。"而罗大经认为水不能不开，因而要烧到背二涉三之时，但又不能烧得太过，因而要提瓶离炉，稍作等候。补一诗云："松风桧雨到来初，急引铜瓶离竹炉。待得声闻俱寂后，一瓯春雪胜醍醐。"

冯道真墓壁画中的备茶图 **元代**

熁盏 凡是点茶，必须先烘盏使之热。如果盏冷，茶就浮不起来。

点茶 茶少汤多，则云脚散；汤少茶多，则粥面聚。先投茶，至于投茶量，据唐苏廙《十六汤品》曰："一般一瓯之茗，多不过二钱"，按晚唐一钱重约为今四克换算，二钱约为八克，这是很浓的。然后注汤，调匀，谓之调膏。之后开始点茶，第一汤要从沿茶盏的四周边上往里注入沸水，不要让水触到茶，先搅动茶膏，渐渐加力击拂。手轻

《斗茶图》 元代·赵孟頫

银注壶 宋代　　　建窑兔毫盏 宋代

笺重，手指绕着手腕旋转，上下搅拌要透彻。第二汤从茶面上注入盏中，先细细地绕茶面注入一周，然后再急注急上，茶面不动。用力击拂，茶的色泽渐渐展开，茶面上升起层层细泡。第三汤时注水要多，像上面那样击拂，要轻而均匀，在四周旋转搅拌，盏里的茶里外透明。第四汤放水要少，笺要搅动稍慢。第五汤才能稍快一些，笺要搅动得轻匀而透彻。如果茶还没有完全焕发，就用力击拂。第六汤用笺轻轻拂动乳点。第七汤分出轻清重浊，茶汤稀稠适中，即可停止拂动。

《春宴图》（局部） 宋代

品尝 蔡襄《茶录》中记载"茶味主于甘滑"。

宋代的人们喜欢聚在一起比试点茶的技巧，叫做"斗茶"，就如元代赵孟頫的名画《斗茶图》所描绘的，人们提瓶端盏，品评茶汤，鉴赏茶具，不亦乐乎。

如何来判定斗茶的胜负呢？一比茶汤的色泽与均匀程度，汤花以纯白为上，像白米粥冷凝成块后表面的形态和色泽为佳，称之为"冷粥面"；二比汤花与盏内壁相接处有无水痕。汤散退后在盏壁留下水痕叫"云脚散"，不佳。两条标准以第二条为最重要，谁水痕先出现便叫输了"一水"。

3.茶与艺术融为一体

宋人对茶文化的最大发展与贡献，体现于将茶与相关艺术融为一体。宋代著名文士如蔡襄、范仲淹、欧阳修、王安石、梅尧臣、苏轼、苏辙、黄庭坚、陆游等都热衷于品茗，更加速了茶与文化交融的过程。

宋代文人、僧侣品茶主要是以精神享受为目的。他们写下了大量品茶诗文，倡导茶宴、茶礼、茶会等多种形式。他们认为茶是一种品格高尚的饮料，饮茶是一种精神享受，一种修身养性的手段，是一种具有艺术氛围的境界。苏东坡诗云"从来佳茗似佳人"，僧齐已"石鼎秋涛静，禅回有岳茶"正是这种境界的描写。可见，饮茶与相关艺术结合正是宋代茶文化的精髓。

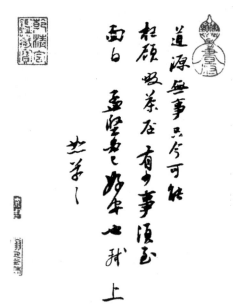

《啜茶帖》 **宋代·苏轼**

道源无事，只今可能枉顾啜茶否？有少事须至面白。孟坚必已好安也。轼上。恕草草。

三、宋代名茶

据《宋史·食货志》、宋徽宗赵佶《大观茶论》、熊蕃《宣和北苑贡茶录》和宋代赵汝砺《北苑别录》等记载，宋代名茶有90余种。宋代名茶仍以蒸青团饼茶为主，各种名目翻新的龙凤团茶是宋代贡茶的主体。当时"斗茶"之风盛行，也促进了各产茶地不断创造出新的名茶。

名优茶品有顾渚紫笋、阳羡茶、日铸茶、双井茶、瑞龙茶、谢源茶、双井白芽、雅安露茶、蒙顶茶、临江玉津、袁州金片、青凤髓、龙芽、方山露芽、径山茶、天台茶、西庵茶、雅山茶、鸟嘴茶、白云茶、月兔茶、宝云茶、仙人掌茶、紫阳茶、信阳茶、黄岭山茶、虎丘茶、洞庭山茶、灵山茶、沙坪茶、峨眉白芽茶、武夷茶、卧龙山茶等。

宋代，建茶风靡一时。许多诗人在品尝之余，纷纷援笔作诗，留下许多华美的诗章。"石碾轻飞瑟瑟尘，乳香烹出建溪春。世间绝品人难识，闲对茶经忆古人。"是宋初诗人林逋的茶诗。建溪春是当时建阳一带出产的优质名茶。此茶之味甘美醇厚，

定窑白釉刻花碗 **宋代**

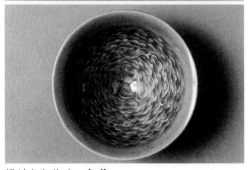

耀州窑印花碗 **宋代**

且带乳香，实为人间绝品。诗人梅尧臣有诗曰："岁摘建溪春，争先取晴景。大窠有壮液，所发必奇颖。一朝团焙成，价与黄金逞。"南宋初期，建溪春仍为建茶中的名品。朱松(朱熹之父)曾在建阳考亭与当地文人品用建溪春，作赠答诗八首。其中，《答卓民表送茶》云："搅云飞雪一番新，谁念幽人尚食陈?仿佛三生玉川子，破除千饼建溪春。"

宋代建茶中最为有名的还数北苑贡茶。范仲淹《和章岷从事斗茶歌》描写了建溪一带"北苑将期献天子，林下雄豪先斗美"的斗茶盛况。南宋爱国诗人陆游晚年任职建安，他到任的第一首诗《适闽》就是茶诗："春残犹看少城花，雪里来尝北苑茶。"《建安雪》："建溪官茶天下绝，香味欲全须小雪。"

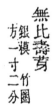

《宣和北苑贡茶录》中的宋代龙凤团茶线描图

大诗人苏轼留下建茶诗甚多。《次韵曹辅寄壑源试焙新茶》中"从来佳茗似佳人"一句为千古咏茶名句。《和钱安道惠寄建茶》描写诗人对龙团贡茶"收藏爱惜待佳客，不敢包裹钻权幸"的心情，既批判了当时用名茶贿赂权臣的不良风气，也表达了诗人对建茶的喜爱之情。

宋代，龙井茶区已初步形成规模，当时灵隐下天竺香林洞的"香林茶"，上天竺白云峰产的"白云茶"和葛岭宝云山产的"宝云茶"已列为贡品。到了南宋，杭州成了国都，茶叶生产也有了进一步的发展。

宋广福院遗址
位于浙江省杭州市的老龙井御茶园，残存的宋广福院山门是重要的历史见证。

四、宋代名人与茶

欧阳修（1007-1072）字永叔，号醉翁，晚号六一居士，吉州永丰（今属江西）人。北宋政治家、文学家，是唐宋八大家之一。他精通茶道，留下很多咏茶诗文，还为蔡襄的《茶录》作了后序。

欧阳修作《夷陵县至喜堂记》一文，其中写道："夷陵风俗朴野，少盗争。而今之日食有稻与鱼，又有橘柚茶笋四时之味，江山秀美，而邑居缮完，无不可爱。"表达他对茶的喜爱。

《尝新茶呈圣谕》中赞美建安龙凤团茶："建安三千五百里，京师三月尝新茶。年穷腊尽春欲动，蛰雷未起驱龙蛇。夜闻击鼓满山谷，千人助叫声喊呀。万木寒凝睡不醒，唯有此树先萌芽。"诗中对烹茶、品茶的器具、人物也有评价："泉甘器洁天色好，坐是拣择客亦嘉。"可见，欧阳修认为品茶需水甘、器洁、天气好，以及共同品茶的客人也要投缘，再加上新茶，才可达到品茶的高境界。

欧阳修很喜欢诗人黄庭坚家乡江西修水的双井茶，在他所著的《归田录》中，认为此茶是"草茶第一"。晚年辞官隐居后，在诗文《双井茶》中，以茶品讽喻人品，讽刺那些世俗之人，认为君子之质犹如佳茗，即使被人淡忘，其幽香犹存，本质不变。也写下论茶水的专文《大明水记》，提出《煎茶水记》中天下之水排名不足信，认为陆羽的论水之理比较正确："羽之论水，恶淳浸而喜泉流，故井取及汲者，江虽云流，然众水杂聚，故次于山水，惟此说近物理云。"

蔡襄（1012-1067）字君谟，兴化仙游（今属福建）人。宋代著名书法家，与苏轼、黄庭坚、米芾齐名，并称"宋四家"。先后任大理寺评事、福建路转运使、三司使等职，并曾以龙图阁直学士、枢密院直学士、端明殿学士出任开封、泉州、杭州知府。也称得上是一位茶学家，尤其对福建的茶业有过重要的贡献。在任福建转运使时著有

蔡襄像

《茶录》。上篇论茶，下篇论茶器。在"茶论"中，对茶的色、香、味和藏茶、炙茶、碾茶、罗茶、候汤、熁盏、点茶做了精到而简洁的论述；在"论器"中，对制茶用器和烹茶用具的选择使用，均有独到见解。

宋代的龙凤团茶，有"始于丁谓，成于蔡襄"之说。制小龙凤团茶是蔡襄在茶叶采造上的一个创举，当时赞美之声不绝。宋人王辟之在《渑水燕谈录》中说到："建茶盛于江南，近岁制作尤精，龙凤团茶最为上品，一斤八饼。庆历中，蔡君谟为福建转运使，始造小团以充岁贡，一斤二十饼，可谓上品龙茶者也。仁宗尤所珍惜。虽宰臣未尝辄试。惟郊礼致斋之夕，两府各四人共赐一饼，宫人剪金为龙凤花贴其上，八人分蓄之，以为奇玩，不敢自试，有嘉宾出而传玩。"可见，当时小龙团茶朝廷视为珍品，达官显贵也不可多得。熊蕃有《御苑采茶歌》云："外台庆历有仙官，龙凤才闻制小团。争得似金模寸璧，春风第一荐宸餐。"这位庆历年间的"仙官"即指蔡襄。不过，欧阳修、苏轼对蔡襄这一"创举"有过一些议论。明人赵钦在《鸡林子》中说："蔡君谟著茶录，造大小龙团，欧公闻而叹曰：君谟士人，奚至作此，作俑者可罪。夫饮食，细事也，君子处世，岂不能随时表见，乃于茶铛水瓮中立名。"欧阳修认为像蔡襄这样学有道艺的人，何必从"茶铛水瓮"这些饮食细事中去立名。苏轼在《荔枝叹》中有句："武夷溪边粟粒芽，前丁后蔡相笼加。争新买宠各出意，今年斗品充官茶。"他认为"贡茶"与"贡荔枝"一样，都是争新买宠，给老百姓带来困扰。可是，无论欧阳修或是苏轼，对龙团凤饼又都是十分喜爱的，同样有过不少赞美之词。

蔡襄喜爱斗茶。宋人江休复《嘉祐杂志》记有蔡襄与苏舜元斗茶的一段故事：蔡斗试的茶精，水选用的是天下第二泉——惠山泉；苏所取茶劣于蔡，却是选用了竹沥水煎茶，结果苏舜元胜了蔡襄。蔡襄还善于茶的鉴别。他在《茶录》中说："善别茶者，正如相工之瞟人气色也，隐然察之于内。"他神鉴建安名茶石岩白，一直为茶界传为美谈。彭乘《墨客挥犀》记："建安能仁院有茶生石缝间，寺僧采造，得茶八饼，号石岩白，以四饼遗君谟，以四饼密遣人走京师，遗内翰禹玉。岁余，君谟被召还阙，访禹玉。禹玉命子弟于茶笥中选取茶之精品者，碾待君谟。君谟捧瓯未尝，辄曰：'此茶极似能仁石岩白，公何从得之？'玉未信，索茶贴验之，乃服。"

作为书法家的蔡襄，每次挥毫作书必以茶为伴。欧阳修深知君谟嗜茶爱茶，在请君谟为他书《集古录目序》刻石时，以大小龙团及惠山泉水作为"润笔"。君谟得而大为喜悦，笑称是"太清而不俗"。蔡襄年老因病忌茶时，仍"烹而玩之"，茶不离手。病中他万事皆忘，惟有茶不能忘，正所谓"衰病万缘皆绝虑，甘香一事未忘情"。

苏轼（1037-1101）字子瞻，号东坡居士，眉山（今四川眉山）人。我国宋代杰出的文学家。苏轼嗜茶，茶是他生活中不可或缺之物。苏轼任徐州太守时作《浣溪沙》，词云："酒困路长唯欲睡，日高人渴漫思茶，敲门试问野人家。"形象地记述了他讨茶解渴的情景。

苏东坡像

苏轼足迹遍及各地，从峨眉之巅到钱塘之滨，从宋辽边境到岭南、海南，为他品尝各地的名茶提供了机会。苏轼在杭州任职时，有一天有内使前来宣旨，走的时候，苏轼在望湖楼上为之饯行，可是内使却磨磨蹭蹭地不肯动身，还对一同前来送行的监司等官员说："我不急着走，你们可以先回去。"等到诸人走后，内使悄悄对苏轼说："我出京时，皇上让我跟皇太后辞行后再回来。我依言来到皇上处，他把我带到一个柜子旁，取出一件东西，吩咐我密赐给你，不准让任何人知道。"内使说完，把宋哲宗赐给苏轼的东西取出。苏轼接过一看，原来是一斤贡茶，封口还有宋哲宗亲笔所书的封条。

苏轼对烹茶十分精通。他认为好茶必须配以好水，"精品厌凡泉"。熙宁五年在杭州任通判时，有《求焦千之惠山泉诗》："故人怜我病，蒻笼寄新馥。欠伸北窗下，昼睡美方熟。精品厌凡泉，愿子致一斛。"苏轼以诗向当时知无锡的焦千之索惠山泉水。另一首《汲江煎茶》有句："活水还须活火烹，自临钓石取深清。"诗人烹茶的水，还是亲自在钓石边(不是在泥土旁)从深处汲来的，并用活火(有焰方炽的炭火)煮沸的。

苏轼喝茶、爱茶，还基于他深知茶的功用。熙宁六年(1073)他在杭州任通判

《一夜帖》 苏轼
一夜寻黄居寀龙不获。方悟半月前是曹光州借去摹榻。更须一两月方取得。恐王君疑是翻悔。且告子细说与后取得。即纳去也。却寄团茶一饼与之。旌其好事也。轼白季常。廿三日。

《新岁展庆帖》 苏轼
苏东坡写给好友陈(季常)的一通手札，其中"此中有一铸铜匠，欲借所收建州木茶白子并椎，试令依样造看。兼适有闽中人，便或令看过，因往彼买一副也。乞暂付去人，专爱护，便纳上"，内中透露出苏东坡对茶及茶具的喜好，为我们留下重要的茶文化信息。

时，一日，以病告假，独游湖上净慈、南屏、惠昭、小昭庆诸寺，是晚又到孤山去谒惠勤禅师。这天他先后品饮了七碗茶，颇觉身轻体爽，病已不治而愈。

苏轼在饮茶品茗之际，常把茶农之苦辛悬于心头，"悲歌为黎元"。《荔枝叹》指斥了贵族官僚们昔日贡荔枝，今日又贡茶、贡花，争新买宠的可耻行径："君不见武夷溪边粟粒芽，前丁后蔡相笼加。争新买宠各出意，今年斗品充官茶。"并直言："我愿天公怜赤子，莫生尤物为疮痏"。充分表现出他同情茶农，抨击对茶农的苛征重敛。

宋徽宗像

宋徽宗赵佶（1082-1135）北宋第八代皇帝，宋哲宗赵煦之弟。他在政治上毫无建树，但他在文化和艺术上却有多方面的成就。赵佶对茶艺也颇为精通，以皇帝之尊，写了《茶论》二十篇，后人称之为《大观茶论》（写于大观年间）。御笔撰茶著，这在历代帝王中是绝无仅有的。

《大观茶论》有序、地产、天时、采择、蒸压、制造、鉴辨、白茶、罗碾、盏、筅、瓶、勺、水、点、味、香、色、藏焙、品茗和外焙二十篇。从茶叶的栽培、采制到烹点、品鉴，从烹茶的水、具、火到色、香、味，以及点茶之法、藏焙之要，无所不及，都一一作了记述，有的至今尚有借鉴和研究价值。

"至若茶之为物，擅瓯闽之秀气，钟山川之灵禀，祛襟涤滞，致清导和，则非庸人孺子可得而知矣。冲澹闲洁，韵高致静，则非遑遽之时可得而好尚矣。"宋徽宗认为茶是灵秀之物，饮茶令人清和宁静，享受芬芳韵味。他自己嗜茶，也提倡人们普遍饮茶。

皇帝提倡，群臣趋奉。一些王公贵族、文人雅士，不仅品茶玩赏，而且想方设法翻弄出不少新花样。当时流行"斗茶"，宋徽宗在《大观茶论·序》中描绘说："天下之士，励志清白，竟为闲暇修索之玩，莫不碎玉锵金，啜英咀华，较筐箧之精，争鉴裁之别。"这"斗"出来的上品便是贡茶。

由此，斗茶之风日盛，制茶之工益精，贡茶名品亦随之大增。仅设于福建建瓯的北苑贡茶院，贡茶品目就多达50余种。如此众多的贡茶供皇帝御用，其实都是实物赋税，使茶农不堪负担。当时有说："下民疾苦中，惟茶盐法最苦。"

宋徽宗沉湎百艺，政治昏庸，最终导致灭国之灾。靖康二年（1127），北宋都城汴京被金人攻破，徽宗与其子钦宗俱被俘，押解北上。八年后，徽宗死于金五国城（今黑龙江依兰）。

朱熹（1130-1200）宋代著名理学家，婺源(今江西)人，也是一位嗜茶爱茶之人。淳熙十年(1183)，朱熹在武夷山兴建武夷精舍，授徒讲学，聚友著作，斗茶品茗，以茶论道。他写的《咏武夷茶》等诗，使武夷茶名声大振。据说，朱熹在寓居武夷山时，亲自携篓去茶园采茶，并引之为乐事。有诗云："携籝北岭西，采撷供茗饮。一啜夜窗寒，跏趺

朱熹像

谢衾枕。"

朱熹一生为官50年，历事宋高宗、孝宗、光宗、宁宗四朝，"仕于外者仅九考，立朝才四十日"。他的仕途生涯中，当官为民，不仅劝农桑救灾荒，关心民间疾苦，自己常常"豆饭藜羹"。回婺源寻根访祖时，他又亲自编修了《婺源茶院朱氏族谱》，并撰写谱序。

朱熹以茶论学，影响很大。他给弟子讲学时常以茶为喻，深入浅出地讲解社会人生的深刻道理，主张治学要诚意专一，不要被假象所迷惑。

陆游（1125—1210）字务观，号放翁，山阴（今浙江绍兴）人。他是南宋著名爱国诗人，也是一位嗜茶诗人。一生曾出仕福州，调任镇江，又入蜀、赴赣，辗转各地，得以遍尝各地名茶，并裁剪熔铸入诗。

陆游谙熟茶的烹饮之道，一再在诗中自述："归来何事添幽致，小灶灯前自煮茶"，"山童亦睡熟，汲水自煎茗"，"名泉不负吾儿意，一掬丁坑手自煎"，"雪液清甘涨井泉，自携茶灶就烹煎。"

陆游爱茶嗜茶，是他生活和创作的需要。诗人特别中意茶有驱滞破睡之功："手碾新茶破睡昏"，"毫盏雪涛驱滞思"。常常是煎茶熟时，正是句炼成际："诗情森欲动，茶鼎煎正熟"，"香浮鼻观煎茶熟，喜动眉间炼句成"。他不仅"自置风炉北窗下，勒回睡思赋新诗"，在家边煮泉品茗，边奋笔吟咏；而且外出也"茶灶笔床犹自随"，"幸有笔床茶灶在，孤舟更入剡溪云"，真是一种官闲日永的情趣。晚年他更是以"饭软茶甘"为满足。

第四章　辽、金、元的茶文化

西夏王国由党项人建立于宋初，是西北地区一支强大的势力。宋朝初期，向党项族购买马匹，是以铜钱支付，而党项族则利用铜钱来铸造兵器。因此，在太平兴国八年（983）宋朝就用茶叶等物品来与之作物物交易。

西夏元昊称帝后发动了对宋战争，双方损失巨大，不得已而重新修和。但宋王朝的政策软弱，有妥协之意。元昊虽向宋称臣，但宋送给夏的岁币茶叶等，则大大增加，赠茶由原来的数千斤，上涨到数万

河北宣化辽墓壁画中备茶的情景

话说中国茶

斤乃至数十万斤之多。

北宋时期，在与西夏周旋的同时，宋朝还要应付东北契丹国的侵犯。916年，阿保机称帝，建契丹国后，以武力夺得幽云十六州，继而改国号为辽。辽军的侵略野心不断

河北宣化辽墓壁画描绘的备茶情景

河北宣化辽墓壁画描绘的备茶情景

河北宣化辽墓壁画描绘的备茶情景

扩大，1044年，突进到澶州城下，宋朝急忙组织阻击，双方均未取得战果，对峙不久，双方议和，这就是历史上有名"澶渊之盟"。之后双方修好延续百余年，经济、文化交往密切。辽虽是契丹人所建，但常以"学唐比宋"自勉，宋朝风尚很快传入辽地，唐宋行"茶马互市"使边疆民族更以茶为贵。宋朝的茶文化借由使者传至北方，"行茶"也成为辽国朝仪的重要仪式，《辽史》中这方面的记载比《宋史》还多。发现于河北宣化的辽墓点茶图壁画，描绘的就是宋朝流行的点茶器具及点茶法。

而女真建国以来，以武力不断胁迫宋朝的同时，也不断地从宋人那里学得饮茶之法，而且饮茶之风日甚一日。当时，金朝"上下竞啜，农民尤甚，市井茶肆相属"，而文人们饮茶与饮酒已是等量齐观。茶叶消耗量的大增，对金朝的经济利益乃至国防都是不利的。于是，金朝不断地下令禁茶。禁令虽严，但茶风已开，茶饮深入民间。茶饮地

磁州窑红绿彩小茶盏　**金代**

黑釉铁锈斑茶盏　**金代**

内蒙古赤峰市敖汉旗四家子镇羊山出土的辽墓壁画描绘的备茶情景

位不断提高,如《松漠记闻》载,女真人婚嫁时,酒宴之后,"富者遍建茗,留上客数人啜之,或以粗者煮乳酪"。同时,汉族饮茶文化在金朝文人中的影响也很深,如党怀英所作的《青玉案》词中,对茶文化的内蕴有很准确地把握。

茶可止渴、消食,适合以肉食为主的蒙古人。蒙古在唐时就已茶马互市,早就有饮茶嗜好,入主中原建立元朝,爱茶更甚,但饮茶方式与中原有很大的不同,喜爱在茶中加入酥油及其他特殊佐料的调味茶,如兰膏、酥签等茶饮。

据元代马端临《文献通考》和其他有关文史资料记载,元代名茶计有40余种,如头金、绿英、早春、龙井茶、武夷茶、阳羡茶等。

元曲是元代文学的代表,咏茶的元曲(俗称茶曲)是这一时期的作品。元代杂剧大都反映民间社会生活,其中不乏饮茶的描述,"早起开门七件事,柴米油盐酱醋茶"更是家喻户晓的名句,可见当时饮茶的普遍及生活化。

元代,未经文化洗礼的异族文士,秉性朴实无华,不耐精雅繁缛,崇尚自然简朴,品茶转饮叶茶,唐宋流传的团饼茶逐渐式微,芽叶茶转为主流,饮茶方法由精致华丽,回归自然简朴,只是此时芽叶茶(散茶)大多碾成末茶瀹饮,这又是宋代点茶法的遗风。

第五章　明代茶文化

明代是中国茶文化史上继往开来、迅猛发展的重要历史时期,当时的文人雅士继承了唐宋以来文人重视饮茶的传统,普遍具有浓郁而深沉的嗜茶情结,茶在文人心目中的崇高地位得以凸显。

两宋时的斗茶之风在明代消失了,饼茶为散形叶茶所代替,碾末而饮的唐煮宋点饮法,变成了以沸水冲泡叶茶的瀹饮法,品饮艺术发生了划时代的变化,开千古清饮之源。

一、明代饮茶方式的转变

从元代王桢《农书》上可以了解到,早在宋元时期,条形散茶的生产和品饮就已在民间流行。

明代在制茶技术上有较大发展。明洪武二十四年(1391)九月十六日,明太祖朱元璋下诏废团茶,改贡叶茶(散茶)。后人于此评价甚高:"上以重劳民力,罢造龙团,惟采芽茶以进……按加香物,捣为细饼,已失真味。今人惟取初萌之精者,汲泉置鼎,一瀹便啜,遂开千古

明太祖朱元璋像

时大彬款紫砂壶　**明代**

耀州窑青釉茶壶　**明代**

茗饮之宗。"而团饼茶只保留一部分供应边销。于是，饮茶方式发生了划时代的变化，"唐煮宋点"成了历史，取而代之的是沸水冲泡叶茶的泡饮法，明人认为这种饮法，"简便异常，天趣悉备，可谓尽茶之真味矣。"清正、袭人的茶香，甘洌、醇醇的茶味以及清澈的茶汤，更能让人领略茶天然之色、香、味。

明代散茶的兴起，引起冲泡法的改变，原来唐宋模式的茶具也不再适用了。茶壶被更广泛地应用于百姓茶饮生活中，茶盏也由黑釉瓷变成了白瓷和青花瓷，目的是为了更好地衬托茶汤的色泽。

明清之后，随着茶类的不断增加，饮茶方式出现两大特点：一是，品茶方法日臻完善而讲究。茶壶茶杯要用开水先洗涤，干布擦干，茶渣先倒掉，再斟。二是，出现了六大茶类，品饮方式也随茶类不同而有很大变化。同时，各地区由于风俗不同，开始选用不同茶类。如两广喜好红茶，福建多饮乌龙，江浙则好绿茶，北方人喜花茶或绿茶，边疆少数民族多用黑茶、茶砖。

二、明代茶文化的特征

明代兴起的饮茶冲瀹法是基于散茶的兴起。散茶容易冲泡，冲饮方便，且芽叶完整，增强了饮茶时的观赏效果。明代人在饮茶中，已经有意识地追求一种自然美和环境美。明代文人认为，唐宋人的团茶碾末煮饮，有损茶的真味，饮茶的重心应在于香、味、色的完美统一。他们提出"采茶欲精，藏茶欲燥，烹茶欲洁"。明人饮茶崇尚天

江苏镇江中泠泉

《说泉》记载刘伯刍把江苏镇江的中泠泉称为天下第一泉。

趣，因而很重视对泉水的选择。张大复《梅花草堂笔谈》中认为："茶性必发于水，八分之茶，遇十分之水，茶亦十分矣。八分之水，试十分之茶，茶只八分耳。"许次纾《茶疏》认为："精茗蕴香，借水而发，无水不可与论茶也。"明人对水要求很高，认为宜茶之水应清洁、甘洌。为求好水，可以不辞千里。明人饮茶讲究艺术性，注重自然环境的选择和审美情趣的营造，这在当时的许多画作中有充分表现。文徵明的《惠山茶会图》、唐

虎跑泉

虎跑泉位于浙江省杭州，为天下名泉。"龙井茶"、"虎跑水"被称为天下双绝。

寅的《事茗图》和王问的《煮茶图》等都是当时极具代表性的茶画。画作中高士们或于山间清泉之侧抚琴烹茶，而泉声、风声、琴声与壶中汤沸之声融为一体；或于草亭之中相对品茗，或独对青山苍峦，目送江水滔滔。

《惠山茶会图》(局部) **明代**·文徵明

《煮茶图》(局部) **明代**·王问

《高贤读书图》(局部) **明代**·陈洪绶

《苕溪草堂图卷》(局部) **明代**·文徵明

《试茗图》(局部) **明代·**仇英

《松溪论画图》(局部) **明代·**仇英

当时对饮茶的人数有"一人得神，二人得趣，三人得味，六七人是名施茶"之说。至于自然环境，则最好在清静的山林、俭朴的柴房、清溪、松涛，无喧闹嘈杂之声。如在这种环境中品赏清茶，就有一种非常独特的审美感受，正如罗廪《茶解》中所说的："山堂夜坐，汲泉煮茗，至水火相战，如听松涛，清芬满怀，云光滟潋。此时幽趣，故难与俗人言矣。"

《清荫试茗图》(扇面) **明代·**文徵明

明代是我国历史上茶学研究最为鼎盛、出现茶著最多的时期，共计有50余部，其中朱权的《茶谱》、张源的《茶录》、许次纾的《茶疏》和徐渭的《煎茶七类》等均是不可多得的传世佳作，为后人留下了宝贵的茶文化资料。

《茶谱》全书分16则。在其绪论中，简洁地道出了茶事是雅人之事，用以修身养性，绝非白丁可以了解。"盖羽多尚奇古，制之为末，以膏为饼。至仁宗时，而立龙团、凤团、月团之名，杂以诸香，饰以金彩，不无夺其真味。然天地生物，各遂其性，莫若叶茶。烹而啜之，以遂其自然之性也。予故取烹茶之法，末茶之具，崇新改

《茶录》 **明代·**张源

易，自成一家。"标意甚明，书中所述也多有独创。正文首先指出茶的功用有"助诗兴"、"伏睡魔"、"倍清谈"、"利大肠，去积热化痰下气"、"解酒消食，除烦去腻"的作用。他还对废团改散后的品饮方法进行了探索，改革了传统的品饮方法和茶具，提倡从简行事，主张保持茶叶的本色，顺其自然之性。书中指出饮茶的最高境界："或于泉石之间，或于松竹之下，或对皓月清风，或坐明窗静牖。乃与客清谈款话，探虚玄而参造化，清心神而出尘表。"

《茶谱》从品茶、品水、煎汤、点茶四项谈饮茶方法，认为品茶应品谷雨茶，用水当用"青城山老人村杞泉水"、"山水"、"扬子江心水"、"庐山康王洞帘水"，煎汤要掌握"三沸之法"，点茶要"注汤小许调匀"、"旋添入，环回击拂"等程序，并认为"汤上盏可七分则止，着盏无水痕为妙"。

三、明代著名茶品

明代因开始废团茶兴散茶，所以蒸青团茶虽有，但蒸青和炒青的散芽茶渐成主流。据顾元庆《茶谱》(1541)、屠隆《茶说》(1590年前后)和许次纾《茶疏》(1597)等记载，明代名茶计有50余种，如蒙顶石花、碧涧茶、薄片茶、白露、绿花茶、白芽茶等。

明代的贡茶在立国之初纳贡地区范围较小，数量亦较少。随着时间的推移，贡茶地区范围不断扩大，数额亦屡增不已。如明太祖洪武年间，建宁贡茶共1 600余斤，至隆庆时增至2 300多斤；宜兴贡茶原100斤，宣德增至2 900斤。茶民除贡额外，还要献给镇守的宦官大数额的上品茶。

到了明朝中后期，朝廷的贡役之重，已使民众苦不堪言了。万历年间，有一位尚

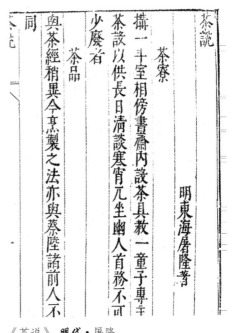

《茶说》 **明代·屠隆**

能体察民情的地方官吏韩邦奇写过一首《茶歌》揭露官府残酷勒索贡物的情形。《茶歌》云："富阳江之鱼，富阳山之茶；鱼肥卖我子，茶香破我家。采茶妇，捕鱼夫，官府拷掠无完肤。昊天何不仁？此地亦何辜！鱼何不生别县？茶何不生别都？富阳山，何日摧？富阳江，何日枯？山摧茶亦死，江枯鱼乃无。鸣呼！山难摧，江难枯，我民不可苏。"

明代，西湖龙井茶崭露头角，名声逐渐远播，为文人雅士所饮用。明嘉靖年间的《浙江通志》记载："杭郡诸茶，总不及龙井之产，而雨前细芽，取其一旗一枪，尤为珍品，所产不多，宜其矜贵也。"明万历年的《杭州府志》有"老龙井，其地产茶，为

两山绝品"之说。万历年《钱塘县志》又记载"茶出龙井者，作豆花香，色清味甘，与他山异。"此时的西湖龙井茶已被列入名茶之属了。

产于安徽的六安瓜片

此外，明代科学家徐光启在其著《农政全书》中称"六安州之片茶，为茶之极品"。明代陈霆著《雨山默谈》称："六安茶为天下第一。有司包贡之余，例馈权贵与朝士之故旧者"。明代大学者李东阳、萧显、李士实三名士玉堂联句《咏六安茶》："七碗清风自里边，每随佳兴入诗坛。纤芽出土春雷动，活火当炉夜雪残。陆羽旧经遗上品，高阳醉客避清欢。何时一酌中泠水？重试君谟小凤团！"予六安瓜片以很高的评价。

四、明代名人与茶

朱权（1378-1448）明太祖朱元璋第十七子，封宁王。自幼聪颖过人，因招其兄明成祖朱棣猜疑，长期隐居南方。以茶明志，鼓琴读书，不问世事，著《茶谱》。在《茶谱》中明确表示他饮茶并非浅尝于茶本身，而是将其作为一种表达志向和修身养性的方式。

朱权对废除团茶后新的品饮方式进行了探索，改革了传统的品饮方式和茶具，提倡从简行事，开清饮风气之先，为后世立一整套简便新颖的烹饮法打下了坚实的基础。

他认为团茶杂以诸香，饰以金彩，不无夺其真味。天地生物，各遂其性，莫若叶茶。"烹而啜之，以遂其自然之性也"，主张保持茶叶的本色、真味，顺其自然之性。朱权构想了一些行茶的仪式，如设案焚香，既净化空气，也是净化精神，寄寓通灵天地之意。

唐寅（1470-1523）于明宪宗成化六年庚寅年寅月寅日寅时生，故名唐寅。唐寅是位热衷于茶事的画家，曾画过《事茗图》、《品茶图》。经常在桃花庵圃舍同诗人画家品茗清谈，赋诗作画。他在诗中写道，若是有朝一日，能买得起一座青山的话，要使山前岭后都变成茶园，每当早春，在春茶刚刚吐出鲜嫩小芽之时，即上茶山去采摘春茶；按照前代品茗大师的烹茶之法，亲自烹茗品尝，闻着嫩芽的清香，听着水沸时发出的松鸣风韵，岂不是人生聊以自娱的陶情之道吗？

徐渭（1521-1593）字文长（初字文清），号天池山人，青藤道士等，山阴（今浙江绍兴）人。是明代杰出的书画家和文学家。他不仅写了很多茶诗，还依陆羽之范，撰有《茶经》一卷。《文选楼藏书记》载："《茶经》一卷,《酒史》六卷，明徐渭著，刊本。"

与《茶经》同列于茶书目录的尚有《煎茶七类》。徐渭曾以书法艺术的形式表现过该文的内容，行书《煎茶七类》艺文合璧，对茶文化和书法艺术研究而言均属一份宝贵的资料。

喻政，字漳澜，为人正直，为民请命，不畏强权。喻政编撰了茶学大型丛书《茶书全集》，保存了中国大量的茶文献。

张源，字伯渊，号樵海山人，包山(即洞庭西山，在今江苏吴江市)人，明代茶学家。撰写《茶录》，

《煎茶七类》 **明代·徐渭**

全书共分23则，即采茶、造茶、辨茶、藏茶、火候、汤辨、汤用老嫩、泡法、投茶、饮茶、香、色、味、点染失真、茶变不可用、品泉、井水不宜茶、贮水、茶具、茶盏、拭盏布、分茶盒、茶道。其内容简明扼要，多有切实体会之论，非因袭古人泛泛而谈。

《茶疏》 **明代·许次纾**

许次纾（1549-1604）字然明，号南华，明钱塘人，撰写有茶学专著《茶疏》，较为全面地反映了明代叶茶瀹泡法，从当时各种名茶的采、制、贮到选水、煮水与泡茶，从品饮环境到茶侣选择都做了详细介绍，明代的饮茶艺术由此概观。

屠隆(1541-1605) 鄞县（今属浙江）人，字长卿，又字纬真，号赤水，别号由拳山人、一衲道人、蓬莱仙客，晚年又号鸿苞居士，明代戏曲家、文学家，万历五年（1577）进士。屠隆曾任颍上知县，转为青浦令，后迁礼部主事、郎中。为官清正，关心民生。万历甲午年（1594）夏末初秋，屠隆与友人陇西公在龙井游览，品饮龙井茶后，欣然写下《龙井茶歌》，抒发了对龙井茶的热爱。除了著名的《龙井茶歌》，屠隆还在《考槃余事·茶说》中对龙井茶、龙井泉进行了记载。

顾元庆（1482-1565） 字大有，号大石山人,明代长洲（江苏吴县）人，所著《茶谱》分茶略、茶品、艺茶、采茶、藏茶、制茶诸法，煎茶四要，点茶三要,茶效九则。为其长期从事茶事活动的体会。

陆树声（1509-1605） 字兴吉，号平泉，松江华亭人。本姓林，少时种田，有空便读书，嘉靖二十年（1541）会试第一，复姓陆，历官太常卿，署南京国子监祭酒。善饮茶，著有《茶寮记》。

田艺蘅 字子艺，自号隐翁，钱塘人。生活在明嘉靖、隆庆和万历初年间。田艺蘅的《煮泉小品》撰于明嘉靖三十三年（1554），全书共约5 000字，分10部分，即"源泉"、"石流"、"清寒"、"甘香"、"宜茶"、"灵水"、"异泉"、"江水"、"井水"、"绪谈"。对宜茶之水有较为深入的研究。

徐献忠（1469-1545） 字伯臣，华亭(今江苏松江)人，明嘉靖举人，官奉化知县。著书甚富，与何良修、董宜阳、张之象俱以文章气节名，时称"四贤"。

徐献忠撰写的《水品》约6 000字，前后分别有田艺蘅序及蒋灼跋。上卷为总论，一曰源，二曰清，三曰流，四曰甘，五曰寒，六曰品，七曰杂说；下卷则详记诸水。《水品》集各地泉水资料甚富，对鉴水品茶有其独到的见解。

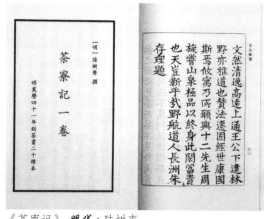

《茶寮记》 **明代**·陆树声

第六章 清代茶文化

清代，中国茶文化的主流——传统的民族文化精神开始转向民间，茶馆文化、茶俗文化取代了前代以文士领导茶文化发展的地位，茶文化深入市井，走向世俗，进入千家万户的日常生活。

《群仙集祝图卷》 **清代**·汪承需

话说中国茶

一、清代茶事活动

茶学研究 进入封建末世的清朝，虽然有过"康乾盛世"，但终究无可挽回地走上了政治经济的式微之路。在这种新的格局下，中国茶文化不免受到影响，茶的著作只有十多种，其中有的还下落不明，与明代的盛状相比，简直不可同日而语。

据万国鼎《茶书总目提要》介绍，清代有茶书11种，且集中于清初。

清代文学名著《红楼梦》中反映的茶事活动异常富贵豪华。书中提到了六安茶、老君眉茶、君山银针、普洱茶、龙井茶、枫露茶等至少6种名茶。书中还出现了"名茶还须好水泡"，讲究烹茶艺术等场景。此外，《红楼梦》里有不少茶诗茶联，以茶入诗词，风格独特，充满浓厚生活气息。如"烹茶水渐沸，煮酒叶难烧。""宝鼎茶闲烟尚绿，幽窗棋罢指犹凉。"

《茶具图》 **清代·**边寿民

《茶董补》 **明代**

陈继儒辑于1612年前后，该书为清道光海山仙馆丛书版本，藏于浙江省图书馆古籍部。

宫廷茶礼 清代康熙、乾隆皆好饮茶。乾隆首倡了重华宫茶宴，每年于元旦后三日举行。仅清代在重华宫举行的茶宴便有60多次。

清宫茶宴始于乾隆年间，道光八年以后则停止举行。茶宴自正月初二日至初十，无定期，嘉庆间多在初二举行。地址多在故宫内的重华宫，有时在中南海的紫光阁和圆明园的同乐园。因为此宴以赋诗为主要内容，所以参加的人员都是皇帝"钦点"的大臣中之能诗者。赋诗也有规制，大致分为两类：一类是皇帝先作御制诗七律二章，众人步御制诗的原韵合之。另一类是作长篇联句，开始无定制，自乾隆三十一年定为七十二韵，二十八人分为八排，人得四句，每排冠以御制。宴中除赋诗外，还有演戏等活动。宴罢皇帝要颁赏珍物，众大臣叩首谢恩，亲捧而出。赏赐的珍物以小荷囊为最重，受赐者将物挂在衣襟上向皇帝谢恩，表示他受到皇帝的特殊宠爱。这种情况使得清代整个上层社会品茶风气尤盛，进而也影响到民间。

清代茶馆 清代城乡各地茶馆遍布，构成了近代绚丽多彩的茶馆文化现象。这时

晚清老茶店外景

晚清老茶馆

期，各种大小茶馆遍布城市乡村的各个角落，成为上至王公贵族、八旗子弟，下到艺人、挑夫、小贩会集之地。不仅数量上有很大发展，文化色彩、审美情趣融入其间，社会功能上也有开拓，出现了为不同层次群众服务的特色茶馆。如专供商人洽谈生意的清茶馆，表演曲艺说唱的书茶馆，兼各种茶馆之长，可容三教九流的大茶馆，还有供文人笔会、游人赏景的野茶馆，供茶客下棋的棋茶馆……

浙省乾泰茶庄广告

浙省吴元大茶庄"多子"商标包装纸

方福泰茶庄包装纸

杭州同大元龙井茶庄价目表

上海南京路上的汪裕泰茶号

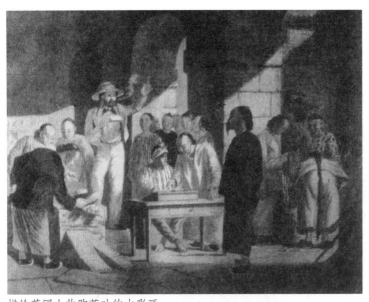

描绘英国人收购茶叶的水彩画

专卖茶叶的茶庄、茶号也相继出现。杭州翁隆盛茶号创建于1730年，创办人翁耀庭，以专售"三前摘翠"（春前、明前、雨前）的西湖龙井茶而极负盛名。店址初设杭州梅登高桥。太平天国后，翁氏为发展业务，将店址迁至当时的商业闹区清河坊，又扩建五层洋房，门楣上装饰"狮球"注册商标，焕然一新。上海汪裕泰茶号则以专售安徽的红茶、绿茶而闻名。

二、清代名茶

清代名茶，有些是明代流传下来的，有些是新创的。在清王朝近300年的历史中，除绿茶、黄茶、黑茶、白茶、红茶外，还发展产生了乌龙茶。在这些茶类中有不少品质超群的茶叶品目，逐步形成了传统名茶。清代名茶计有40余种，如武夷岩茶、黄山毛峰茶、西湖龙井茶、凤凰水仙茶、青城山茶、贵定云雾茶、湄潭眉尖茶……

故宫博物院调拨、中国茶叶博物馆藏的古茶样品

清源小砖茶

清宫旧藏的"向质卿造"普洱贡茶

武夷岩茶 产于福建崇安武夷山，有大红袍、铁罗汉、白鸡冠、水金龟四大名丛，产品统称"奇种"，是有名的乌龙茶。其中大红袍是武夷岩茶中的名丛珍品。传说古时候有一穷秀才上京赶考，路过武夷山时，病倒在路上，幸被天心寺老方丈看见，泡了一碗茶给他喝，结果秀才病痊愈了。后来秀才金榜题名，中了状元。为了报答天心寺方丈用茶救命之恩，秀才回到武夷山后直奔这神茶的产地九龙窠，脱下皇上恩赐的大红袍，披在神茶树上。从此，人们便把这神茶取名为"大红袍"。另有一说，相传当年康熙皇帝下江南巡视之际，因水土不服，重病缠身，卧床不起，诸多良医不能医治。有人献上一包武夷山的茶叶，请皇帝饮用。康熙饮后病竟然好了。当

大红袍茶叶和茶汤

康熙得知这种功效神奇的茶原系武夷山生产时，当即派人携一件红色御袍送往武夷山，披挂在茶树上，以示恩赐。"大红袍"由此而得名。

黄山毛峰 是清代光绪年间谢裕泰茶庄所创制。该茶庄创始人谢静和，歙县绩溪人，以茶为业，不仅经营茶庄，而且精通茶叶采制技术。1875年后，为迎合市场需求，每年清明时节，在黄山汤口、龙川等地，登高山名园，采肥嫩芽尖，精细炒焙，标名"黄山毛峰"，运销东北、华北一带。

洞庭碧螺春茶 由于此茶独具特殊的天然香气，古时当地人俗称其为"吓煞人香"。清圣祖玄烨于康熙三十八年（1699）第三次南巡时到太湖，巡抚宋荦从当地制茶高手朱正元处购得精品"吓煞人香"向康熙进贡。康熙以其名不雅，题之曰"碧螺春"。自此后，碧螺春即成为清代皇帝御赐茶名的珍品贡茶了。

君山毛尖 产于湖南省岳阳市洞庭湖君山岛，于乾隆四十六年（1781）即被选为清宫贡品。

贵定云雾茶 从清代开始生产即作为贡茶进献清宫。至今贵州省贵定县云雾区仰望乡苗寨仍保存着乾隆年间建立的"贡茶碑"，碑中有关于云雾茶作为"贡茶"和"敬茶"的记载。

在乾隆年间被列为贡茶的，还有如今仍产于福建省宁德市西天山的芽茶，产于安徽省宣州市敬亭山的敬亭绿雪等。

普洱茶 清代阮福著《普洱茶记》云："普洱茶名重天下，味最酽，京师尤重云"，"于二月间采蕊极细而谓之毛尖以作贡。贡后方许民间贩茶"。在清代被列为贡茶的还有今仍产于四川省名山县蒙顶山区的蒙顶甘露，从唐时起作为贡茶，直到清末才罢贡，在历史上连续作为历代宫廷贡茶，竟长达一千余年。

普洱方茶

涌溪火青 久负盛名。诗人王巢林，饮尝涌溪火青后，顿觉六腑芬芳，诗兴大发，挥毫抒情曰："不知泾邑山之崖，春风茁此香灵芽……共向幽窗吸白云，令人六腑皆芳芬……"对涌溪火青茶之质量给予了

安徽泾县的涌溪火青

"雨前龙井"茶箱

很高的评价。

西湖龙井 到了清代，西湖龙井已立于众名茶的前茅了。清代学者郝懿行曾说"茶之名者，有浙之龙井，江南之芥片，闽之武夷云。"乾隆皇帝六次下江南，四次来到龙井茶区观看茶叶采制，品茶赋诗。胡公庙前的十八棵茶树还被封为"御茶"。从此，龙井茶驰名中外，问茶者络绎不绝。

位于浙江省杭州龙井村胡公庙前的十八棵御茶

三、清代名人与茶

郑燮（1693-1765）字克柔，号板桥，"扬州八怪"之一，江苏兴化人，清代著名书画家、文学家。茶是郑板桥创作时的伴侣，"茅屋一间，新篁数竿，雪白纸窗，微浸绿色，此时独坐其中，一盏雨前茶，一方端砚石，一张宣州纸，几笔折枝花。朋友来至，风声竹响，愈喧愈静"。郑板桥喜欢将茶饮与书画并论，饮茶的境界和书画创作的境界往往十分契合。清雅和清贫是郑板桥一生的写照，郑板桥曾自我表白说："凡吾画兰、画竹、画石，用以慰天下之劳人，非以供天下之安享人也。"所以，他的诗句联语常爱用方言俚语，使"小儿顺口好读"。他在家乡写过不少这样的对联，其中一幅是："白菜青盐糁子饭，瓦壶天水菊花茶"，把粗茶淡饭的清贫生活写得生动亲切富有情趣，这正是他的生活和人生观的写照。

乾隆像

弘历（1711-1799）即清代乾隆皇帝，在位六十年。民间流传着很多关于乾隆与茶的故事，涉及种茶、饮茶、取水、茶名、茶诗等与茶相关的方方面面。乾隆皇帝六次南巡到杭州，曾四度到西湖茶区。他在龙井狮子峰胡公庙前饮龙井茶时，赞赏茶叶香清味醇，遂封庙前十八棵茶树为"御茶"，并派专人看管，年年岁岁采制进贡到宫中。

乾隆十六年（1751），他第一次南巡到杭州，在天竺观看了茶叶采制的过程，颇有感触，写了《观采茶作歌》，其中有"地炉微火徐徐添，乾釜柔风旋旋炒。慢炒细焙有次第，辛苦功夫殊不少"的诗句。皇帝能够在观察中体知茶农的辛苦与制茶的不易，也算是难能可贵。乾隆皇帝决定让出皇位给十五子时（即后来的嘉庆皇帝），一位老臣不无惋惜地劝谏道："国不可一日无君呵！"一生好品茶的乾隆帝却端起御案上的一杯茶，说："君不可一日无茶。"

乾隆在茶事中，以帝王之尊，首倡在重华宫举行的茶宴。对品茶鉴水，乾隆独有所好。他品尝洞庭中产的"君山银针"后赞誉不绝，令当地每年进贡十八斤。他还赐名福建安溪茶为"铁观音"，从此安溪茶声名大振，至今不衰。乾隆晚年退位后仍嗜茶如命，在北海镜清斋内专设"焙茶坞"，悠闲品尝。他在世88年，其长寿当与喝茶不无关系。

袁枚（1716-1797）字子才，晚号随园老人，钱塘（今杭州）人，是清代乾隆时期的代表诗人和主要诗论家之一，也是一个爱茶人。袁枚尝遍南北名茶，在他70岁那年，游览了武夷山，对武夷茶产生了特别的兴趣。他有一段记述：余向不喜武夷茶，嫌其浓苦如饮药。然，丙午秋，余游武夷，到幔亭峰、天游寺诸处，僧道争以茶献。

胡公庙前的十八棵御茶

阮元（1764-1849）字伯元，号芸台，又号雷塘庵主，晚号怡性老人，江苏仪征人，乾隆进士。阮元写有茶诗60余首。做官期间，每逢阮元生日，便停止办公一天，邀亲朋好友，来到山间或竹林等幽静处，饮茶吟诗，称为"茶隐"。这样可以避免人们给他赠送生日礼物，显示了阮元从政之清廉。其《竹林茶隐诗》云："闲步冷石径，静坐深篁中。茶烟藏不得，轻飏林外风。"

陶澍（1778-1839）字子霖，号云汀，湖南安化人。嘉庆五年（1800）中举，嘉庆七年（1802）中进士，任翰林院编修后升御史。曾先后任山西、四川、福建、安徽等省布政使和巡抚，后官至两江总督加太子少保，道光皇帝曾亲书"印心石屋"匾赐之。陶澍生于茶区、长于茶区，耳濡目染，从小养成饮茶习惯，并对茶区生产、茶农生活有了深刻了解，常赋诗咏茶，如"晨穿苦雾深，晚焙薪火烈。茶成与商人，粗者留自啜。谁知盘中芽，多有肩上血。我本山中人，言之益凄切。"

第七章　近现代茶文化

吴觉农是我国近代茶叶事业的奠基人，在茶叶的生产、贸易、科研、教育等方面实行和提倡了一系列科学措施，并为中华茶业的振兴兢兢业业奋斗70余年，被人们誉为"当代茶圣"。

1932年，吴觉农先生组织参加了在东南各主要茶区的调查工作，并先后在江西修水、安徽祁门、浙江嵊县三界等地建立茶叶改良场，对茶树种植、茶叶加工进行了改良与研究、示范、推广，为振兴中国茶打下了良好基础。

为了培养茶叶专业人员，在吴觉农先生的努力下，1940年复旦大学设立了茶学系，这是我国

吴觉农题词

庄晚芳题字

《中国茶讯》

高等院校中的第一个茶叶专业系科，很多毕业生后来都成为我国现代茶叶事业的骨干。

中华人民共和国成立后，在党和政府的关怀下，先进的栽培采制技术得以推广，我国的茶叶生产走上科学规范的发展道路。20世纪80年代以来，中国的茶和茶文化有了长足的进步和发展，达到了新的境界。

进入21世纪，随着茶文化事业日益昌隆，以茶为礼、以茶待客、以茶会友、以茶清政、以茶修德已成为国人最自觉普遍的习俗，茶也因此成为东方文明的象征。

毛泽东主席在西湖刘庄视察龙井茶区

茶叶不仅是历史的、文化的，也是自然的、物质的。在中国这个世界上最早发现并利用茶叶的国度，有分布广泛的茶区，品种丰富的茶树，多样化的茶叶加工工艺，特色鲜明的茶类和千姿百态的茶品，它们既是历史的产物，也是自然的恩赐和人们汗水的结晶。

第二篇 茶品荟萃

中国作为茶的原产地，有悠久的茶叶生产和饮用历史。中国是世界上的茶叶生产大国，不仅茶叶产区辽阔，茶叶种类也极为丰富。中国还是世界上的茶叶消费大国，喝茶是中国人实实在在的生活需要，也是一种意味深长的生活情趣。

第一章　茶区风光

根据《中国茶经》的定义，茶区是指自然、经济条件基本一致，茶树品种、栽培、茶叶加工特点及茶叶生产发展任务相似，按一定行政隶属关系较完整地组合成的区域。

中国有辽阔的茶区。中华人民共和国成立后，国家大力发展茶叶生产，东起台湾阿里山，西至西藏察隅河谷，南到海南琼崖，北抵山东半岛，包括浙江、福建、云南、广东、广西、湖北、湖南、安徽、四川、江西、贵州、台湾、江苏、海南、陕西、河南、山东、甘肃和西藏等19个省区的千余个县都有茶叶生产。

中国广大的产茶区域内，气候、土壤等生态条件各不相同。在纬度较低的南方茶区，年均气温高，有利于茶多酚的形成，因此长期生长在南方的茶树品种，茶多酚含量较高；在纬度较高的北方茶区，年平均温度较低，茶多酚的合成和积累较少，氨基酸含量相对较多。在垂直分布上，茶树最高生长在海拔2 600米的高地上，最低仅距海平面几十米。

一、茶区划分

中国茶区分布在北纬18°～37°，东经94°～122°的广阔范围内，大部分茶区在黄河及秦岭以南的山区，有的产茶区地跨多个气候带，在土壤、水热、植被等方面存在明显差异。不同地区生长不同类型和不同品种的茶树，决定了茶叶的品质及其适制性，因而形成了一定的茶类结构。目前，中国茶区划分为三级，即一级茶区，是全国性划分，用以宏观指导；二级茶区，是由各产茶省（区）划分，进行省（区）内生产指导；三级茶区，是由各地县划分，具体指挥茶叶生产。

1.一级茶区

目前，全国性划分的一级茶区分为4个区域，即江北茶区、江南茶区、西南茶区和华南茶区(见表2—1)。

表2-1 一级茶区

地区	地理位置	土质	土壤酸碱度	温度、降水	茶树种质资源	适制茶类	名茶
江北茶区	南起长江，北至秦岭、淮河，西起大巴山，东至山东半岛，包括甘南、陕南、鄂北、豫南、皖北、苏北、鲁东南等地	黄棕土，部分茶区为棕壤	不少茶区酸碱度略偏高	气温低，积温少，大多数地区年平均气温15.5℃以下，多年平均极端最低气温在-10℃；个别地区可达-15℃；年降水量1000毫米左右，四季降水不均	茶树多为灌木型中小叶种	适合发展绿茶，尤其是名优绿茶	六安瓜片、信阳毛尖、日照茶等
江南茶区	长江以南，大樟溪、雁石溪、梅江、连江以北，桂北、湘、浙北、闽中北，包括粤北、赣、鄂南，皖苏南等地	红壤，部分为黄壤	pH5.0～5.5	该区基本属于中亚热带季风气候，南部则为南亚热带季风气候；四季分明，年平均温度在15.5℃以上，比较充足。年降水量1000～1400毫米	茶树大多为灌木型中小叶种，少部分为小乔木中大叶种	绿茶、乌龙茶以及各特茶	西湖龙井、君山银针、碧螺春、黄山毛峰等
西南茶区	米仓山、大巴山以南，红水河、南盘江、盈江以北，神农架、方斗山、武陵山以东，大渡河以东的地区，包括黔、川、滇中北和藏东南	在滇中北多为红壤，在四川、黔及藏东南则以黄壤为主	pH5.5～6.5	水热条件较好，整个茶区冬季较温暖，年降水较丰富，大多在1000毫米以上；四川盆地，云贵高原年平均温度为17℃，云南年平均气温为14～15℃	乔木或小乔木型野生大茶树	红茶、绿茶、普洱茶、边销茶和花茶等	都匀毛尖、蒙顶甘露、普洱茶等
华南茶区	大樟溪、雁石溪、梅江、连江、浔江、红水河、南盘江、盈江以南，包括闽中南、台、粤中南、海南、桂南、滇南	大多为赤红壤，部分为黄壤	pH4.5～5.5	水热资源丰富，整个茶区高温多湿，年平均温度在20℃以上，大部分地区四季常青，全年降水量可达1500毫米，海南的琼中高达2600毫米	大多为乔木或小乔木型的大叶种	红茶、普洱茶、六堡茶、乌龙茶等	铁观音、黄金桂、凤凰单丛、冻顶乌龙、南糯白毫等

2.二级茶区

二级茶区是按产茶省(区)划分。二级茶区的产茶历史、茶树类型、品种分布、茶类结构和生产特点各不相同(见表2-2)。

浙江省具备优越的种茶环境，产茶历史悠久，是中国主要茶叶产区之一，还是最大的外销绿茶产地。绍兴、嵊州和余姚等地是唯一的外销"珠茶"产区；淳安、开化等地以前主产外销茶眉茶；金华在中华人民共和国成立后开始发展花茶生产；杭州及附近地区主要为内销茶区，以龙井茶为代表，淳安、江山、丽水和建德等地也有大量绿茶生产。

福建省茶叶种植历史悠久，茶叶产量高，茶树品种多。福建茶区又可分为闽北、

浙江杭州龙井茶园

表2-2 二级茶区

省(区)	茶类	著名产区
浙江	以绿茶为主	浙东南茶区：绍兴、宁波、嵊州、余姚等地 浙中茶区：金华和衢州等地 浙东北茶区：杭州及附近地区、湖州等地 浙南茶区：温州、丽水和建德等地
福建	乌龙茶、白茶、红茶、绿茶，以及再加工的花茶	闽东茶区：福州、福鼎、福安、宁德、古田 闽北茶区：建瓯、建阳、政和、松溪、崇安等地 闽南茶区：安溪、永春等地
安徽	以绿茶为主，红茶次之，还有一定数量的黄茶以及再加工的花茶	皖南红茶区：以祁门为代表，包括贵池、东至、石埭等县 皖南绿茶区：休宁、歙县、屯溪等地 皖北茶区：金寨、霍山、舒城、桐城等县
四川	红茶、绿茶	盆东南茶区：宜宾、自贡等地 盆西茶区：雅安、乐山、成都等地 盆北边缘茶区：南充、绵阳、广元、达州等地北部的产茶县 金沙江上游茶区：凉山州的西昌、昭觉、越西、甘孜州的九龙、泸定等地
湖南	红茶、绿茶、黑茶和少量黄茶，还有再加工的紧压茶、花茶	湘北茶区：临湘、岳阳、澧县、常德、益阳、华容等地 湘中茶区：湘潭、衡阳、双峰、邵阳等地 湘东茶区：醴陵、浏阳、攸县等地 湘南茶区：江华、江永、蓝山、道县等地 湘西茶区：澧水和沅水中上游地区
江西	绿茶、红茶	赣东北茶区：景德镇等地 赣西北茶区：九江、宜春地区 赣中茶区：吉安、抚州两地区以及南昌市各县 赣南茶区：赣州地区18个县市
云南	红茶、黑茶、绿茶	滇西茶区：临沧、保山、德宏等地 滇南茶区：普洱、西双版纳、红河、文山等地 滇中茶区：昆明、大理、楚雄、玉溪等地 滇东北茶区：昭通、东川、曲靖3个地、州的11个县 滇西北茶区：丽江、怒江、迪庆等地

省(区)	茶 类	著名产区
湖北	绿茶、红茶和再加工的砖茶，还有少量的黄茶	鄂西南武陵山茶区：恩施、建始、巴东等地 鄂东南幕阜山茶区：蒲圻、咸宁、通山、通城等地 鄂东北大别山茶区：英山、浠水、罗田等地 鄂西北秦巴山茶区：竹溪、竹山、神农架等地 鄂中大洪山茶区：襄阳、枣阳、随州、天门等地
江苏	绿茶、红茶	主要分布在苏州、无锡、常州、镇江、南京、扬州等地
广东	红茶、绿茶、乌龙茶	粤北茶区：仁化、乐昌、南雄、始兴等地 粤东茶区：汕头、潮阳、潮州、揭阳等地 粤中茶区：连平、新丰、龙门、博罗、惠阳、开平、东莞等地 粤西茶区：云浮、郁南、高明、信宜、化州等地
广西	绿茶、红茶、花茶、黑茶	桂南茶区：横县、灵山、百色、北流、宾阳、桂平、合浦等地 桂北茶区：柳州、全州、平南、贺县、环江
贵州	绿茶	黔中茶区：贵阳、安顺、遵义地区南部、贵定等地 黔东茶区：铜仁、印江、从江等地 黔北茶区：遵义地区的赤水、仁怀、正安等地 黔南茶区：兴义、兴仁、安龙、罗甸等地
河南	绿茶	主要分布于信阳地区的信阳县、信阳市、罗山县部分乡
陕西	晒青绿茶	紫阳茶区：紫阳、岚皋等地 汉南丘陵茶区：南郑、城固等地 汉中西部茶区：汉水上游的勉县、嘉陵江流域的宁强、略阳等地 米仓山南坡茶区：位于米仓山南坡
山东	绿茶	山东中南部、胶东半岛地区
甘肃	绿茶	甘肃南部的文县、康县、武都等地
海南	红茶、绿茶	除海口、三亚市之外的16个市县
台湾	乌龙茶	嘉义、云林、南投、台中、苗栗、新竹、桃园、台北、宜兰、花莲、台东、屏东、高雄、台南

福建武夷山茶园

安徽茶园

闽南和闽东三部分。闽北茶区包括建瓯、建阳、政和、松溪、崇安等地，崇安、建瓯主产武夷岩茶，工夫红茶正山小种也产于闽北茶区。闽南茶区包括安溪、永春等地，主产铁观音。闽东茶区包括福州、福鼎、福安、宁德、古田等地，福鼎过去生产以白琳工夫为代表的红茶，福安产坦洋工夫，这两种都是福建有名的外销红茶；福鼎、福安又是白茶产地，主产白牡丹、白毫银针；福州生产花茶已有一百多年历史，是中国现代花茶的发祥地之一。

安徽省有众多历史名茶，是中国重点产茶区之一。安徽茶区分皖南、皖北两大茶区，皖南又分红茶和绿茶两个茶区。皖南红茶产区主产祁门红茶，产地以祁门为代表，包括贵池、东至、石埭等县；皖南绿茶区包括休宁、歙县、屯溪，过去主要产外销绿茶"屯绿"。此外，还有黄山毛峰、老竹大方、涌溪火青等历史名茶。皖北茶区主要茶叶产品有六安瓜片、黄大茶、舒城兰花，产地包括金寨、霍山、舒城、桐城等县。

四川省周围均为高山，气候温暖、湿润，茶叶萌芽早，全省众多县市都生产茶叶。四川省过去主产晒青茶，将它压制成紧压茶销往西藏、青海、甘肃等省(自治区)。四川的蒙顶茶久负盛名，自古就有"蒙顶山上茶，扬子江中水"之说。

湖南省种茶历史已有两千多年，靠近湖北的临湘一带主产老青茶——制作青砖茶的原料；安化出产名茶安化松针，还是花卷茶（即千两茶）的产地；岳阳君山所产的君

云南茶园

云南茶区采茶场景

山银针是著名的黄茶，1959年又在总结君山银针特点的基础上，制出名茶新品种高桥银峰；长沙、湘潭等地茉莉花茶生产有一定规模，部分地区生产红茶。

江西省丘陵众多，赣南一带山区多为红壤，适宜茶树生长，有婺源茗眉等名优绿茶。婺源一带历史上盛产大宗绿茶，因为与屯绿相似，出口时统称屯绿；修水过去生产出口红茶——宁红。

云南土壤肥沃，气候温暖，雨量充沛，茶树品种资源极为丰富，古茶树众多，其中树龄千年以上、植株高达数十米的野生大茶树数量可观。云南是普洱茶的故乡，还有饮誉中外的滇红茶。

湖北产茶历史悠久，是茶圣陆羽的故乡。湖北省的历史名茶多已失传，恩施玉露是目前保存下来的历史名茶，沿用唐代的蒸青制法。目前，湖北主要生产老青茶、绿茶和红茶。

江苏宜兴的阳羡茶在唐代被列为贡品。江苏茶区面积不大，主要集中在南

江苏茶园

部的洞庭山。洞庭碧螺春是绿茶中的珍品，相传为康熙皇帝所命名。南京雨花茶是中华人民共和国成立后的新制名茶。江苏也是花茶的主产地之一。

广东省地处华南地区，得天独厚的气候适于茶树生长，有丰富的茶树品种资源。广东名茶有英德红茶和凤凰单丛等。

广西位于中国西南部，是中国古老茶区之一，茶叶品种众多，有六堡茶、西山茶等名茶。横县被誉为茉莉花之乡，每年有大量茶商云集此地，窨制加工茉莉花茶。

贵州地处高原，气候温和，雨量充沛，很适宜种茶，有享有盛誉的名茶都匀毛尖。

河南省产茶在隋唐时期已有记载，茶区集中在信阳地区，出产名优绿茶信阳毛尖。

广东英德茶园

广西桂林茶园

贵州苗岭云雾茶园

陕西省茶区集中在紫阳一带。

山东省历史上有种茶的记载，后来衰落。1966年以来，山东中南部、胶东半岛地区种茶成功，现产茶有一定规模。

甘肃省武都地区有少量茶叶生产。

海南省自然条件优越，中华人民共和国成立后开始创建茶区，主产红茶和绿茶。

台湾省气温高、雨量足，也是我国的主要产茶省之一，主产乌龙茶。台湾茶种最早由福建引入。台湾茶园分布于台北、新竹、桃园、苗栗、南投、宜兰及花莲等地的坡地上，最著名的产茶区有冻顶、坪林、冬山，还有台北的三芝、淡水、石门、林口、桃园、新竹及苗栗县等地。

台湾茶园

3. "绿茶金三角"

我国是主产绿茶的国家，绿茶产量占茶叶总产量的70%左右，而全国近1/3的绿茶产于浙、皖、赣三省。三省交界的高山茶区也是我国优质出口绿茶的集中产地。

2003年英国著名的有机茶专家唐米尼先生来到中国皖、浙、赣三省交界的产茶山区考察，最早提出了"中国绿茶金三角"的概念(即指安徽休宁县、浙江开化县、江西婺源县交界的山区)。这里地处中纬度地带，雨量充沛、四季温差小、昼夜温差大，境内森林覆盖率超过78%，海拔千米以上的山峰有100多座，是优质的高山生态茶产地，种茶的历史均超过1 200年(见表2-3)。

"绿茶金三角"分为：小三角、中三角和大三角。小三角是"绿茶金三角"核心区，包括安徽的休宁、江西的婺源、浙江的开化及其周边地带；中三角即为"绿茶金三角"，是传统出口绿茶品质最优秀的屯绿、婺绿、遂绿的主产地，包括安徽黄山地区、江西的上饶地区和景德镇，以及浙江的衢州地区和淳安、建德一带；大三角是"绿茶金三角"的外延地域，可称为"泛绿茶金三角"，是指浙皖赣三省北纬28 ～32° 范围内盛产优质绿茶的大三角形区域，包括浙江大部、江西的东北部、安徽皖南及皖北沿江部分地区，大三角区域内集中分布着大量的名优绿茶。

二、高山茶园

俗话说高山出好茶，但不是所有的高山都产茶。茶树种植要具备适宜的温、湿度和酸性土壤。中国的著名高山茶区有四川蒙山、福建武夷山、安徽黄山和广东的凤凰山

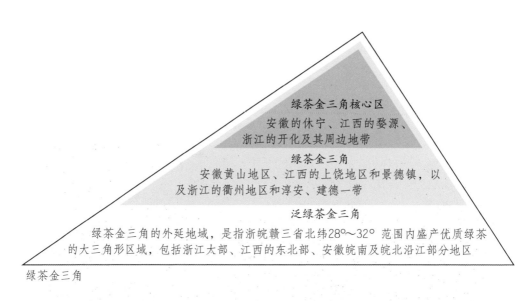

绿茶金三角核心区
安徽的休宁、江西的婺源、
浙江的开化及其周边地带

绿茶金三角
安徽黄山地区、江西的上饶地区和景德镇，以
及浙江的衢州地区和淳安、建德一带

泛绿茶金三角
绿茶金三角的外延地域，是指浙皖赣三省北纬28°～32° 范围内盛产优质绿茶
的大三角形区域，包括浙江大部、江西的东北部、安徽皖南及皖北沿江部分地区

绿茶金三角

表2-3 绿茶金三角区域内各省名优绿茶

省份	名 茶
浙江	西湖龙井、开化龙顶、顾渚紫笋、莫干黄芽、安吉白茶、径山茶、天目青顶、大佛龙井、雪水云绿、望海茶、羊岩勾青、千岛玉叶、婺州东白茶、金华举岩、兰溪毛峰、浦江春毫、磐安云峰、仙都曲毫、江山绿牡丹、金奖惠明、松阳银猴、武阳春雨、三杯香、凤阳春等
安徽	黄山毛峰、太平猴魁、松萝茶、六安瓜片、顶谷大方、黄山绿牡丹、涌溪火青、敬亭绿雪、黟山雀舌、九华毛峰、贵池翠微、野雀舌、碧色天香、霍山黄芽、万山春茗、桐城小花、岳西翠兰、天华谷尖等
江西	婺绿、婺源茗眉、大鄣山茶、上饶白眉、庐山云雾、浮瑶仙芝、双井绿、前岭银毫、攒林云尖、周打铁茶、罗丰茶、苦甘香茗、紫湖春露等

等，这些地方优越的生态条件，非常适宜茶树生长。

高山茶区温度较低，适宜氨基酸的积累，茶叶芳香物质含量高，这些芳香物质在茶叶加工过程中会发生化学变化，产生花草般的芬芳香气。高山茶区日夜温差大，茶叶白天积累物质多，夜间物质消耗少，因此高山茶内含物丰富。

著名的高山茶区四川蒙山，雨量充沛，非常适宜茶树生长。蒙山有五峰，即上清峰、菱角峰、毗罗峰、井泉峰、甘露峰，呈莲花盛开状。上清峰有一古茶园，内有7株老茶树，人称"仙茶"。其来历有一说：西汉末年，蒙山上有座甘露寺，寺中有个俗名叫吴理真的僧人，在上清峰顶植茶7株。清代雍正年间刻碑记事，言其茶"高不盈尺，不生不灭，食之去病"。

福建东北部的武夷山茶区，山环水绕，元代的御茶园就设在此处。武夷山产茶，品质上好的岩茶生长在岩壑幽涧之间。武夷山茶树品种繁多，有百种以上。习惯上把岩茶品种依其品质高低分为名丛、单丛奇种、奇种、名种四类，不同类别品质差距较大。其中名丛产量极少，品质各有千秋，被视为茶中珍品。大红袍为名丛之首，和铁罗汉、白鸡冠、水金龟并称武夷山四大名丛，是岩茶中的极品。

凤凰山位于广东省潮安县北部的凤凰镇，当地茶区分布在凤凰山脉的乌岽山、凤鸟髻、大质山和万峰山。其中，乌岽山是凤凰单丛原产地，山顶有由古火山口形成的"天池"，涌泉终年不涸。传说南宋末年宋帝卫王赵昺(bǐng)，南逃路经乌岽山，口渴难忍，侍从采来新鲜茶叶，皇帝嚼食后生津止渴，赐此茶名为"宋茶"。后人慕"宋茶"名声，争相传种，形成了近万株茶树资源宝库。清同光年间，当地人民发现数万株古茶树中品质良莠不齐，遂实行单株采摘，单株制茶，单株销售方法，将优异单株分离培植，故称凤凰单丛茶。到20世纪末，凤凰茶区新植名种茶园约350公顷，通过嫁接，淘汰劣质茶园后保留了茶园300公顷，使凤凰茶区古茶树名丛得以保存利用，成为名副其实的茶树品

福建武夷山茶园

种资源宝库。

三、丘陵茶园

丘陵茶区在中国分布很广。

相关试验表明，丘陵茶区春茶中的氨基酸、茶多酚、叶绿素含量和高山茶相当，且有适宜开垦大面积集中成片茶园的条件，茶叶产量较高，管理成本较低。

广东凤凰山乌岽山茶园

顾渚山曾是唐代的贡茶苑，海拔在500米左右，坡度平缓，距太湖万米左右，山的西北紧靠天目山余脉，冬季西北寒流和风沙被阻隔；春、夏季多东南风，可将太湖湖面的暖湿空气带进山谷，早晚多云雾，加之山上植被丰富，茶树可以充分享受"漫射光"。顾渚山上覆"烂石"，下为腐殖土，茶树根扎于有机质非常丰富的腐殖土中，能从中吸取养分。生长在这种环境中的茶树，具有独特的品质，只要采摘、炒制得法，就能制成色、香、味俱全的名茶。这里不仅盛产紫笋茶，还有与紫笋茶齐名的金沙泉。唐代，长兴地方官员用银瓶装上金沙泉水与紫笋茶一起作为贡品。

丘陵茶园

天台山植茶最早的文字记载在公元238年，至今天台山主峰华顶归云洞前仍保留有葛玄茶圃遗址。天台山群山翠绿，雨水充足，造就了有上千年历史的名茶——天台山云雾茶。天台山国清寺是我国佛教天台宗发祥地，唐贞元二十年（804）日本僧人最澄来天台学习佛法，归国时带回天台茶籽种植，建了日本最古老的茶园。

信阳毛尖主产于河南信阳西南山区，信阳茶区作为中国最古老的茶区之一，产茶历史悠久，在陆羽《茶经》中已有记载。信阳毛尖被誉为全国十大名茶之一。上好的信阳毛尖主要产自车云山、连云

河南信阳五云山茶园

山、集云山、天云山、云雾山，以及白龙潭与黑龙潭。

四、平地茶园

在气候适宜的平原地带种植茶树，茶叶品质也会很优异。如山东茶区受海洋气候影响，日夜温差大，所产茶叶香高味爽，口感可与高山茶媲美。山东是中国目前最北的茶区，古代已有茶事记载，但后来衰落。山东省发展茶叶生产，主要选择了三个区域：以日照、五莲为中心的东南沿海区，以乳山、荣城为中心的半岛区，以蒙阴、沂蒙为中心的鲁中南区。山东地区受海洋性气候影响较大，相对较低的温度、湿度和较大的昼夜温差，非常有利于茶树生长和茶叶中营养成分的积累，形

大棚茶园

成了山东茶芽叶肥壮的特点。

茶园喷溉

湖北当阳所产的仙人掌茶千百年前就有记载，这一历史名茶现在已恢复生产。

平地茶园为茶树的大棚种植和遮阴栽培提供了便利，也利于茶叶的机械采摘。大棚茶园要求地势平坦或南低北高、避风向阳、靠近水源、排灌方便、土壤肥沃、种植规范、树龄年轻等。

第二章　茶树起源与品种

茶树的原产地有四种说法：一是原产中国说，即中国的西南部是茶树原产地；二是原产印度说，因在阿萨姆Sadiya地区发现野生大茶树；三是原产东南亚说，因缅甸东部、泰国北部、越南、中国云南和印度阿萨姆这一区域内的自然条件极适宜茶树生长和繁衍；四是二元说，即大叶茶原产于西藏高原的东南部，包括中国的四川、云南

云南古茶园

和越南、缅甸、泰国、印度等地；小叶茶即小乔木和灌木型茶树原产于中国东部和东南部。国外一些学者主张二元说，但大部人均认为中国是茶的原产地。

我国科技工作者对云南茶树资源进行了多年的考

察、鉴定，并结合云南地质变迁史进行分析后，证明云南茶组植物的种最多，变型最丰富。

一、茶树形态

茶树不经过人为修剪，在自然生长的情况下，树型可分为乔木型、小乔木型和灌木型三种。乔木型茶树主干明显，分支部位高，自然生长状态下，其树高通常达3～5米。中国西南部的野生茶树大多为乔木型，植株可高达10米以上。灌木型茶树无明显主干，树冠较矮小，自然生长状态下，树高通常1.5～3米。小乔木型茶树是介于乔木型、灌木型的中间类型，植株基部主干明显，有较高的分支部位。

乔木型茶树

自然生长状态下，树冠多较直立高大，根系也较发达。

人工栽培的茶树，经过不断修剪，树冠分支部位降低，树冠层向水平方向伸展，利于采摘。

茶树由根、茎、叶、花、果实和种子等器官组成，其中茎、叶负责养料及水分的吸收、运输、转化、合成和贮存，称为营养器官；花和果实完成开花结果至种子成熟的全过程，称为繁殖器官。茎、叶、花和果实组成茶树的地上部，根系组成地下部，连接地上部和地下部的部位称根茎，是茶树有机体中较活跃的部分。这些器官有机地结合为一个整体，共同完成茶树的新陈代谢及生长发育过程。

茶树的成熟叶片大小不一，长度一般为5～30厘米，宽度2～8厘

灌木型茶树

茶花

茶籽

米。茶的叶片叶缘有锯齿，一般为16～32对；叶片主脉明显，侧脉伸展至边缘2/3处向上弯曲，与上方侧脉相连，呈封闭式网状；嫩叶叶背有茸毛。

二、茶树品种

茶树品种是决定茶叶品质的重要因素，在相同的栽培、加工条件下，用优良品种制成的茶叶品质更

小乔木型茶树

好。不同茶树品种，其芽叶大小、色泽、叶片厚薄、茸毛数量等外在形态有明显差别，内含成分差异很大，所制的成品茶品质特征不同。

茶树良种的制茶质量因茶类而异，不能要求一个品种适合制成各种茶类。决定茶叶品质的主要是茶多酚、氨基酸、咖啡因、纤维素等含量及它们的组成。中国的六大茶类对品种要求各异。

中国千百年来形成了丰富的茶树基因库，在这个天然基因库中，目前发现的茶树品种达600余个。各茶区都具有当地特色的茶树品种资源。

1.适制绿茶品种

福鼎大白茶 原产福建省福鼎县，芽叶肥壮多茸毛，尤其适制"茸毛类"的高档名茶，如"银针"、白兰花型名茶。成品具有色泽绿翠，芽毫显露，栗香味鲜的特点。制绿茶，色泽翠绿，多茸毛，栗香持久，滋味鲜爽；制白茶，白毫满披，香气清鲜，滋味醇和。适宜在低丘红壤地区栽培，各产茶省均有引种栽培。

龙井43 特早生种，植株中等，分支密，芽叶纤细，茸毛少，芽叶生育力强，发芽整齐，耐采摘；抗寒性强，抗高温能力较弱。扦插繁殖力强，移栽成活率高。适制绿茶，特别适制龙井等扁形茶。浙江、江苏、安徽、江西、河南、湖北等省有较大面积栽培。

龙井43

白毫早 特早芽种，育芽力强，发芽密度大，芽色绿，较肥壮，茸毛多，耐旱，抗寒性强，产量高，适制红茶、绿茶。制优质绿茶，条索紧细，色泽翠绿、显毫，清香持久，滋味醇厚。适宜长江南北茶区栽种，特别是北方茶区种植。

鸠坑种 1985年被认定为国家优良品种。主要分布在浙江淳安、开化和安徽歙县等地。茶树适应性强，抗寒、抗旱，叶色绿，茸毛数量中等，芽叶生育力较强，产量高。制作绿茶，色泽绿润，香高、味鲜浓。适宜长江南北绿茶茶区栽培，20世纪50年代后引种到浙江各茶区，以及湖南、江苏、安徽、云南、湖北等省。

2.适制红茶品种

英红1号 广东英德、湛江等地有栽培，1987年被认定为国家优良品种。植株高大、萌芽早，芽叶生育力和持嫩性强，芽叶内含成分丰富。制作红茶，色泽乌润，香气高锐，滋味鲜浓，品质优异。适合在南方红茶产区生长。

云南大叶种 是云南省大叶类茶树品种的总称，主要包括勐库大叶种(又名大黑茶)、凤庆大叶种和勐海大叶种等，原产云南省西南部和南部澜沧江流域。植株高大，叶质厚软，芽叶肥壮，茸毛极多。制作红茶，香气

云南大叶种

高锐持久，滋味浓厚，适宜在华南、西南茶区栽培。

3.红茶、绿茶兼制良种

迎霜 因其采摘期长至10月，霜冻前可采而命名。1987年被认定为国家优良品种。发芽早，春芽萌发期一般在3月上中旬，育芽能力强，生长期长，茸毛多，叶黄绿色。产量高，红茶、绿茶兼制，适宜在江南茶区栽培。

福云6号 植株高大，叶长椭圆或椭圆形，叶质较厚软。芽叶淡黄绿色，茸毛极多，芽叶生育力强，抗旱性和抗寒性强，成活率高。适制红茶、绿茶、白茶。制功夫红茶，色泽乌润、显毫，香清高，味醇和；制烘青绿茶，条索紧细，色泽绿带淡黄，白毫多，香清味醇；制白茶，芽壮毫多、色白。福建及广西、浙江等省(区)有较大面积栽培，湖南、江西、四川、贵州、安徽、江苏、湖北等省有种植。

英红9号 芽叶粗壮、多毫，生化物质丰富，适制红、绿、白等名优茶，品质优异。适宜南方茶区种植。

福鼎大毫茶 原产福建省福鼎县，是适宜在低丘红壤土质生长的高产优质品种之一。植株高大，芽叶肥壮，多银白色茸毛。福鼎大毫茶适制性广，制工夫红茶，条索肥壮、色泽乌润，滋味浓醇，汤色红艳；制白茶，色白如银，香清味醇，是加工白毫银针、白牡丹的高级原料；制绿茶，香高味爽，耐冲泡。适宜在江南茶区栽培，浙江、江苏、江西、湖北、安徽等省有引种栽培。

4.适制乌龙茶品种

铁观音

我国乌龙茶生产有很强的地域性，产区主要在福建、广东和台湾三省，尤其是福建省有众多的优良茶树品种。

铁观音 主要分布在福建南部、北部乌龙茶茶区。植株中等，叶质厚脆。芽叶绿中带紫红色，茸毛较少，芽叶生育力较强，抗旱性与抗寒性较强，扦插繁殖力较强，成活率较高。适制乌龙茶、绿茶。制作乌龙茶，条索圆紧重实，香气馥郁悠长，滋味醇厚回甘，具有独特的香味，俗称"观音韵"，为乌龙茶极品。

福建水仙（又名武夷水仙） 主要分布在福建北部和南部。植株高大，抗旱性与抗寒性较强。扦插繁殖力强，成活率高。芽叶生育力较强，发芽稀，持嫩性较强，产量较高。制作乌龙茶，条索肥壮，色泽乌绿油润，有兰花香，味醇厚，回味甘爽。江南茶区适栽，福建全省和浙江、广东、安徽、湖南、四川、台湾等省有种植。

黄枝（又名黄金桂）原产福建省安溪，主要分布在福建南部，1985年被认定为国家优良品种。抗旱性与抗寒性较强，扦插繁殖力较强，成活率较高。植株中等，叶质较薄软，芽叶黄绿色，茸毛较少。芽叶生育力强，发芽密，持嫩性较强。制作乌龙茶，品质优异，条索紧结，色泽褐黄绿润，香气馥郁芬芳，滋味醇厚甘爽。江南茶区适宜栽培。

第三章　茶叶采摘与加工

一、茶叶采摘

1.茶叶采摘

茶叶采摘的对象是茶树新梢上的芽叶，采摘方法有手工采茶和机械采茶。传统采摘方法是手工采茶，优点是采摘精细、芽叶标准，但工效低，有限的人工难以应对快速生长的芽叶，很难做到及时采摘，且成本高。机械采茶可以减少采茶劳动力，降低生产成本。目前，制作较粗老的黑茶和老青茶，大都采用特殊工具采摘鲜叶。如湖北地区制作老青茶，采用专用的小镰刀割采茶叶，或用特制剪刀剪采茶叶。机械采摘要求树冠规整，高度适中。

人工采茶

机械采茶

2.采茶标准

中国茶类丰富,形成了多样化的采摘标准,概括起来可分为细嫩采、适中采、成熟采。

细嫩采 是指采摘初萌芽叶的芽头或一芽一二叶。制作白毫银针、君山银针等针形

一芽一叶

茶要求采摘肥壮的芽头。高等级的名优茶如龙井、碧螺春等一般为一芽二叶,采时用手指轻轻将芽梢攀断,忌用手指掐采。

适中采 指当茶枝新梢伸展到一定程度,叶子展开3~4片时,采下一芽二叶为主,兼采一芽三叶,这是红、绿茶目前最普遍的采摘标准,其不仅品质好,产量也较细嫩采高。

成熟采 俗称开面采,待茶树新梢已将成熟,顶成驻芽最后一叶刚展开,带有4~5个叶片时,采下3~4片对夹叶。成熟采是乌龙茶应用的采摘标准。

特殊名茶采摘 只采摘茶树新梢上的单片嫩叶,如六安瓜片。分采片与攀片两种方法。采片是在茶树新梢上按顺序采下新叶单片,芽头和梗保留在枝上。攀片是指采摘时将嫩茎一并采回后摊放在阴凉处,待叶面水分晾干,将断梢上的第一叶到第三、四叶和茶芽,用手一一攀下,并按不同嫩度分类,茶芽用来制作"银针",其余单片叶按不同嫩度制成不同等级的瓜片。

二、茶叶加工工序

中国的六大基本茶类在加工过程中有相似的工序,也有形成各类茶品质的独特工序。

在制茶过程中会发生一系列的化学变化,不同的制茶技术产生不同的化学变化,从而制成品质不同的茶类。制作红茶的工序与制作绿茶不同;制作乌龙茶前一阶段采用制作红茶的技术,后一阶段是采用制作绿茶的技术;其化学变化既不同于红茶,也不同于绿茶,成茶的色、香、味等品质特征也在两者之间。制茶,从表面上说,是要将鲜叶绿色改变;从实质上说,是使叶片的细胞内含物发生复杂的变化,主要是氧化变化;其次是叶绿素被破坏,绿色变浅,产生特定的色、香、味。

1.杀青

杀青是制茶技术的关键工序之一，是通过高温破坏酶的活性，绿茶、黄茶和黑茶的第一步工序就是杀青。通过高温杀青制止了酶促作用，使茶叶内含物在非酶促作用下，形成绿茶、黄茶和黑茶等茶类的品质特征；红茶、乌龙茶和白茶首先采用酶促氧化而不通过杀青，它们的品质特征截然不同。

杀青有炒热杀青和热蒸汽杀青，即炒青和蒸青。很多历史名茶采用蒸青方式，但随着生产的发展，逐步演变为炒青。我国目前广泛应用的是炒青，只有少数茶（如恩施玉露等）保留了蒸青这一传统方式。

杀青的作用，一是破坏酶的活性，制止酶促作用，使某些内含物不发生变化；二是改变叶绿素的存

滚筒杀青

在形式，使叶绿素从叶绿体中释放出来，茶叶冲泡后保持汤色碧绿，叶底嫩绿；三是去除鲜叶的青草气味；四是使鲜叶中部分水分蒸发，叶片变得柔软，便于揉捻。

2.萎凋

制作红茶、白茶和乌龙茶的第一步工序是萎凋，就是使鲜茶叶水分蒸发。鲜叶在水分散失到一定程度后，由失水而引起

电热式杀青机器

一系列化学变化，使可溶性物质增加。随着萎凋的进展，水分减少，叶片萎缩，质地由硬变软，叶色由嫩绿转为暗绿，香味也相应改变。不同萎凋条件和不同失水程度的萎

日光萎凋

室内萎凋

萎凋叶(左)与新鲜茶叶(右)对比

凋叶，香气类型不同。轻度萎凋产生类似绿茶的香气，重度萎凋产生类似白茶的香气。

日光萎凋是我国传统的制茶方法之一，它比室内自然萎凋、加温机械萎凋所制的茶叶品质更出色。如制作祁门红茶采用日光萎凋与采用自然萎凋相比，日光萎凋所制成的茶色泽更加红亮、香气高、味道浓；武夷岩茶用日光萎凋的比用加温萎凋的品质好。

几种萎凋方法比较，日光萎凋的时间较短，茶叶色泽更加浅亮，茶叶香气更鲜爽。但日光萎凋要受气候的限制，阴雨天和午后强烈的日光下不能进行。

3.揉捻

揉捻是形成茶叶外形的主要因素，影响茶叶品质的变化，进而影响茶叶的色、香、味。除了白茶和部分绿茶外，其他茶在制茶过程中都有揉捻工序。揉捻的目的是擦破茶叶组织的细胞膜，使汁液流出，附在茶叶表面，和空气接触，产生化学变化，使茶叶滋味甜美。且经揉捻后，茶汁多在表

手工揉捻茶叶

全自动揉捻机器

面，饮用时，沸水冲泡即可充分溶入水中。此外，茶叶经揉捻后形成条索，外形整齐美观。

4.发酵

发酵是制作红茶的重要步骤。发酵是个过程，而不是一道工序。在红茶的制作过程中，发酵自揉捻开始，揉捻结束发酵也基本完成。发酵的实质是，鲜叶的细胞组织损伤，引起多酚类化合物的酶促反应，形成有色物质，如茶黄素、茶红素等，以及具有特殊香味的物质。细胞的损伤是发酵的重要条件，所以发酵始于揉捻。温度越高，发酵越快，但影响品质，主要表现为香味低淡。

5.渥堆

渥堆是黑茶制作的重要工序。茶叶经过渥堆，色泽由绿转为褐黄，青涩味消失，滋味变醇。渥堆是湿热作用，在水和氧的参与下，以一定的热量，使经过杀青和揉捻后的茶叶内含物发生一系列的热化学反应，产生与其他茶类不同的色、香、味。

茶叶渥堆

6.闷黄

闷黄是黄茶制作的关键工序，闷黄和渥堆的基本原理相同。

7.干燥

干燥是制造各类茶的最后一道工序，与制茶品质密切相关。干燥的目的除了去除

烘干机器

水分，便于贮藏外，还可以在前几道工序的基础上，进一步固定茶叶特有的色、香、味、形。我国茶区流传着"茶叶不炒不香"的谚语，足见干燥对茶叶品质形成的重要性。

干燥的方法很多，有烘干、炒干、日光干燥和远红外干燥、微波干燥等。干燥方式不同，茶叶的色、香、味会有差异。

如武夷岩茶采用低温久烘，水分慢慢散失，以提高香气；珠茶干燥延缓水分蒸发，使成圆形；红茶干燥先用高温快烘，水分迅速蒸发而制止继续发酵；云南滇青采用日光暴晒干燥；白茶干燥先风干而后晒，水分散失先慢后快。

茶叶干燥有的需一次完成，有的需分次完成，以两次最多。红茶、武夷岩茶和大部分绿茶都采用两次干燥。第一次干燥称为"毛火"，即去掉一部分水分，达到半干；第二次干燥称为"足火"，达到十足干燥。日光干燥茶叶，随日光强弱不同，制茶品质相差很大。如白茶用日光干燥，日光强烈时干燥快，可以减轻青气；若干燥缓慢，则青气浓浊。

三、绿茶加工工艺

绿茶是我国产量最大的茶类，其品种也较多，有眉茶、珠茶、烘青、炒青和众多特种名茶。绿茶的加工方式可概括为杀青、揉捻和干燥三个工序。

1.龙井茶加工工艺

龙井茶是扁形茶的代表，其扁平光滑的外形是在炒锅中利用手指和手掌的压力形成的。其炒制程序分为摊放—青锅(杀青)—回潮—辉锅(做形、干燥)。

鲜叶采摘后，需要在竹匾里适当摊放，使含水量减至70%左右，叶片变得柔软，利于杀青，避免产生红梗、红叶。而且适当摊放能使茶叶发生一定的化学变化，这样炒制的茶叶

龙井茶加工——抹

品质更好。

青锅有杀青和初步做形两个作用，均在炒锅里进行。每锅投叶量在200克左右，锅温在250℃左右。鲜叶下锅有轻微的爆声，待水汽大量蒸发、芽叶变软时，青锅完成，这一过程需15分钟左右。杀青阶段要边炒边抖，炒制过程中抓起鲜叶离锅要轻、快，不能使叶片折皱，保持原形。手心向上，四指并拢与拇指呈半圆槽状，使鲜叶从手掌两边落入锅中。这样的手势能使叶片逐渐呈半圆槽状，可使叶片扁平。杀青适度时，改用压扁手法初步做形：手压茶叶，将茶叶沿锅壁徐徐搭上锅口，茶叶转入手掌；这时手掌向上，将茶叶抖落锅中，手掌再快速转向锅底，对茶加压；再重复动作，将茶叶搭上锅口。

龙井茶加工——抖

青锅完成后，将茶叶薄摊在竹匾里，冷却、摊凉后再盖上湿布回潮。目的是让茶叶回软，茎叶中的水分分布均匀。回潮时间一般需40分钟左右。

辉锅是龙井茶炒制的最后一道工序，目的是做形和干燥。辉锅操作手法多变，开始用搭、捺手势，炒制时尽可能在手里多抓一些茶叶，进一步使茎叶水分均匀分布，促使茶条回软。搭炒5分钟后，茶叶质地柔软而不刺手，开始转入推炒。推炒的目的是使茶叶平整

龙井茶加工——磨

龙井茶加工——甩

光滑。推炒15分钟左右，茶叶已基本定型，即可转入抓炒。将四指并拢，稍加弯曲，尽可能多地把茶叶抓在手中，紧贴锅壁上下运动，使茶叶平整。当炒到茸毛脱落、色泽淡绿、茶叶足够干燥时即可出锅。

2.六安瓜片加工工艺

六安瓜片是典型的片状茶，采用单片茶鲜叶炒制，炒时尽量保持叶片原来形状，不使其弯曲折叠。制作分锅炒和烘干两个工序，锅炒又分生锅和熟锅两步，主要是调节火温不同，生锅起杀青作用，熟锅有整形作用。两锅相邻，生锅温度200℃左右，熟锅稍低。

六安瓜片加工——炒生锅

六安瓜片加工——炒熟锅

六安瓜片加工——拉老火

六安瓜片加工——拉老火

炒制六安瓜片，采用竹丝或高粱扎成的帚子作为炒具，主要技术是拿帚子的方法和推动叶片转动的手势。炒生锅时，帚子推动茶叶在锅中不停旋转，没有搅拌作用，茶叶只在锅中打转，不离锅面，可使茶叶受热均匀，呈展平状态；待炒至叶片变软，将生锅叶扫入熟锅，整理条形，用帚子轻拍，压平叶片，使叶子逐渐成为片状；至叶片基本定型，含水率到30%左右时即可出锅。将茶叶摊开冷却后，即可烘干。

瓜片的干燥分三次进行：毛火、小火和老火。三次烘焙，温度一次比一次高，这种烘焙方法对形成六安瓜片的品质有重要作用。

毛火每隔2～3分钟翻动一次，烘到八成干时即可下烘。拉小火的目的是进一步干燥和提升香气，需两人抬着烘笼在火摊上罩一下便拿下来；再将另一烘笼上烘，轮流进行，每笼要在火摊上罩烘40～50次，烘到九成干。拉老火对茶叶香气的挥发十分重要，老火的温度最高。两个茶工抬烘笼在火摊上一罩即走，每笼来回要走五十趟左右。要求茶工体力强壮，配合默契。烘到茶叶表面起霜即可下烘；然后趁热装进铁桶，踩紧密封。

3.碧螺春加工工艺

碧螺春是卷曲形名优绿茶的代表，茶叶纤细，满被白毫，卷曲如螺。

碧螺春鲜叶的采摘标准为一芽一叶初展。加工制作分四步：杀青、揉捻、搓团和干燥。手工炒制碧螺春，揉捻、搓团和干燥这三个步骤连续进行，没有明显分开。

杀青时锅温在150～180℃，鲜叶下锅

以微有爆声为佳，鲜叶投入量约500克，杀青时间为3～4分钟。将手掌五指分开，拢起叶沿锅壁轻轻摩擦旋转1周，随即捞起；出锅抖散，散失水分，再重复以上手法。叶随手势沿锅壁旋转的方向应始终一致，才利于茶叶卷曲做形。叶片变得柔软，青草气基本消失时，杀青即完成。

鲜叶炒至柔软时，锅温降至70℃左右，继续在原锅内揉捻。双手按住茶叶顺着锅壁揉搓，使茶叶在手心下一边自身滚转，一边沿着锅壁滚转。手掌用力稍重，否则条索揉不紧结。揉几秒钟抖散一次，以利于多余的水分继续蒸发，以后揉与抖的间隔时间随干燥程度逐渐延长。揉捻的要点是保持小火，加温热揉，边揉边解块，以散发叶内水分。先轻揉4～5分钟，后重揉6～8分钟。揉叶起锅后，洗掉锅底茶垢，以免产生焦火气。这一阶段共揉搓15分钟左右。

搓团是在揉捻的基础上，使茶叶更加卷曲，这是使碧螺春卷曲如螺的重要步骤。这时锅温降至60℃，将叶子拢在两手心中，两掌相对，手指稍并拢，始终沿同一方向搓揉滚转，将叶搓转四五次成一团放入锅中；解块散发水分，再搓揉再解块，边搓揉边干燥，叶子达九成干时出锅。搓团的要点是初期火温要低，中期要提高温度，促使毫毛充分显露，后期要降温，力度掌握为轻→重→轻。叶子出锅后摊匀在一张干燥、洁净的纸上，再放入锅中，锅温稳定在60℃，约3分钟后制好茶叶出锅。

碧螺春加工——高温杀青

碧螺春加工——热揉成形

碧螺春加工——搓团显毫

碧螺春加工——文火干燥

四、红茶加工工艺

鲜叶经萎凋—揉捻(揉切)—发酵—干燥等工序加工，制成的茶叶汤色和叶底均为红色，故称红茶。我国红茶按制法和品质分为小种红茶、功夫红茶和红碎茶。小种红茶数量极少，是福建特产，加工过程中采用松柴明火加温萎凋和干燥，茶叶具有浓郁的松木烟香。红碎茶工艺以揉切代替揉捻，呈细小颗粒状，口感有浓、强、鲜的品质风格。目前，红茶生产以功夫红茶居多，按产地不同分安徽的祁红、云南的滇红、江西的宁红、湖北的宜红和福建的闽红等，品质各具特色。

祁门红茶加工工艺　祁门红茶具有特殊的甜花香，俗称蜜糖香，是世界三大高香红茶之一。

萎凋是红茶加工的基本工序，目的是使鲜叶散失部分水分，质地变软。萎凋方法有室内自然萎凋、萎凋槽萎凋及各种加温萎凋。萎凋槽是人工控制的半机械化加温萎凋设备，当前使用广泛。萎凋至叶面失去光泽，带暗绿色，嫩茎折而不断。良好的萎凋叶没有过老过嫩的现象。整个萎凋过程需8～10小时。

红茶的发酵始于揉捻。揉捻是塑造茶叶外形和形成内在品质的重要工序，它使叶片揉卷成条、叶片细胞破损，为红茶发酵创造必要条件。目前，生产中多采用中小型揉捻机，将适度萎凋叶装入揉桶，揉捻力度由轻到重。揉捻过程中，茶叶组织被破坏，茶汁渗出，有黏性，易结成团块，故需用解块机解块。

发酵是绿叶红变、减少茶叶青涩味，使滋味醇和的主要过程。茶叶经过揉捻，叶细

祁门红茶加工——自然萎凋

祁门红茶加工——揉捻

祁门红茶加工——发酵

祁门红茶加工——烘笼干燥

胞破碎，汁液流出与空气接触，开始发酵。发酵是形成红茶品质的重要环节。发酵的主要条件是温度、湿度和通风。发酵温度不宜超过40℃，否则茶叶品质降低。发酵时间因揉捻程度、叶质老嫩和发酵条件而异。传统的发酵方法是：将揉捻叶置木桶或竹篓中，上盖湿布或用棉絮，放在日光下焐晒，待叶及叶柄呈古铜色、散发茶香，即成毛茶湿坯。如遇阴雨天气，则需在室内加温。发酵程度要掌握宁轻勿过的原则。

祁门红茶采用烘焙干燥，分毛火和足火两步，中间隔一段时间摊凉。毛火掌握高温快速的原则，时间为10分钟左右。茶叶烘至八成干时，摊凉1～2小时，使叶内水分重新分布。足火要低温慢烘，继续蒸发水分，提升香气。

五、黄茶加工工艺

我国黄茶主要有湖南君山银针、四川蒙顶黄芽、安徽霍山黄芽、霍山黄大茶、湖北鹿苑茶、广东大叶青等。黄茶按鲜叶嫩度可分为黄芽茶、黄小茶和黄大茶三类。

霍山黄芽加工工艺　霍山黄芽是历史名茶，产于安徽省霍山县大化坪一带。其制作分杀青、做形、初烘、闷黄、足火、堆放、复火等工序。

杀青分生锅、熟锅。生锅锅温为200℃左右，鲜叶入锅发出轻微爆声为宜。每次投叶量50～100克，用芒花把子贴锅旋转炒动茶叶，并用手辅助抖散；炒至2～3分钟，叶质柔软时，转入熟锅；熟锅锅温低，为70～80℃，用手不断抓搭翻炒，炒中带揉，起成形作用，使其皱缩成条，炒到叶色转暗、有清香即可出锅。起锅后用小簸箕扬抖茶叶，使水分热气散失。

烘焙采用精选木炭，用竹丝小烘笼，每次可烘茶500克左右，烘到六七成干，摊晾两天，进行闷黄，让茶叶回潮，并拣去红梗黄片及夹杂物。闷黄是黄芽的独特工艺过程，此时茶叶发生香气的转化，茶

黄茶加工——初烘

黄茶加工——初烘

黄茶加工——闷黄

黄茶加工——盖起来闷黄

黄茶加工——杀青

芽也由绿变成略带黄色（这是黄芽区别于绿茶的一个特征）。后足火烘30～40分钟，到九成干时再摊晾，让其透出独特的熟板栗香。制成后，还要复火一次，俗称"拉老火"。此时要轻快勤翻，火温控制在120～130℃，至茶叶足干时趁热把其装入铁皮桶内密封保存。

黄茶加工——复火　　黄茶加工——复火翻身

六、黑茶加工工艺

黑茶是我国特有的一大茶类，生产历史悠久。过去主要销往边疆少数民族地区，又称边销茶。有湖南黑茶、广西六堡茶、湖北老青茶、四川黑茶和云南普洱茶等。黑茶原料一般较粗老，多为一芽五六叶，甚至有更粗老的茶树枝叶。制作工艺的特点是，鲜叶经杀青破坏酶活性，在干燥前或干燥后有一个渥堆过程，以形成黑茶特有的品质：色泽黑褐、油润，滋味醇和不涩。

普洱茶加工工艺　云南普洱茶大多为紧压茶，分圆茶、饼茶和方茶等。紧压茶的加工分毛茶初制和压制成型两个步骤。

普洱茶加工——高温炒青　　　　普洱茶加工——手工揉捻

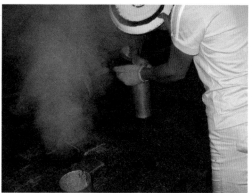

普洱茶加工——毛茶拣剔　　　　普洱茶加工——蒸茶

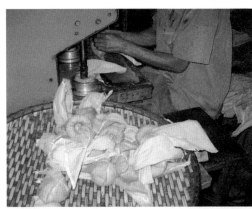

普洱茶加工——压制沱茶

普洱茶加工——紧压茶干燥

普洱茶加工——茶饼包装

初制：毛茶初制可分为杀青、揉捻和干燥三个步骤。晒青毛茶采用高温炒青，锅温烧至200℃左右，将鲜叶投入，用手边翻动边加入鲜叶，每锅一次可炒鲜叶2.5～3.5千克。炒至叶片变黄绿，略带黏性时可取出，一般历时10分钟。部分地区采用滚筒杀青机，可提高炒制工效。揉捻一般分初揉、复揉两步，较老的鲜叶实行热揉。主要采用中小型揉捻机，有些地区仍采用手工揉捻，需10多分钟，揉至叶汁流出即可解块。

毛茶干燥方式采用太阳暴晒干燥，日晒干燥是晒青茶名称的由来。雨天时采用炭火烘干。

粗老的鲜叶含水量较低，在炒制前宜进行适当喷水，再入锅炒制。以闷炒为主，趁热揉捻，渥堆过夜，第二天摊晒，再复揉。

压制成形：毛茶压制前要经过拣剔，除去茶内的茶末、茶梗和其他异物，并筛分成不同等级。紧压茶压制分称茶、蒸茶、压制、脱模和干燥等工序。毛茶分出等级后，将面茶、里茶按比例配合，称取一定数量，装入蒸模，投入一张小标签，进入下一道工序——蒸茶。蒸茶普遍使用锅炉蒸汽，高温水蒸气迅速蒸软茶叶，促进变色和便于成形，只需10秒钟左右。若使用蒸笼蒸茶时间稍长，需要1～2分钟。蒸后，茶叶含水量增加3%～4%，茶叶变软便于压制，即以木模或石模压制装茶布袋，使之成型。

压过的茶块，在模内冷却定型后脱模干燥。传统的干燥方式是自然干燥，即把成品放在晾干架上，让其自然失水，时间一般需要5～8天。目前多采用烘房干燥，利用锅炉蒸汽余热，使紧压茶在30℃的温度条件下干燥，一般只需13～14个小时。

七、白茶加工工艺

白茶是中国的特种茶，为福建特产，主产于福鼎、政和、松溪和建阳等地。白茶制法简单而特殊，不炒不揉，保持芽叶完整，条索自然，满被白毫。花色品种按嫩度不同分为白毫银针、白牡丹和寿眉。不同茶树品种制成的白牡丹可分为"大白"、"水仙白"和"小白"，以大白茶品种制成的称"大白"，以水仙品种制成的为"水仙白"，以当地群体种制成的称为"小白"。

白毫银针加工工艺　白毫银针采用肥壮茶芽制成，茶叶色白如银，形状似针。福鼎地区制法是当茶树新芽抽出时，即采下肥壮单芽。政和制法是待新梢抽出一芽二叶后将嫩梢采下，在室内干燥通风处"抽针"，即将叶片轻轻剥下，所余肥芽用来制白毫银针，剥下的叶片用来制作贡眉。

白毫银针制作，福鼎、政和稍有差别。福鼎地区将茶芽薄摊于水筛或萎凋帘内，置阳光下暴晒一天，达八九成干时，剔除展开的青色芽叶，再用文火烘焙至足干，即可储藏。烘焙时，烘盘上垫衬一层白纸，以防火灼伤茶芽，约30分钟可烘干。烘焙时必须严格控制火温，如温度过高，茶芽红变，香气不正；温度过低，毫色转黑，品质变劣。

日光萎凋若遇高温、高湿的闷热天气，在强光下暴晒一天，只能达六七成干，移入室内自然萎凋，至次日上午再晒至九成干，后用文火烘干。若连续阴雨天气，则采用全烘干法，先高温90～100℃烘焙，待减重60%时下焙摊晾；再用50℃左右的文火烘至足干。

政和制法是将茶芽摊在水筛中，置于通风处萎凋或在微弱阳光下摊晒，至七八成干时，移至烈日下晒干。一般需2～3天才能完成。晴天也可用先晒后风干的方法，上午9时前或下午3时后，阳光不很强烈时，将鲜叶置于日光下晒2～3小时后，移入室内进行自然萎凋，至八九成干时再晒干或用文火烘干。

白茶加工——萎凋（福鼎市茶叶协会提供）　　白茶加工——干燥（福鼎市茶叶协会提供）

话说中国茶

八、乌龙茶加工工艺

乌龙茶制作精细，鲜叶先经过萎凋、摇青，破碎叶细胞使其轻发酵；后经过杀青、揉捻和烘干，形成特有的香气。如武夷岩茶有岩骨花香的岩韵，铁观音有独特的兰花香，肉桂有桂皮香。我国以福建生产乌龙茶历史最悠久，品种最多。乌龙茶以其制作方式和产地的不同，可分为闽北乌龙茶、闽南乌龙茶、广东乌龙茶和台湾乌龙茶。

1.武夷岩茶加工工艺

武夷岩茶是闽北乌龙茶中采制技术最好、品质最优的一种，以它特有的"岩骨花香"之岩韵饮誉中外。武夷岩茶是众多茶叶品种的统称，包括久负盛名的大红袍、后起之秀肉桂及铁罗汉、白鸡冠、水金龟等珍贵名茶。

武夷岩茶加工——晒青

武夷岩茶的传统加工工艺有十多道工序，分晒青、晾青、做青、炒青、揉捻、复炒、毛火、摊放、拣剔、烘焙等。推广机械化生产后，加工工艺简化了很多，现主要有萎凋、做青、杀青、揉捻、烘干五道工序。

萎凋 萎凋是第一道工序。分晒青和晾青两个过程，两者交替进行，有别于红茶加工中的萎凋。其方法有日光萎凋（晒青）和加温萎凋两种，现在大多数茶场以日光萎凋（晒青）为主。相比较而言，日光萎凋的制茶品质比加温萎凋的要好，但需要在一定的气候条件下进行，而且技术掌握相对较困难，一般在早、晚进行，当气温高达34℃就要停止晒青。将鲜叶按不同品种、产地和采摘时间分别均匀薄摊在水筛上，每筛摊叶数量为0.3～0.4千克，以叶片间不重叠为宜，使所

武夷岩茶加工——晾青

武夷岩茶加工——机器做青

武夷岩茶加工——炒青

武夷岩茶加工——老式揉捻

有新梢都能均匀地接受阳光。晒青时间一般为30～50分钟。

晾青 晒青之后，做青之前的这道工序称为晾青，主要目的是散发晒青叶热量。做法是将晒青叶两筛并做一筛，用手轻轻抖松茶叶，然后移至晾青架上，边散热，边萎凋。

做青 做青是形成武夷岩茶特有品质韵味的关键工艺，由摇青和静置发酵两个环节交替进行。摇青是使叶片在水筛里做圆周旋转和上下跳动，使叶与叶、叶与筛之间碰撞摩擦，叶片边缘逐渐受损，易于氧化，形成岩茶"绿叶红镶边"的特色。静置发酵是让茶叶内含物逐渐氧化和转变，产生丰富的芳香物质。当茶叶青草气味消失，散发出浓烈花香，叶脉变得透明时，做青工序完成。

炒青 岩茶炒青的作用是制止茶

武夷岩茶加工——精茶烘焙

武夷岩茶加工——精选

叶继续发酵。由于鲜叶较老，所以要用300℃左右的高温炒青，炒制时间约2分钟。

揉捻 揉捻是进一步破坏叶细胞，形成岩茶壮结卷曲的外形和增进茶叶滋味，要求热揉快揉。岩茶制作是炒青与揉捻交替进行，习惯采取两炒两揉，将炒好的茶叶置于竹盘上，趁热用力揉捻二十几下；抖散后，再炒再揉。

烘焙 岩茶干燥分两次，初次烘至七八成干时，摊晾1～2个小时，再烘至足干。

2.铁观音加工工艺

铁观音是闽南乌龙茶的代表，有兰花香，俗称"观音韵"。铁观音与武夷岩茶制作原理相同，工序略有差别，有晒青、晾青、摇青、炒青、初揉、初烘、包揉、复烘、复包揉、烘焙等步骤。

摇青　摇青是在外力的作用下使叶缘细胞组织部分被破坏，溢出茶汁与空气接触，同时使内含物质成分发生化学变化，形成铁观音特有的色、香、味。其方法有手工筛青和摇青机摇青两种。目前，除特种名茶铁观音仍用手工筛青外，普遍采用摇青机摇青。传统的手工筛青是用特制的筛子进行。操作时，双手握筛沿前后往返兼上下簸动，使叶子在筛内呈波浪式滚动翻转，并使筛面与叶子、叶子与叶子之间产生摩擦，相互碰撞，使叶缘细胞组织局部破坏，溢出汁液，扩散水分，挥发青草气。

茶叶炒青后经初揉、初烘，初烘后包揉、复烘，再包揉，然后足火干燥。揉与烘交替连续进行，使茶叶逐渐干燥，逐步形成铁观音半球形造型和特有的兰花香。

包揉　包揉是铁观音形状形成的主要过程，对香味品质的影响很大。手工包揉是用75厘米见方的白布，取0.5千克初烘叶趁热包入，把茶包放在板凳上，一手

铁观音加工——晒青

铁观音加工——晾青

铁观音加工——摇青

抓住布巾包口，另一只手压紧茶包向前滚动推揉，使茶叶在布巾内翻动，用力先轻后重。轻揉1分钟后解开布包，松散茶团，以免闷热发黄；再重揉3～4分钟，使条形紧结，放入烘笼复烘，火温85℃左右，烘10分钟左右，至茶条松散。复包揉与初包揉一样，将复烘后的茶叶包揉2分钟左右，揉至茶叶卷曲呈螺状，捆紧包布，定形1小时左右，以助茶叶条索紧结。

铁观音加工——筛青

铁观音加工——炒青

铁观音加工——揉捻

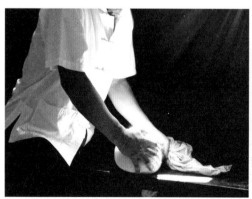

铁观音加工——包揉

铁观音加工——烘焙

（以上8幅图由魏荫名茶有限公司提供）

烘焙　足火干燥用70℃左右的低温慢烘，每个烘笼放压扁的茶团1千克左右，烘至茶团自然松开，再解散茶团，烘至八九成干时下焙摊晾，使叶内水分重新均匀分布。然后进行第二道足火干燥，火温低至60℃左右，时间约为1小时。期间翻拌茶叶2～3次，烘至手折茶梗脆断时即可。

第四章　名茶集锦

根据制作工艺的特点，中国茶叶可分为六大基本茶类：绿茶、红茶、黄茶、白茶、青茶（乌龙茶）和黑茶。除此之外，还有花茶、紧压茶等再加工茶，以及茶叶功能性成分的提取物等深加工产品。

一、绿茶

绿茶冲泡后色泽绿翠，保持了鲜叶的天然绿色。根据干燥方式的不同，绿茶可分为炒青、烘青和晒青。眉茶、珠茶、龙井等属于炒青茶，毛尖、毛峰等属于烘青茶。与炒青茶相比，烘青茶相对条索疏松，孔隙多，茶叶更有吸附性，因此加工花茶一般采用烘青茶为原料。晒青茶是制作紧压茶的原料，主要分布在四川、云南一带。绿茶的杀青方式有热蒸汽杀青和高温炒制杀青，前者采用古代传统的杀青方式，所制茶称为蒸青茶，现仅有少量绿茶还沿用这一方式，如湖北的恩施玉露。

西湖龙井　产地：浙江省杭州市西湖区，主要集中在狮峰、龙井、五云山、虎跑、梅家坞一带。品质特征：外形扁平挺秀光滑，绿中显黄，呈糙米色；汤色黄绿明亮；香气高锐持久，有豆花香；滋味鲜醇。

碧螺春　产地：江苏省太湖之滨的东、西洞庭山，这里茶树与果树间种，孕育了茶叶"花香果味"的天然品质。品质特征：条索纤细卷曲如螺，茸毛遍布，色泽银绿隐翠；汤色黄绿明亮，清香持久，滋味鲜爽。

六安瓜片　产地：安徽省西部大别山区，以六安县所产最为著名。品质特征：外形为瓜子形的单片，自然平展、叶边背卷平展，不带叶梗，色泽黛绿起霜；汤色绿亮，栗香高长，滋味醇厚回甘。

休宁松萝 产地：安徽省休宁县松萝山。品质特征：条索紧卷匀壮，色泽沙绿油润；汤色绿明，叶底绿嫩，有青橄榄香，滋味鲜爽回甘。

信阳毛尖 产地：河南省信阳地区西南部山区。品质特征：条索细圆紧直，色泽黛绿，白毫显露；汤色绿明，带花香，滋味鲜浓。

恩施玉露 产地：湖北省恩施市。品质特征：外形紧圆光滑，挺直如针，色泽苍翠油润；汤色嫩绿明亮，有松脂香，滋味鲜爽。

黄山毛峰 产地：安徽省黄山地区。品质特征：外形细扁、稍卷曲，如雀舌被银毫，色泽绿润、显峰毫；汤色杏黄清澈，清香高长，滋味鲜浓，醇厚甘甜。

太平猴魁 产地：安徽省太平县新明乡猴坑一带。品质特征：外形两叶抱芽，平扁挺直，两端略尖，自然舒展，不散、不翘、不曲，白毫隐翠，叶脉明显；汤色杏黄明亮，有兰花香，滋味鲜爽。

安吉白茶 产地：浙江省安吉县。品质特征：外形扁平挺直，色泽玉白微黄，叶脉明显；汤色黄绿明亮，嫩香持久，滋味鲜爽。

午子仙毫　产地：陕西省西乡县。品质特征：外形扁平匀整，色泽翠绿鲜润、有毫；汤色黄绿明亮，有熟板栗香，滋味醇厚回甘。

庐山云雾　产地：江西省庐山市。品质特征：条索紧结，挺秀如针，银毫显露，色泽碧绿；汤色嫩绿明亮，香气高长，滋味浓醇。

老竹大方　产地：安徽省歙县。品质特征:外形扁平匀整，被满金色茸毫，色泽暗绿微黄；汤色黄绿明亮，有栗香，滋味醇厚，品质与龙井极为相似。

径山茶　产地：浙江省余杭径山。品质特征：条索细紧弯曲，绿翠显毫；汤色黄绿明亮，清香持久，滋味甘鲜爽口。

雪青茶　产地：山东省日照市。品质特征：条索紧细弯曲，色泽苍翠，白毫显露；汤色黄绿明亮，清香持久，滋味鲜爽。

金奖惠明茶　产地：浙江省景宁县。品质特征：条索紧结卷曲，色泽翠绿显毫；汤色黄绿明亮，香气馥郁持久，滋味甘爽。

雪水云绿　产地：浙江省桐庐县。品质特征：外形挺直，形似莲心，色泽翠绿；有清香，滋味浓醇。

千岛玉叶　产地：浙江省淳安县。品质特征：外形扁平挺直，色泽翠绿微黄、显毫；汤色绿亮，清香持久，滋味鲜爽。

华顶云雾　产地：浙江省天台山。品质特征：条索细紧、显毫，色泽绿润；汤色嫩绿、明亮，有花香，滋味鲜爽回甘。

眉茶　产地：安徽、浙江、江西等省。品质特征：条索紧结匀整，恰似眉毛，色泽灰绿、起霜；松脂香浓郁，滋味浓醇。

舒城兰花　产地：安徽省舒城。品质特征：外形芽叶相连似兰花，色泽翠绿油润、显毫；汤色杏黄、明亮，香气馥郁持久，滋味浓醇回甘。

涌溪火青　产地：安徽省泾县涌溪弯头山。品质特征：外形腰圆，似螺旋状圆珠，紧结重实，色泽墨绿油润；汤色杏黄明亮，香气馥郁，滋味醇厚。

高桥银峰 产地：湖南省长沙市东乡高桥。品质特征：条索紧细微卷曲，色泽翠绿，满被银毫；汤色黄绿明亮，香气清鲜，滋味鲜醇。

竹叶青 产地：四川省峨眉山。品质特征：外形紧直扁平，两端尖细,形似竹叶，色泽绿润；汤色黄绿明亮,清香馥郁，滋味浓醇。

南京雨花茶 产地：江苏省南京市。品质特征：形状紧秀，锋苗显露，色泽苍绿显毫；汤色绿明，香气清幽，滋味醇和回甘。

叙府龙芽 产地：四川省宜宾县。品质特征：外形挺秀，色泽翠绿；汤色黄绿、明亮，清香持久，滋味鲜醇回甘。

顾渚紫笋 产地：浙江省长兴县。品质特征：芽叶相抱似笋，色泽绿翠、显银毫；汤色嫩绿明亮，嫩香清高，滋味鲜醇。

二、红茶

茶鲜叶经发酵后，叶色变红，故称红茶。红茶以汤色、叶底红艳为上。根据制作方式，红茶分工夫红茶、小种红茶和红碎茶。

滇红　产地：云南省西南部的凤庆茶区。品质特征：采用云南大叶种制作而成，外形紧结肥壮，色泽乌润、多金毫；汤色红亮，香气馥郁高长，滋味浓厚鲜爽。

九曲红梅　产地：杭州市西南郊区。品质特征：条索弯曲纤细，色泽乌润、有金毫；汤色红亮，香气馥郁，滋味鲜醇。

祁红　产地：安徽省祁门县。品质特征：条索紧细匀秀，锋苗显露，色泽乌润、多金毫；汤色红艳，香气浓郁高长，似蜜糖香，滋味醇和。

正山小种　产地：福建省武夷山。品质特征：外形紧结肥壮，色泽乌润；汤色红亮，带松烟香，滋味醇厚，有桂圆汤味。

红碎茶　产地：广东、云南等省。品质特征：颗粒均匀，色泽乌润；汤色红艳，香气高锐持久，滋味浓厚鲜爽。

话说中国茶

98

白琳工夫　产地：福建省福鼎地区。品质特征：条索细长弯曲，色泽黄褐，多金毫；汤色红亮，香气鲜纯，滋味甜和。

宁红　产地：江西省修水县。品质特征：条索紧秀，显金毫，色泽乌润；汤色红亮，香高持久，滋味浓醇。

三、黄茶

黄茶制作过程中有闷黄工序，品质特征为黄叶、黄汤。

蒙顶黄芽　产地：四川省蒙山。品质特征：外形扁平挺直，肥嫩多毫，色泽嫩黄、油润；汤色黄绿明亮，甜香浓郁，滋味甘醇。

君山银针　产地：湖南省岳阳市。品质特征：外形肥壮挺直，满被茸毛，香气清鲜，滋味甘爽，汤色浅黄。

霍山黄大茶　产地：安徽省霍山地区。品质特征：外形叶大、梗长，梗叶相连，色泽黄褐，有焦香，似锅巴香；汤色黄亮，滋味醇厚。

四、白茶

白茶最先由福建省福鼎县创制，其后又传到政和等地。先有白毫银针，后又发展了白牡丹、贡眉、寿眉等其他品种。白茶经自然萎凋和慢火烘焙制作而成，不炒不揉，属轻发酵茶。白茶制作工艺看似简单，只有萎凋和干燥两道程序，实际上很不易掌握。制茶的温度、湿度、风速和时间都要控制得恰到好处，各个环节密切配合，才能制出优质白茶。

白牡丹　产地：福建省东北部山区。品质特征：芽叶连梗，形态自然，色泽浅灰，叶脉微红；汤色杏黄、明亮，香气清和，滋味醇厚。

白毫银针　产地：福建省东北部山区。品质特征：芽头肥壮，白毫密被，色泽银灰；汤色杏黄、明亮，滋味醇厚回甘。

五、乌龙茶

乌龙茶是中国的特种茶类，花色品种多，一般以茶树品种或产地命名。福建省的北部乌龙茶有水仙、大红袍、肉桂等；南部有铁观音、黄金桂；凤凰单丛、岭头单丛为广东省乌龙茶；台湾省有冻顶乌龙、文山包种等，都是享誉中外的名茶。

大红袍　产地：福建省武夷山。品质特征：条索紧实，色泽青褐、油润；汤色橙黄、明亮，香高浓郁，滋味醇和，叶底为典型的"绿叶红镶边"。

肉桂　产地：福建省武夷山。品质特征：条索紧实，色泽褐润；汤色橙黄、明亮，有独特的奶油、桂皮香气，滋味醇厚回甘，叶底红边鲜明。

铁观音　产地：福建省安溪县。品质特征：条索紧结重实，呈颗粒状，色泽砂绿起霜；汤色金黄、明亮，香气馥郁持久，有兰花香，滋味醇厚甘鲜。

凤凰单丛　产地：广东省潮州市凤凰镇。品质特征：外形紧结，呈条形,色泽黄褐；汤色橙黄、明亮，有天然花蜜香，滋味醇厚回甘，叶底红边鲜明。

冻顶乌龙　产地:台湾省南投县。品质特征：外形卷曲呈半球形，色泽墨绿、油润；汤色黄绿、明亮，花香明显,略带焦糖香，滋味醇厚回甘。

文山包种　产地：台湾省台北县文山区。品质特征：外形自然卷曲，色泽深绿、起霜；汤色黄绿、明亮，香气清幽，滋味醇厚回甘。

福建水仙　产地：福建省建瓯地区。品质特征：条索肥壮，紧结略卷曲，色泽青褐、油润；汤色橙黄、明亮,香气高长，滋味浓醇回甘,叶底红边明显。

水金龟　产地：福建省武夷山。品质特征：条索紧实肥壮，色泽青褐、起霜；汤色橙黄、明亮，香气悠长，滋味醇厚滑爽。

茶品荟萃

铁罗汉 产地：福建省武夷山。品质特征：条索紧结，呈扭曲状条形，色泽青褐；汤色橙黄、明亮，香气浓郁，滋味醇厚，叶底有红边。

白鸡冠 产地：福建省武夷山。品质特征：条索紧实肥壮，色泽黄润；汤色橙黄、明亮，香气高长，滋味鲜爽回甘。

岭头单丛 产地：广东省饶平县岭头村。品质特征：外形紧结略弯曲，色泽黄褐、油润；汤色橙黄、明亮，有花蜜香，滋味醇爽。

黄金桂 产地：福建省安溪县。品质特征：条索卷曲呈颗粒状，色泽黄绿；汤色黄亮，香气幽雅，滋味醇甘。

梅占 产地：福建省安溪县。品质特征：外形紧结肥壮，色泽青褐，稍带红色；汤色橙黄、明亮，香高浓郁，滋味醇厚回甘。

六、黑茶

黑茶是中国特有茶类，生产历史悠久，湖南、湖北、四川和云南等省都有生产。黑茶的品质最初在"船舱中"、"马背上"形成。唐宋以来，政府采用"茶马交易"以茶治边，茶叶装篓包后经长途运输，因篓包防水性差，茶叶吸水引起内含成分氧化聚合，形成不同于当时蒸青绿茶的风味，逐渐演变成黑茶。

普洱散茶　产地：云南省。品质特征：条索紧结肥大，色泽乌润，汤色栗红，有独特的陈香，滋味醇厚回甘。

安化黑毛茶　产地：湖南省安化县。品质特征：条索自然卷曲，色泽黑润，香味醇厚，汤色橙黄，香气纯正，带松烟香，滋味醇和，叶底黄褐。

七、再加工茶类

1.花茶

花茶是用茶叶和含苞待放的鲜花窨制而成的再加工茶，其生产遍及福建、浙江、安徽、湖南、四川、云南、广西等省(自治区)。用来窨制花茶的茶叶主要是绿茶中的烘青，也有少量以红茶、乌龙茶为原料。茉莉、珠兰、玉兰、玳玳、桂花、玫瑰等鲜花都可以用来窨制花茶。花茶不仅有茶的功效，还带有香花的药理功效，如茉莉花就有理气、明目、降血压等功效。优质花茶中无花瓣残留。

茉莉龙珠　产地：福建省、广西壮族自治区。品质特征：外形颗粒滚圆，耐泡，色泽绿润、显毫，花香浓郁持久，滋味醇厚，汤色黄绿明亮。

茉莉花茶　产地：福建、浙江、江苏等省。品质特征：采用茉莉鲜花和烘青绿茶窨制，茶叶外形紧细匀整，色泽灰绿带褐，汤色淡黄、明亮，香气浓郁芬芳，鲜爽持久，滋味醇厚。

2.紧压茶

紧压茶以黑茶、绿茶、红茶为毛茶原料，经再加工蒸压成一定形状，主要产于湖南、湖北、四川、云南、广西等省(自治区)。形状多样，如砖状、饼状、碗状、球状等，产品有青砖、茯砖、黑砖、米砖、沱茶等多种。紧压茶质地紧实，久藏不易变质，便于储运，很适合边疆牧区人民的需要。

千两茶　产地：湖南省安化县境内，以高家溪、马家溪两地茶叶品质最好。品质特征：茶叶以箬叶包裹，外包棕片，再用竹篾捆压箍紧，呈圆柱形状。茶叶色泽如铁，卷内金花茂密；汤色橙黄、明亮似桐油，沉香馥郁持久，滋味醇厚绵长。

百两茶　产地：湖南省安化县境内，以高家溪、马家溪两地品质最好。品质特征同千两茶。

七子饼茶　产地：云南省西双版纳地区，现主要由勐海县生产；昆明、景东、大理等地也有生产。包装时每桶装七块，故得名。外形圆整，色泽黑褐、油润，汤色栗红、明亮，陈香浓郁持久，滋味醇厚回甘。

安化黑砖茶　产地：湖南省安化县白沙溪。品质特征：长方砖形，每片重2千克，砖面黑褐；汤色褐黄、微暗，香气纯正，滋味浓厚微涩。

米砖　产地：湖北省赵李桥镇。品质特征：由红茶的片末茶压制而成，故称米砖。砖面色泽乌润；汤色褐红，香气纯和，滋味醇厚。

康砖　产地：四川省雅安县和乐山等地。品质特征：圆角枕形，色泽棕褐；汤色红浓，香气纯正，滋味醇厚。

金尖　产地：四川省雅安县、宜宾县。品质特征：圆角枕形，色泽棕褐；与康砖加工方法相同，原料品质略次于康砖；汤色红亮，香气平和，滋味醇和。

青砖　产地：湖北省的蒲圻、咸宁、通山、崇阳、通城等县。品质特征：长方砖形，色泽青褐，表面有"川"字图案；汤色褐黄，香气纯正。

茯砖　产地：湖南省。品质特征：长方砖形，砖面色泽黑褐，砖内有金黄色霉菌，俗称"金花"；汤色红黄、明亮，香气纯正，滋味醇厚。

竹筒茶　产地：云南省。品质特征：将杀青、揉捻后的茶叶装在竹筒中，慢慢烘干而成；呈圆柱形，色泽深褐；汤色黄绿，香气馥郁，具有竹香，滋味鲜爽甘醇。

普洱方茶　产地：云南省。品质特征：方块形茶饼，表面印制"普洱方茶"字样，色泽黑褐；汤色褐黄，香气浓厚甘和，滋味浓醇。

沱茶　产地：云南、重庆等省市。品质特征：外形紧结，呈中间下凹的碗形，色泽黑褐；汤色红褐，有陈香，滋味醇厚回甘。

第五章　茶叶辨别与储藏

一、新茶与陈茶的辨别

新茶与陈茶都是相对的概念，当年采摘制作的茶称为新茶。一般来说，我国多数茶区从二、三月开始有新茶陆续上市。新茶的色、香、味都给人以新鲜的感觉，隔年陈茶总有"香沉味晦"之感。因为茶叶存放过程中，在光、热、水、气的作用下，其中的一些酸类、脂类、醇类以及维生素类物质发生缓慢的氧化或缩合，使茶叶色、香、味、形在品质上发生了变化，产生陈气、陈味和陈色。

新茶比陈茶好，是指一般而言，并非一定如此。例如，一杯新炒好的绿茶与一杯在干燥条件下存放1～2个月的绿茶相比，新炒好的茶闻起来略带青草气，饮用容易上火，而经过存放的茶，香气、口感俱佳。所以，1～2个月适当存放对茶叶而言是必要的。另外，湖南的茯砖茶、广西的六堡茶、云南的普洱茶等，经过适当的储藏，能提高茶叶品质。所以，看待"茶叶贵新"不能绝对化。新茶与陈茶可以从以下方面鉴别：

色泽　储存时间久了，构成茶叶色泽的一些色素物质会发生缓慢的自动分解。绿茶的色泽由青翠嫩绿逐渐变得枯灰黄绿，茶汤颜色由黄绿、明亮变得黄褐、不清；红茶由乌润变成灰褐。

滋味　在存放过程中，茶叶中的氨基酸、酚类化合物有的分解挥发，有的缓慢氧化，使茶叶中可溶于水的有效成分减少，从而使茶叶滋味由醇厚变得淡薄，鲜爽味减弱而变得"滞钝"。

香气　构成茶叶香气的成分有300多种。随着存放时间的延长，香气成分挥发、氧化，茶叶香气由高变低，香型由清香、花果香而变得低陈。

二、高山茶与平地茶的辨别

高山云雾出好茶。所以我国的名茶以山名加云雾命名的特别多，如江西省的庐山云雾茶、浙江省的华顶云雾茶、湖北省的熊洞云雾茶、湖南省的南岳云雾茶等。"雾锁千树茶，云开万壑葱。香飘千里外，味酽一杯中"形象地说明了高山茶与环境条件之间的关系。

高山茶与平地茶相比，两者的品质特征有如下区别：

高山茶芽叶肥壮，颜色绿，茸毛多，鲜嫩度好　经加工而成的茶叶，条索紧结、肥硕，香气鲜浓，滋味醇厚。平地茶芽叶较小，叶张硬薄。经加工而成的茶叶，条索较细瘦，身骨较轻，香气稍低，滋味较淡。二者最显著的区别是香气和滋味，高山茶香气好，滋味浓厚。

高山茶与平地茶的香气组分差异不大 但高山茶的香精油含量比平地茶要高很多。二者的滋味成分相差也不大，高山茶的茶多酚含量略少，儿茶素组分含量稍高，但差异均不显著；高山茶的氨基酸含量较高，茶多酚与氨基酸的比值较小，与平地茶的差异显著，因此高山茶滋味较鲜爽。

三、春茶、夏茶和秋茶的辨别

"春茶苦，夏茶涩，要好喝，秋白露（指秋茶）"，这是人们对不同季节采制的茶的经验总结。春茶、夏茶与秋茶的划分，主要是依据季节变化和茶树新梢生长的间歇而定。一般来说，5月底以前采制的为春茶，6月初至7月上旬采制的为夏茶，7月中旬以后采制的为秋茶。此外，按茶树新梢生长先后和采制的迟早，划分为头轮茶、二轮茶、三轮茶和四轮茶。

季节不同，茶树生长状况有别。春季茶树经上一年秋、冬季较长时期的休养生息，内含成分丰富；同时春季气温适中，雨量充沛。所以，春茶不但芽头肥壮，色泽绿翠，叶质柔软，而且一些有效成分，特别是氨基酸和多种维生素的含量也较丰富，使得春茶的滋味更鲜爽，香气更浓烈。加之春茶生长期间一般无病虫为害，无须使用农药，茶叶无污染。因此，春茶，特别是早期的春茶，在一年中品质最佳。众多高级名优绿茶，如西湖龙井、洞庭碧螺春、黄山毛峰、庐山云雾等均采摘自春茶前期。夏茶由于采制时正逢炎热季节，虽然茶树新梢生长迅速，但很容易老化，故有"茶到立夏一夜粗"之说。茶叶中的氨基酸、维生素的含量明显减少，滋味显得苦涩。秋季露水特别多，夜间露水的供应有利于茶树对白天积累的有机物进行转化和运输，从而使茶叶形成优良的品质，例如铁观音，露水以后的茶叶香气更好。

对红茶而言，由于春茶生长期间气温低，湿度大，所以发酵困难。而夏茶生长期间气温较高，湿度较小，有利红茶发酵变红。特别是由于天气炎热，使茶叶中的茶多酚、咖啡因的含量明显增加。因此，干茶和茶汤均显得红润，滋味也较强烈。但由于夏茶中的氨基酸含量减少，对形成红茶的鲜爽滋味有一定影响。

四、茶叶的选购

选购茶叶需要掌握一些相关知识，如各类茶叶的等级标准、价格与行情以及茶叶辨别方法等。茶叶的好坏，主要看色、香、味、形四个方面，通常采用看、闻、摸、品进行鉴别，即看外形、色泽，闻香气，摸身骨，开汤品评。

色泽 不同茶类有不同的色泽特点。绿茶中的炒青应呈黄绿色，烘青应呈深绿色，蒸青应呈翠绿色，龙井茶则应在鲜绿色中略带米黄色，俗称"糙米黄"。绿茶的汤色应呈浅绿或黄绿，清澈明亮。红茶的外形应乌黑油润，汤色红艳明亮，有些上好的红茶，冲泡后的茶汤在茶杯四周形成一圈黄色的油环，俗称"金圈"。乌龙茶色泽以青褐、光润为好，黑茶色泽油黑为上等。无论何种茶类，品质优异的茶均要求色泽一致，光泽明亮，油润鲜活，如果色泽不一，深浅不同，暗而无光，说明原料老嫩不一，做工差，品质劣。

香气　各类茶叶都有各自的香气特征，如绿茶有清香、花香、板栗香等，红茶有甜香或花香，乌龙茶有花果香。花茶则更以鲜灵的花香吸引茶客。若香气低沉，则茶叶劣质，有陈气的为陈茶，有霉气等异味的为变质茶。

滋味　茶叶的滋味由苦、涩、甜、鲜等多种成分构成，其比例得当，滋味就鲜醇可口。不同的茶类，滋味也不一样。上等绿茶初尝有苦涩感，但回味甘醇，口舌生津；粗老劣茶则淡而无味，甚至涩口、麻舌。上等红茶滋味浓厚、香甜、鲜爽；劣质红茶则平淡无味。存放适宜的黑茶滋味陈醇绵厚。

外形　干茶的外形，主要从以下几个方面来看：嫩度是决定品质的基本因素，所谓"干看外形，湿看叶底"，就是指嫩度。一般嫩度好的茶叶，容易符合该茶类的外形要求(如龙井之"光"、"扁"、"平"、"直")。此外，还可以从茶叶有无锋苗去鉴别。锋苗好，白毫显露，表示嫩度好，做工也好。如果原料嫩度差，做工再好，茶条也无锋苗和白毫。但也不能仅从茸毛多少判别嫩度，因各种茶的具体要求不一样。如极好的狮峰龙井是体表无茸毛的。再者，茸毛容易假冒。芽叶嫩度以多茸毛做判断依据，只适合于毛峰、毛尖、银针等"茸毛类"茶。

需要注意的是，片面采摘芽心的做法并不恰当。因为，芽心是生长不完善的部分，内含成分不全面，所以不应单纯为了追求嫩度而只用芽心制茶。

条索是指茶的外形规格，如炒青条形、珠茶圆形、龙井扁形、红碎茶颗粒形等。一般长条形茶，看松紧、弯直、壮瘦、圆扁、轻重；圆形茶看颗粒的松紧、匀正、轻重、空实；扁形茶看平整光滑程度。一般来说，条索紧、身骨重、圆(扁形茶除外)而挺直，说明原料嫩，做工好，品质优；如果外形松、扁(扁形茶除外)、碎，并有烟、焦味，说明原料老，做工差，品质劣。整碎就是茶叶的外形和断碎程度，以匀整为好，断碎为次。另外，还要看茶叶中是否有茶片、茶梗、

锡茶罐 **清代**

茶末、茶籽和制作过程中混入的竹屑、木片、石灰、泥沙等夹杂物。净度好的茶，应不含任何夹杂物。

五、茶叶贮藏方法

唐代已有专门贮藏茶叶的器具，宋代以后，茶的保存更为讲究，当时茶叶不仅保存得

瓷质茶叶罐 *清代*

法，而且经常烘焙去湿。到了明代，有关茶叶保存的记载更多，如屠隆《茶笺》中说："新净瓷坛，近有以夹口锡器储茶者，更燥更密，盖瓷坛有微罅透风，不如锡者坚固也"，认为以锡器藏茶效果更好。

民间亦有很多简易方便的茶叶贮存方法，如湖北省的远安地区，人们将茶叶

竹雕人物纹茶叶罐 *清代*

粉彩绿地开光凤纹茶叶罐 *清代*

封存在干葫芦里，吊在墙壁上，茶叶的色、香、味可以保持一两年不变。古人贮藏茶叶的很多方法值得我们借鉴，如目前沿用的石灰贮茶法，就是古人经验的改进和发展。

茶叶贮藏保管的原则是干燥、冷藏、无氧和避光。常用的贮藏方法有生石灰贮藏、真空贮藏和抽气充氮包装、低温贮藏等。如西湖龙井、洞庭碧螺春、黄山毛峰、六安瓜片等名优绿茶，多采用石灰贮藏法，利用生石灰的吸湿性，使茶叶保持充分干燥。具体做法是：选择口小腰大、不易漏风的陶瓷坛子或不锈钢桶作为容器，使用前洗净、晾干，以布袋盛入适量生石灰，用绳子捆紧，放入干燥、清洁的容器内；再将包装好的茶叶，分层排列于容器的四周（注意装生石灰的布袋要

与茶叶分层放置），装好后密闭容器，并放于干燥的贮藏室内。生石灰需要两三个月更换一次，否则当石灰的水分含量高于茶叶时，石灰中的水分就会浸入茶叶。

如果要长期贮藏的茶叶数量较少，可采取真空贮藏法。用这种方法能较长时间保持茶的固有色泽和香气。抽气充氮包装多用于茶叶生产厂商，方法是将足够干燥的茶叶装入特制的包装袋，抽出空

茶叶真空包装

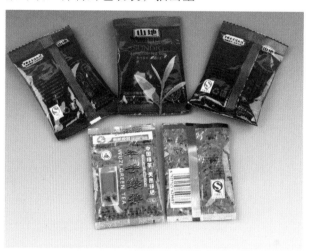

茶叶抽氧充氮包装

气的同时充入氮气，密闭封好。可阻止茶叶与氧气接触发生氧化反应，防止茶的陈化和劣变。在常温下可保持茶叶品质一年内不变，如果再配合低温，贮藏效果会更好。

高温会加剧茶的氧化变质，冷藏能有效防止这一变质因素。将茶叶密封后放入冷库或冰箱，温度保持在5℃以下，能在两年左右的长时间内保持茶的品质。但茶叶出冷库后，由于气温骤变，会加速茶的变质，所以要尽快饮用。

茶篓包装保存一般用于紧压茶。用竹篾编成细长茶篓，内衬干竹叶，再放入茶砖或茶饼。紧压茶类经过压制后，比较紧密结实，防潮性能较散茶好。茶篓包装，不仅便于运输，也能起到较好的贮藏作用。另外，紧压茶的保存要做到通风，避免霉变。

还有一些实用的保存方法，如：①木炭贮存法，类似于生石灰贮藏，因木炭干燥孔隙多，有很好的吸附性。将木炭燃烧后，用火盆或瓦罐掩覆其上，使木炭无氧自行熄灭，再包以干燥的白布和粗布，置于盛茶叶的瓦罐或铁皮桶中，每一二个月更换木炭一次。②热水瓶胆也可用于贮存茶叶，将干燥的茶叶装入

其中，用白蜡封口可保存较长时间。③还可将茶叶装入双层盖的铁皮罐中，装足不留空隙，避免容器内残留过多空气，封好双层盖后再将铁罐套上塑料袋，扎紧袋口即可保持茶叶品质。

　　有着悠悠数千载历史的茶叶，几乎一直与茶具相伴而行、携手共进。

　　常言道，"水为茶之母，器为茶之父"。正如父亲的角色在一个人的成长过程中不可缺失，倘若没有了精彩万状的茶器茶具，茶叶的历史文化长卷不仅不完整，也将失色许多。

第三篇 茶具珍赏

"器为茶之父，水为茶之母"。古人用十分浅显的语言说明了茶具（或茶器）与茶之间的重要关系。我国是茶的故乡，中国人发现和利用茶叶的历史可追溯到神农时期，从粗放式喝茶到艺术化品饮，都离不开茶具。因此，几千年的茶文化发展史同时也是一部茶具的演变史。

青铜双龙耳釜　**汉代**

定窑白釉莲瓣碗　**宋代**

瓷杵（与研钵配合使用，用于研磨茶柄）　**宋代**

越窑青釉执壶　**唐代**

越窑青釉葫芦形壶　**五代**

紫砂加彩方壶　**清代**

铜胎画珐琅竹节小茶壶 **清代**

青花缠枝牡丹纹四方茶叶瓶 **清代**

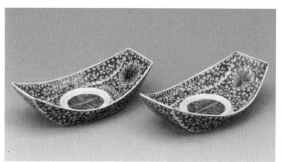

青花缠枝花纹茶船 **清代**

粉彩开光人物纹茶壶 **清代**

第一章　茶具的概念和分类

在不同的历史时期，茶具的概念是不一样的。唐代的茶具专指制作饼茶的器具，陆羽《茶经》"二之具"中把采茶、蒸茶、制茶、焙茶的器具统称为茶具。这些茶具包括：茶籝、茶灶、茶釜、甑、杵臼、规、承、檐、芘莉、棨、扑、焙、贯、棚、穿、育。其中，茶籝是采茶用的竹篮；茶灶加上茶釜和甑是蒸茶用具；杵臼是捣茶用具，把蒸熟的茶叶放入茶臼中，用木杵捣烂；规、承、檐是制茶用具，其中规是模子，唐代的茶可按不同模子制成或圆、或方、或花的形状；檐用油绢制成。芘莉以竹编成，用来放置制好的饼茶；棨是一种穿茶用的锥刀，即以棨在饼茶中穿一个小洞。扑用竹子制成，用其可把茶叶穿起来，连成一串；焙、贯、棚、育都是焙茶用具，制作完成的饼茶需要烘焙，可避免江南地区梅雨季节对茶的影响，延长存放时间。

唐代称品饮用具为茶器。陆羽《茶经》中专门讲到28种茶器，分别为风炉(灰承)、筥、炭挝、火夹、镀、交床、夹、纸囊、碾、拂末、罗、合、则、水方、漉水囊、瓢、竹夹、鹾簋、揭、熟盂、畚、碗、札、涤方、都篮、巾、具列、滓方。这些茶器包括煮

粉彩无双谱带盏托 **清代**　　　　　　　寿山石雕桃形杯 **清代**

茶、品茶及放置茶具所需的一切器具。唐代许多诗人在诗文中提到茶器，如陆龟蒙在《零陵总记》中说："客至不限匜数，竞日执持茶器。" 白居易《睡后茶兴忆杨同州诗》中也有"此处置绳床，旁边洗茶器"之说。

宋代已统一称为茶具，审安老人《茶具图赞》一书，专门对宋代的茶具进行描述，并对每种茶具冠以官名，以拟人的手法对之进行赞美。明、清两代延续这种说法。

现代茶具指品饮时所需的器具。分为主茶具和辅助茶具，主茶具包括茶壶、茶杯、茶叶罐、茶海、盖碗等，辅助茶具包括煮水壶、茶夹、茶漏、茶则、茶匙、茶针、水盂、杯托、茶巾、茶盘等。

茶具按年代可分为早期茶具、唐代茶具、宋代茶具、元代茶具、明代茶具、清代茶具、近代茶具、现代茶具。按饮茶方式可分为羹饮茶具、煮饮茶具、煎茶具、点茶具、散茶瀹泡茶具。按材质可分为陶茶具、瓷茶具、金属茶具、漆茶具、竹木茶具、石质茶具、玻璃茶具、玉茶具、象牙茶具等。按适泡茶类可分为绿茶茶具、红茶茶具、乌龙茶茶具、普洱茶茶具、白茶茶具、黄茶茶具和花茶茶具等。

第二章　兼而用之的早期茶具

茶的发现和利用经历了药用、食用及饮用的过程。在艺术化品饮产生之前，饮茶所用的器具往往一器多用。

一、早期饮茶法

根据贵州发现的四球茶近缘植物化石可推知，山茶目植物在地球上产生于新生代第三纪，区域集中于西南地区。虽然茶树起源很早，但一直到新石器时代，茶才被发现和利用。传说神农在采药时，"日遇七十二毒，得茶而解之"，说明茶在新石器时代已被人发现。当时的人们已经开始制造陶器，并过上了相对定居的生活，他们只是把茶叶咀嚼，作为一剂中药服用，因此还谈不上专用茶具。新石器时代的陶罐、陶钵和陶壶可以看成是茶具的源头，因为古人除咀嚼茶叶这一方法外，也把茶叶和其他蔬菜一起混煮，这从云南基诺族的凉拌茶习俗中可得到验证。云南基诺族的凉拌茶以现采的茶树鲜嫩新梢为主料，用手稍加搓揉，把嫩梢揉碎，然后放在清洁的碗内；再将新鲜的黄果叶揉碎，把辣椒、大蒜切细，连同适量食盐投入盛有茶树嫩梢的碗中；最后，加上少许泉水，用筷子搅匀，静置15分钟左右，即可食用。

汉代关于用茶的记载开始多起来。王褒在《僮约》中提到"烹茶尽具"。既然烹茶，必有一定的容器，出现了基本的茶具。此外，张揖《广雅》记载："荆巴间采茶作饼，成以米膏出之，若饮先炙令赤色，捣末置瓷器中，以汤浇覆之。"当时人们把鲜茶叶捣碎后制成

黑陶异形壶　**良渚文化时期**

原始瓷弦纹碗　**东周**

原始青瓷弦纹碗　**东周**

饼茶，烘干备用，并且在加工过程中放入米膏之类的食物加以凝固。每次饮用，先把饼茶烤成赤红色，后捣成粉末状，放入瓷器中，注水冲饮。必要时还要加入葱、姜之类的调味品。可见当时人的饮茶习惯同现代的饮茶方式还有很大区别。从烤饼茶到炙茶、碾茶以至饮用，都有相应的茶具，茶碗是最主要的茶具，并已出现了茶盏托。晋代卢琳在《四王起事》中记载晋惠帝逃难之事，从许昌返回洛阳时，当时有侍从"持瓦盂承茶（瓦盂由陶瓷制作），夜幕上之，至尊饮以为佳"。

二、《荈赋》与早期茶具

"灵山惟岳，奇产所钟。厥生荈草，弥谷被岗。承丰壤之滋润，受甘霖之霄降。月惟初秋，农功少休，结偶同旅，是采是求。水则岷方之注，挹彼清流；器择陶简，出自东隅；酌之以匏，取式公刘。惟兹初成，沫成华浮，焕如积雪，晔若春敷。"是西晋著名文学家杜育《荈赋》中的诗句。《荈赋》是第一首吟咏茶的诗赋，内容包括茶的生态环境、采摘时期、煮饮用水、饮茶器具以及煮茶的效果。其中，对茶器的描写提到"器择陶简，出自东隅"，"隅"通"瓯"，一般人理解为茶器选择陶瓷器，这些瓷器主要来自东边的瓯窑。瓯窑位于浙江省温州、永嘉一带，是浙东著名的窑场，东汉已开始烧造青瓷。瓯

青釉盘口双系鸡首壶　**北齐**

窑瓷胎呈色较白，胎质细腻，釉色淡青，透明度较高，晋时称为"缥瓷"。

1.汉代的原始瓷灶

陶瓷是我国先民的伟大发明，距今一万年左右的新石器时代早期，陶器便出现。伴随着人类文明的进步，这一"土与火"的艺术不断丰富、成熟、推陈出新。到三千多年前的商代，出现了原始瓷器。

汉代，巴蜀一带饮茶兴起，在当时的士大夫中比较普遍，司马相如《凡将篇》及王褒《僮约》均提到了茶。当时的饮茶类似"茗粥"，即在饼茶中掺入米膏，饮用时把饼茶先炙烤后，捣成茶末放入瓷碗中，然后浇入汤水，再放一些葱、姜类的调味品。

原始瓷灶　**东汉**

这件原始瓷灶属于陪葬用的明器，以当时使用的灶台为原型缩小比例制作，从中可以窥见汉代煮饮茶汤的端倪。

2.东汉的青瓷弦纹杯

东汉时期，首先由浙江上虞一带的制瓷工匠"点土成金"，创烧出成熟的青瓷器。青瓷坯体由高岭土或瓷石等材料制成，在1 200～1 300℃的高温中烧制而成；胎体坚硬、致密、不吸水，胎体外面施一层釉，呈青灰色，釉面光洁。瓷器与陶器相比，有更多优点。其一，烧造温度较高，吸水率降低。其二，表面基本上釉，不仅美观且易清洁。因此，从它诞生之时，就受到时人的追捧，成为最受欢迎的容器。

青瓷把杯 **东汉**

这件瓷杯，造型特殊，敞口，直筒形腹，平底；左侧有一圆环形把，易于端拿，器腹刻画两道波浪纹作为简单装饰。因汉代饮茶方式以煮饮为主，此杯应为装茶汤容器。

3.东晋青釉盏托

两晋南北朝时是越窑青瓷发展的第一个时期，也是饮茶开始在南方一带的上层逐渐流行的时期，越窑青瓷茶具开始出现，青瓷盏托就是这时出现的重要茶具。盏托是为防止茶碗烫手而设计的一种新器型，最早出现于西晋。东晋时越窑生产的青瓷盏托，釉色滋润如玉，釉面经过近2 000年而微微有细小开片。这时的盏和托盘粘连在一起，如此设计的优点是喝茶时盏不易滑脱。

青瓷盏托 **东晋**（宁波陈钢收藏）

越窑青釉碗 **西晋**

青釉碗 **北齐**（宁波陈钢收藏）

越窑青釉玉璧底碗　**唐代**

邢窑白釉碗　**唐代**

越窑青釉碗　**五代**

巩县窑绿釉盏　**唐代**

长沙窑绿釉横把壶　**唐代**

长沙窑黑釉穿带壶　**唐代**

第三章　煎煮方式与唐代茶具

唐代开始出现了专用茶具，茶具不再与其他器具混用或一器多用，形成其独特的分支，并独领风骚。唐人称饮茶为"煎茶"或"煮茶"，两者存在细微的区别。煎茶通常用茶铫，而煮茶则用茶镀(也叫茶釜)。

一、唐人茶事

经过两晋南北朝及隋代的发展，茶渐渐向北传播。唐代中期以后，南北各地饮茶十分兴盛。唐玄宗天宝末年的进士封演，在《封氏闻见记》中有一节专门讲到"饮茶"，是对同时代饮茶生活的真实记录。其中一条提到"古人亦饮茶，但不如今人溺之甚。穷日尽夜，殆成风俗。始自中地，流于塞外"。可见唐代全国上下饮茶的盛况。

在这种普遍饮茶的背景下，茶店、茶铺逐渐多起来，《封氏闻见记》记载："自邹、齐、沧、棣，渐至京邑城市，多开店铺，煎茶卖之。不问道俗，投钱取饮。"茶叶消费推动了茶具的生产和发展。唐代茶具与现在使用的茶具有很大的不同，相对而言，唐人饮茶的程序比现代复杂得多；从另一方面说，饮茶程序也艺术得多。

首先，由茶叶加工方法不同决定。唐代虽有散茶，但基本上以饼茶为主。饼茶加工程序可分解为七道工序，即采、蒸、捣、拍、焙、穿、封。其次，是茶叶品饮方式决定不同的茶具形式。唐代人讲究"煮茶"或"煎茶"，即先把饼茶放在火上炙烤片刻后，放入茶臼或茶碾中碾成茶末，入茶罗筛选，符合标准的茶末放在茶盒中备用。另外，还要准备好风炉烧水，茶釜中放入适量的水，煮水至初沸（观察釜中之水如蟹眼）时，

越窑青釉横把壶 **唐代**

黑釉茶白 **唐代**

瓷茶碾 **唐代**

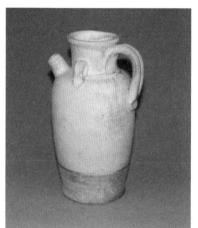

白釉执壶 **唐代**

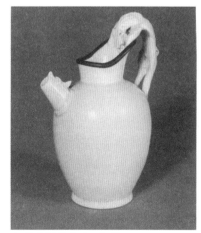

白釉龙柄兽首壶 **唐代**

梅花瓣形银盏托 **唐代**

三彩带盏托 **唐代**

按照水量的多少放入适量的盐。到第二沸（釜中之水如鱼眼）时，用勺子舀出一勺水备用，储放在熟盂中，釜中投放适量的茶末。等到第三沸（观之如腾波鼓浪）时，把刚舀出备用的水重倒入茶釜，使水不再沸腾，起"止沸育华"的作用。这时茶已煮好，可把煮好的茶用勺子盛入茶碗。只见碗中飘着汤花，真如晋代杜育在《荈赋》中描述的"焕如积雪，晔若春敷"。

二、《茶经·二之具》中的茶具

中唐时期《茶经》的问世，标志着唐代饮茶艺术化的开始。陆羽对古代的饮茶生活做了回顾和总结，并对唐代的饼茶制作和加工以及品饮做了详细的介绍。唐代的茶具和茶器概念是不一样的，在陆羽看来，茶具是采茶及加工茶叶的器具，而茶器则是品饮的器具，他在《茶经》里分不同的章节介绍了相应的茶具。《茶经·二之具》中列出了以下几种器具：

茶籯 采茶工具，又叫茶笼。一般用竹子编织而成，大小不一。

灶 蒸茶用的炉灶，最好选用不带烟囱的。

釜 放在炉灶上的蒸锅，最好带唇边的，易于拿放。

甑 蒸茶之用。可用木制作，也可用陶器制作。

甑内有箅 是带网孔状隔层，蒸茶时把鲜叶放入箅上，盖上盖子。

浙江省余姚田螺山遗址出土的灰陶灶及，这一器物造型延续至今，基本没有改变。

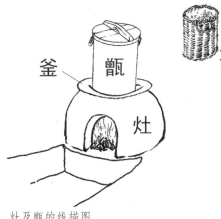

灶及甑的线描图

杵臼 捣茶用具。把蒸好的茶从甑里倒出，直接放入茶臼里，用木杵捣碎茶叶。

规 又叫茶模、茶卷，即制作饼茶的模子。一般以铁为原料制作，可制作成圆形、方形和各种花形的饼茶。

承 制作饼茶的台子，通常以石头为材质，或用槐木或桑木制作。由于制饼茶时需在承上用力，选用石头制作容易固定。如果用木制，则需要把木半埋进土里，才能起到很好的固定作用。

檐 铺在承上的布，起清洁作用。一般用油绢或破旧衣衫制作。把檐放到承台上，然后把茶模放到檐上，开始制作饼茶。

芘莉 又叫篣筤。以竹子制作，用来放置初制好的饼茶。

棨 又叫锥刀。木柄以坚硬的木头制作，用来给饼茶穿洞。

扑 又叫鞭。用竹子编成，用来把饼茶穿成串以便于搬运。

焙 烘焙器。一般在地上挖一个深坑，在上面砌上矮墙，然后用泥抹平整，用来烘烤制作完成的饼茶。

贯 用竹子削制而成，用来穿茶后烘焙。

棚 又叫栈。用木制作而成。放在焙上，分上下两层，用来烘焙饼茶。当饼茶半干之时，把它从架底移到下层；当饼茶全干时，把它移到上层。

穿 唐代的饼茶以串为单位，以树皮或绳索穿洞串联而成。不同地区穿的材料有区别，如在江东及淮南地区，以剖开的竹子制作；而在巴山峡川一带，则以树皮制作。各地穿的数量不同。

育 也是烘焙饼茶的工具。通常以木制成框架，外围再以竹丝编织，然后以纸糊成。中间有隔层，上面有盖，下面有托盘，旁边还开有一小扇门。中间放置一器皿，盛有火炭，用来烘焙饼茶。江南梅雨季节时，用此工具可防止饼茶发生霉变。

三、《茶经·四之器》中的茶器

陆羽介绍了28种烤茶、碾茶、罗茶、煮茶及品茶的器具。

风炉、灰承煎、煮茶的重要器具，风炉可由铜、铁铸造。下配灰承，以盛炉灰

筥 用来盛放风炉的器具，用竹子或藤编织而成

炭挝 敲炭的用具，以铁或铜制成

火夹 用铁或熟铜制作，用来夹炭

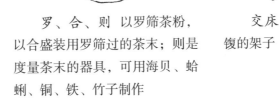

罗、合、则 以罗筛茶粉，以合盛装用罗筛过的茶末；则是度量茶末的器具，可用海贝、蛤蜊、铜、铁、竹子制作

交床 盛放茶镑的架子

夹 夹饼茶就火炙烤之用，以小青竹制作最佳，也可用铁、铜制作。因竹与火接触会产生清香味，可增加茶味

纸囊 烤好的饼茶用纸囊包装。剡藤纸制作最佳，有助于保持烤茶的清香

碾 唐代重要的茶具，把饼茶碾为茶末，可用金银、石、瓷或木头等材料制作

拂末 用来扫拂茶粉的器具

水方 盛水容器

漉水囊 过滤水的用具

瓢 盛水器具，可用匏瓜剖制

竹夹 煎茶时以此击拂茶汤之用

鹾簋、揭 盛放盐花的容器，取盐器具

畚 以白蒲编织而成，用来贮放茶碗

碗　饮茶器，越窑茶瓯最佳

都篮　贮放全部茶具的容器

涤方　盛放洗涤后用水的器具

滓方　盛放茶滓的器具

巾　揩沾布

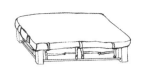

具列　盛放茶具的架子

鍑　又叫釜。敞口，深腹下垂，圆底，可用铁、银、石、瓷为材料，碾好的茶末放入茶鍑中煎煮

熟盂　以瓷或陶制成的容器，用来贮存第二沸水，以备"育华救沸"

札　用茱萸木加上棕榈皮捆紧；或用一段竹子，扎上棕榈纤维，用来清洗茶具

四、唐代宫廷茶具

　　唐代佛教禅宗盛行，也加快了饮茶向北方传播的速度。茶叶消费在南北各地兴起，促进了唐代茶业的发展。唐朝在浙江湖州顾渚一带设立了贡茶院，并由湖州及长兴的刺史负责督造贡茶。

　　法门寺地宫出土的茶具为唐代最具代表性的宫廷茶具。1987年在陕西省扶风县法门寺地宫出土了一大批唐代皇室使用的金银、琉璃、秘色瓷等器具。《物帐碑》

鎏金银笼子　**唐代**

记载："茶槽子、碾子、茶罗子、匙子一副七事，共重八十两。"从铭文中得知这是唐僖宗供奉给法门寺的宫廷茶具，制作精美，十分罕见。

鎏金银茶碾 **唐代**

鎏金银茶罗 **唐代**

鎏金银盐台 **唐代**

鎏金银笼子　通高17.8厘米，口径16厘米，腹深10.2厘米，制作精美，用来装放饼茶。由于唐代茶叶以饼茶为主，饼茶易受潮，所以要用纸或蒻叶包装好，放在茶笼里，挂在高处，通风防潮。饮用时，随手取出。如果饼茶已受潮，还需要将茶笼放在炭火上稍作烘烤，使饼茶干燥，便于碾碎。陆羽《茶经》中提到盛放饼茶的茶笼子，是用竹篾编制的普通茶笼。皇家制作的茶笼尽显贵族气，用金银制成，讲究精工细作。

鎏金茶槽子及碾　通高7厘米，最宽处5.6厘米，长22.7厘米。鎏金茶碾子，轴长21.6厘米，轮径8.9厘米。茶槽子一侧錾刻"咸通十年文思院造银金花茶碾子一枚共重廿九两"，茶碾子则錾文"轴重一十三两"。文思院是唐代专门为皇室加工生产手工艺品的机构，可见这套鎏金茶具是文思院专为僖宗制作的。由于唐代流行末茶品饮，凡饼茶需要用茶碾碾成粉末，入茶镀煎煮后品饮。该茶槽子和茶碾子就是用来碾茶的。

鎏金茶罗子　分罗框和罗屉，同置于方盒内。罗框长11厘米，宽7.4厘米，高3.1厘米。罗屉长12.7厘米，宽7.5厘米，高2厘米。饼茶在茶槽中碾碎成末，尚需过罗筛选，罗筛是煮茶时一道重要的工序。陆羽倡导的煮茶，是将茶末放在镀内烹煮，对茶末的粗细要求不是很严格。晚唐的点茶，茶末放于碗内，先要调膏极匀，以茶瓶煮汤，再注汤入碗中，以茶匙搅拌，茶汤便呈现灿若天星的效果。如果茶末很粗，或粗细不匀，拌搅时就得不到较佳效果。因此，茶罗是唐代煮茶时很重要的茶具。法门寺地宫出土的实物为人们解读茶罗提供了最直观的实物依据。

鎏金银盐台　由盖、台盘、三足架三部分组成。通高25厘米，盖做成卷荷形状，十分精致，台盘支架上錾文："咸通九年文思院造银涂金盐台一只"，明确提到其用途是盛放盐。由于陆羽生活的唐代在煎茶时还有添放盐花的习惯，该盐台成为唐代饮茶法的有力佐证。

鎏金银茶匙　长19.2厘米。柄长而直，匙面平整，并錾刻"五哥"字样。茶匙是用来击拂、搅拌汤花的。陆羽在《茶经》中曾有茶匙的记载，宋代蔡襄《茶录》也说："茶匙要重，拂击有力。黄金为上，人间以银铁为主。"

鎏金银茶匙　*唐代*

琉璃茶盏托　通体呈淡黄色，略透明。茶盏敞口，腹壁斜收，茶托口径大于茶盏，呈盘状，高圈足，是装茶汤饮用的器具。盏托最早出现于晋，用于防止盏烫手而设计，琉璃盏托较少见。

琉璃盏托　*唐代*

秘色瓷茶碗　釉色青翠莹润，五瓣葵口。一起出土的有13件秘色瓷茶盏，是盛茶汤的容器。

法门寺地宫出土的这套茶具，质地十分精良，真实地再现了唐代宫廷饮茶的风貌，让人们得以了解唐代宫廷煮茶的整套器具，了解其煮茶的整个

秘色瓷茶碗　*唐代*

程序，加深了对《茶经·五之煮》有关煮茶过程的理解。唐僖宗把自己喜爱的茶具拿出来供奉给法门寺，也说明茶与佛教之间存在某种内在联系。

五、唐代陶瓷茶具

在茶具这个大家族中，陶瓷茶具最为丰富，这同陶瓷与茶的天然契合是分不开的。

越窑青釉葫芦壶 **五代**

越窑青釉花口瓶 **五代**

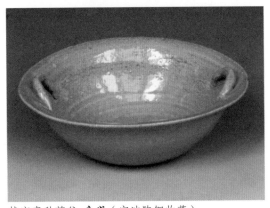

越窑青釉茶釜 **唐代**（宁波陈钢收藏）

自东汉后期成熟瓷器产生后，瓷器就以其耐高温、生产量大、价廉、洁净等特点成为大众喜爱的生活用品，而茶性贵洁的特点与瓷器的素净很相合，所以瓷器一经产生就同茶联系在了一起。

在两晋南北朝陶瓷发展的基础上，唐代陶瓷业发展很快，这与茶业经济的发展以及饮茶风习的兴盛密不可分，南北各地的瓷窑均烧制出各色品种的茶具。

1.越窑青瓷茶具

唐代陶瓷业以南方的越窑青瓷和北方的邢窑白瓷为代表，形成了"南青北白"的局面。陆羽《茶经·四之器》记载："碗，越州上，鼎州次，婺州次；岳州上，寿州、洪州次……若邢瓷类银，越瓷类玉，邢不如越一也。若邢瓷类雪，则越瓷类冰，邢不如越二也。邢瓷白而茶色丹，越瓷青而茶色绿，邢不如越三也。"陆羽还把当时一种敞口、斜壁、浅腹、矮圈足的碗称为"茶瓯"。他从茶汤色泽与瓷茶具的搭配角度，把越窑茶具排在诸多窑口生产的瓷茶具之上。他认为越州瓷、岳瓷是青瓷，用青瓷来衬托茶汤，茶色显青绿之色；邢窑的白瓷来衬托茶汤，茶汤则显红色；安徽寿州窑生产的黄瓷茶具，衬出的茶汤则显紫色；江西洪州生产的瓷茶具茶汤显褐色；婺州窑青瓷衬茶汤，茶汤显黑色。陆羽认为所有这些瓷茶具，都不如越州瓷茶具。

当时越窑生产的茶具中，有几种典型茶具：

茶釜　因唐代的饮茶方式以"烹煮"为主，把饼茶碾末放入茶釜中煎

煮，釜是唐代的重要茶具。越窑青瓷茶
釜的大量出土，为人们了解唐代的煮茶
提供了实物依据。浙江省博物馆收藏有
一件晚唐越窑青瓷釜，敞口，深腹，口
沿有两桥形耳，釉色莹润，器型规整，
是一件非常典型的越窑青瓷茶具。

越窑青釉茶则 *唐代*

　　茶则　量器的一种，茶末入釜时，
需要用茶则来量取，《茶经·四之器》
中指出："则，以海贝、蛎蛤之属，或
以铜、铁、竹、匕策之类。则者，量
也，准也，度也。凡煮水一升，用末方
寸匕，若好薄者，减之，嗜浓者，增
之。故云则也。"茶则也属于陆羽提
倡的28种茶具之一，其功能已说得很明
白。而在越窑青瓷中，以青瓷制作的茶
则在考古发掘中出现，也说明了越窑茶
具的丰富性。

越窑青釉碗 *唐代*

　　茶瓯　最典型的唐代茶具之一，是
越窑青瓷中的代表性器型。茶瓯又分为
两类，一类以玉璧底碗为代表，属于陆羽提倡的"口唇不卷，底卷而浅，受半升而已"
的器型；另一种常见的茶碗为花口，通常作五瓣花形，腹部压印成五棱，圈足稍外撇，
这种器型出现要略晚于玉璧底型，一般出现于晚唐、五代时期。

　　茶托子　又叫盏托、茶拓子，是防盏烫手而设计的器型，后因其形似舟，遂以茶船
或茶舟名之。据传，盏托的出现同一位妙龄少女有关：唐德宗建中年间（780-783），
有一姓崔的官员，爱好饮茶，其女也有同样爱好，且聪颖异常。因茶盏注入茶汤后，饮
茶时很烫手，殊感不便。其女便想出一
法，即取一小碟垫托在盏下。但刚要喝
时，杯子却滑动倾倒；遂又想一法，用
蜡在碟中作成一茶盏底大小的圆环，用
以固定茶盏。这样在饮茶时，茶盏既不
会倾倒，又不致烫手。后来又让漆工做
成了漆制品，称为"盏托"。

　　其实，盏托的出现早于唐代，考
古发掘的材料证明，在晋时就有青瓷盏

越窑青釉盏托 *五代*

越窑青釉茶盒 **唐代**

托出现。唐代茶托的造型较两晋南北朝时更加丰富，莲瓣形、荷叶形、海棠花形等各种款式的茶托大量出现。越窑青瓷茶托的基本造型大致可分为两类：其中一类托盘下凹，中间不置托台，有的呈圆形，有的呈荷叶形，宁波和义路出土的茶托，釉色青翠莹润，如一朵盛放的荷花，十分优美。另一类茶托由托台和托盘两部分组成，托盘一般呈圆形，托台高出盘面，造型各异，有的微微高出盘面，托台一圈呈莲瓣形，也有的高出盘面很多，呈喇叭形。

茶盒　越窑青瓷中有不少带盖的盒子，或高或矮，或圆或方或花形，造型各异。传统认为为粉盒，是女人们梳妆打扮时盛放各类化妆粉的。还有一类为油盒，是女人们用来盛放抹头油用的。此外，饼茶需碾末煮饮，无论饼茶或茶粉都需要有相应的容器，在越窑生产的大量青瓷盒中，就有盛放茶末的茶盒（可从描绘唐人煮茶的绘画作品中看到）。现收藏于台北"故宫博物院"的《萧翼赚兰亭图》（传为阎立本所作），是迄今为止发现的最早的茶画。画面描绘了一儒生与僧人共同品茗的场景。画面左下角一老一少两个侍者正在煮茶调茗，画面中有一组唐人煮茶的茶具，地上放着茶床，茶床上放着茶碾、茶盏托和一盖罐，盖罐即用来盛放茶粉的茶盒，盖盒的腹部较深，可推知容纳相对较多的茶粉。

茶床边有一老者正坐于藤编垫子上用心煮茶，面前放着茶炉，上置茶铫，老者手执茶夹正搅动茶铫中刚刚放入的茶末，旁边一童子正弯腰捧碗以待。这是典型的唐代煮茶场景，是唐人茶事的传神写照。

2.邢窑白瓷茶具

除越窑茶具外，北方的邢窑也生产大量的茶具。邢窑是唐代重要制瓷窑口之一，位于河北省内丘，唐时属邢州，所以称为邢窑，始烧于北朝，盛于唐而衰于五代。唐李肇的《国史补》记载："内丘白瓷瓯，端溪紫石砚，天下无贵贱通用之。"作为茶具，陆羽认为邢瓷稍逊于越瓷，称"邢瓷类银，越瓷类玉，邢不如越一也。若邢瓷类雪，则越瓷类冰，邢不如越二也。邢瓷白而茶色丹，越瓷青而茶色绿，邢不如越三也"。这只是两大名窑之间的伯仲评说而已。邢瓷的精品作为地方特产向朝廷进贡，同时也生产大众化产品，如碗、盘、钵、杯、盆、罐、瓶、壶、盒等器型，有的还在器底刻"盈"字款识。

碗是唐代白瓷中最流行、出现最多的器型，常给人丰润厚重的感觉。随着饮茶之风

白釉陆羽俑 *唐代*　白釉茶炉及茶釜 *唐代*　白釉茶臼 *唐代*

的盛行，白瓷茶碗更为常见。器型一般小而浅，略似斗笠，敞口浅腹，比较厚重，口沿有凸起的厚卷唇。中国国家博物馆收藏一套唐代邢窑的白瓷茶具，据传是1950年河北省唐县出土，包括风炉、茶镀（釜）、茶臼、茶瓶和渣斗共5件器物；与这组茶具同时出土的还有一件瓷人像，该像头戴高冠，身穿交领衫袍，盘腿而坐，双手展卷。瓷像通体施白釉，五官及须发处略施黑彩，形象生动逼真。据孙机先生研究考证，这应是供奉于茶肆间的陆羽像。自从陆羽写了《茶经》以后，其名气越来越大，在他死后不久就被奉为茶神。河南巩县窑的陶人经常制作一些瓷偶人，因其相貌酷似陆羽，呼其为"陆鸿渐"。当时经营茶业买卖的商人喜欢随身带着它，认为它能带来好运。

长沙窑"茶"碗 *唐代*

3.寿州窑茶具

寿州窑是我国唐代著名瓷窑之一，位于今安徽省淮南市，因唐代时属寿州，故名寿州窑。始烧于隋代，盛于唐，衰于晚唐。唐代是寿州窑发展的繁荣期，主要烧黄釉瓷和少量黑釉瓷，以烧造日用产品为主。

寿州窑黄釉执壶 *唐代*

唐代寿州窑瓷器的主要特征是胎色白中泛黄，釉色以黄色为主，釉面光润透明。另外，还烧黑釉瓷，釉面光润如漆，少数呈酱褐色。黄釉注子就是寿州窑出产的特色茶具，整个造型简洁流畅，釉面均匀光滑，体现了寿州窑黄釉瓷器的特点，陆羽《茶经·四之器》中也有对寿州窑瓷茶具的评价。

4.洪州窑茶具

《茶经·四之器》记载："碗，越州上，鼎州次，婺州次；岳州上，寿州、洪州次

洪州窑盏托 **南朝**

越州瓷、岳瓷皆青，青则益茶，茶作白红之色，邢州瓷白，茶色红，寿州瓷黄，茶色紫，洪州瓷褐，茶色黑；悉不宜茶。"

洪州窑位于江西南昌郊县丰城境内，从东汉开始烧制瓷器，釉色主要以青绿釉和黄褐釉为主。两晋时期，洪州窑产品中开始出现盘口壶、鸡首壶等，器物口沿及流、柄处施以褐彩。图案装饰除刻花、划花、印花外，亦采用堆塑、镂孔等技艺，洪州窑青瓷的装饰以各类莲瓣纹为主流。

唐洪州窑生产大量的民用茶具，釉色以黄褐色为主。

5.婺州窑茶具

婺州窑位于浙江省金华地区，唐代属婺州，故名婺州窑。以生产青瓷为主，同时还烧黑、褐、花釉、乳浊釉瓷。始烧于汉，经三国、两晋、南北朝、隋、唐、宋到元，盛于唐、宋。唐代婺州窑生产的黑褐釉及青釉褐斑蟠龙纹瓶、多角瓶很有特色。陆羽《茶经·四之器》中也有婺州窑的记载，并对此地生产的茶具作了一番评价。

婺州窑盏托 **唐代**（宁波陈钢收藏）

6.长沙窑茶具

长沙窑位于湖南省长沙市郊铜官镇瓦渣坪，所以又称"铜官窑"或"瓦渣坪窑"，是唐代南方规模较大的青瓷窑场。长沙窑最重要的成就，是最先把铜作为高温着色剂应用到瓷器装饰上，烧出了以铜红作为装饰的彩瓷，这是我国陶瓷史上的一项重大发明，也是我国釉下彩绘的第一个里程碑。长沙窑产品中数量最多的是酒具，其次是茶具，长沙窑的典型茶具有如下几种：

茶具珍赏

茶釜　长沙窑茶釜有两种类型，一类有三外撇式足，折沿口，腹部深而下垂，可容纳一定量的茶水，两侧有两立耳，又叫茶铛，适合野外煎茶。唐代诗人刘言史《与

长沙窑三足茶釜 *唐代*

长沙窑茶釜 *唐代*

孟郊洛北野泉上煎茶》一诗中有"荧荧爨风铛，拾得坠巢薪"一句，形象地描绘了唐代文人雅士野外煎茶的情景。皎然在《对陆迅饮天目山茶因寄元居士晟》中也有"投铛涌作沫，著碗聚生花"的描写。另一类无足，折沿口，深腹，上有两立耳。这类茶釜一般与茶炉配合使用，而三足茶釜则可以直接用明火煎茶。

长沙窑碾轮 *唐代*

茶碾　长沙窑茶碾槽呈长方形，下设壸(kǔn)门座，并以连珠纹作为装饰。中间开深深槽坑，上宽下窄，可容一碾轮左右碾拭。碾轮与越窑碾轮无异，呈圆饼状，中开一孔，以穿木柄。

横把壶　唐代的壶有两种，一种为执壶，又叫偏提、注子。喇叭形口，短颈，圆筒形腹，矮圈足。一侧有一四方形流，另一侧有柄把。另一种为横把壶，小口，短颈，深长腹，一侧有长流，与长流呈90°的一侧有一柄把，看

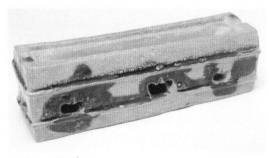

长沙窑碾槽 *唐代*

长沙窑横把壶 **唐代**

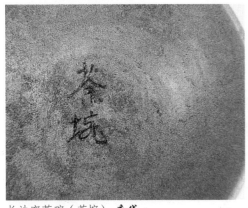

长沙窑茶碗（茶埦） **唐代**

起来像横出来似的，俗称横把壶。唐代壶的作用主要是装水、烧水。唐代前期为煮茶或煎茶，到了后期出现了点茶，不再把茶末放入茶釜中烹煮，而是放入茶碗中，然后注入热水点茶。这时的壶成了点茶的重要器具。

茶碗　从近年出土的长沙窑器具来看，最典型的茶具要数"茶埦"，这类碗一般为敛口、口唇较厚、玉璧底，碗心书酱色"茶埦"二字，外罩青黄釉。这些带"茶埦"铭文的长沙窑瓷器，可作为长沙窑曾生产茶具的重要依据。

茶盏子　还有一类茶碗，敞口，斜腹，矮圈足。碗内以写意手法书写"茶盏子"三个字，以褐绿彩写成，边上饰以云气纹。从"茶盏子"三个字，可以明确其功能为茶碗。

茶盒　唐时饮用饼茶，需经碾末煮饮，碾好的茶末需有容器盛放，茶盒就是用来盛放茶末的。茶盒的材料多种多样，用得最多的是瓷盒。长沙窑瓷盒造型各异，有圆形、方形和花形。

长沙窑茶盏子（茶盏子） **唐代**

邢窑白釉茶盒 **唐代**

茶具珍赏

133

第四章　点茶方式与宋代茶具

一、宋人茶事

回顾饮茶发展史时，人们发现宋代的品饮方式最优雅，也最讲究。这同宋代以程朱理学为主导审美取向有密切关系。宋代是一个"抑武扬文"的时代，由于对文化重视，文人的地位也相对较高。在文人为主导的社会里，饮茶也变得更加有文化、有品位，点茶和斗茶就是宋代最有特色的品饮方式。

斗茶的标准，一是看茶汤的色泽和均匀程度，以汤花色泽鲜白、茶面细碎、均匀为

龙泉窑青釉瓜形壶 **宋代**

影青盏托 **宋代**

瓷茶碾 **宋代**

定窑白釉盏托 **宋代**

铜莲花瓣盏托 **宋代**

辽墓壁画中描绘宋代点茶的茶具

佳；二是看盏内沿与汤茶相接处有无水痕，以汤花保持时间较长，贴紧盏沿不退为胜，谓之"咬盏"，而以汤花涣散，先出现水痕为败，谓之"云脚乱"。

二、审安老人与《茶具图赞》

审安老人的真名叫茅一相，别号审安老人，他对宋代的典型茶具做了详细的分类，予茶具以官爵、别号，并做诗对茶具进行吟咏，还配上线描的十二件茶具图，反映出宋代文人对茶具的喜爱之情，也为人们了解宋代的典型茶具提供了重要的依据。

韦鸿胪 即茶焙笼，以竹编制而成。竹编有四方洞眼，所以称之为"四窗闲叟"，其最主要的作用是焙茶。因宋代饮用的是团饼茶，饼茶加工成型后需存放在干燥的地方以免霉变，宋人于是想出以竹编茶焙笼的方法来存放饼茶。审安老人在诗赞中也明确指出它的用途，"乃若不使山谷之英堕于涂炭，子与有力矣"。

木待制 即茶槌，用以敲击饼茶，也以木制成，审安老人呼之为"隔竹居人"，以拟人化的手法赞其"禀性刚直，摧折强梗，使随方逐圆之徒，不能保其身"。最后不忘提到与金法曹、罗枢密配合使用，才能成功。

金法曹 即茶碾，以金属制成，冠以"法曹"之官名。作用是将敲碎的饼茶碾成茶末。唐代已有茶碾，制作材料不一，可以用石、金、银、木等各种材料。宋代沿袭唐代的碾茶法，却更为讲究。

石转运　即茶磨，以石头制成，作用是把饼茶碾碎成粉末状。因在碾末过程中茶香四溢，所以有雅称"香屋隐君"。茶磨有大、小之分，小茶磨适合个人使用；大茶磨利用水力等机械装置，基本上由官方置办。苏辙在其任期内因水磨茶影响到当地百姓的生活，曾上书"……然水磨供给京城内外食茶等，其水只得五日闭断……臣乞废官磨，令民间任意磨茶，其利甚溥……"

胡员外　即瓢杓，用以舀水，配以诗意的名称"贮月仙翁"。因为宋代文人喜欢取江水烹茶，如苏东坡就有《汲江煎茶》诗云："活水还须活火烹，自临钓石取深清。大瓢贮月临春瓮，小勺分江入夜瓶。雪乳已翻煎处脚，松风忽作泻时声。枯肠未易茶三碗，坐听荒城长短更。"说的是月色朦胧中用大瓢将江水取来，当夜用活火烹饮的场景。

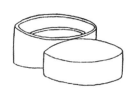

罗枢密　即罗合，被审安老人冠以"枢密"之官职，可见其重要性。用途是筛茶末。茶饼被碾成茶末后，要过罗筛选，"罗欲细而面紧，则绢不泥而常透"。唐代以煮茶为主，对茶末的粗细不是十分讲究，而宋代则崇尚点茶、斗茶，对茶末的要求极高，如果想在斗茶中取得优势，罗茶是关键的一步。

宗从事　即茶刷，以"从事"官职名之倒十分贴切。其用途是刷茶末。饼茶用茶碾碾成茶末，经罗合筛选后，可用茶刷扫起集中存放茶盒中。

漆雕秘阁　即盏托，以"秘阁"名之。其用途是承托茶盏，防止茶盏烫指。

陶宝文　即茶盏，审安老人在这里所指的是黑釉茶盏，"去越"已标明出产茶盏的地点福建，离越不远。另外，"自厚"两字指出茶盏器壁很厚，这也符合黑釉茶盏的特点；"兔园上客"更是明确指兔毫黑釉盏。

汤提点　汤提点即汤瓶，其主要用途是注汤点茶。汤瓶是点茶必不可少的茶具。晚唐、五代时期，点茶开始出现，汤瓶应运而生。汤瓶的制作也很讲究，黄金制作的汤瓶是皇室及上层人物使用的茶具，一般的士人或民间斗试茶品则用陶瓷汤瓶。宋代出土的茶具中，尤其是南方的越窑、龙泉窑以及景德镇青白瓷中，汤瓶更是大量出现。其基本特征为广口、修长腹，管状流比唐时长出3～4倍。这是因为点茶注汤时汤瓶的长流很重要。

竺副帅　即茶筅。斗茶中茶筅的功用也不可忽略。因控制汤花必须用茶筅配合，且茶筅在使用过程中也很讲究，《大观茶论》中提到用筅击拂的力度不能过大，也不能过小。提倡"茶筅以箸竹老者为之，身欲厚重，筅欲疏劲，本欲壮而末必眇，当如剑脊，则击拂虽过而浮沫不生。"因竹制茶筅较难保存，故宋墓发掘出土的器物中也鲜有茶筅出现，如今日本抹茶道所使用的茶具中就有茶筅。

司职方　即茶巾，在点茶过程中，保持清洁卫生很重要，我国古人历来重视清洁，茶本洁净之物，所以在煮茶、点茶时茶巾是必不可少的。

审安老人作《茶具图赞》列"茶具十二先生姓名字号"，附图及赞语，并以朝廷职官命名茶具，赋予茶具一定的文化内涵，而赞语更反映出儒、道两家待人接物、为人处世之理。

三、汤瓶与黑釉盏

审安老人列举的"十二先生"茶具固然可作为宋代茶具的代表，但宋代点茶最典型的茶具莫过于汤瓶和黑釉盏。

汤瓶　执壶又称注子、注壶、偏提、汤瓶，基本造型是敞口、溜肩、弧腹、平底或带圈足，肩腹部安流，腹部间安执柄。执壶唐代就已多见，但唐代以酒器为多，典型的以长沙窑执壶为代表，其瓷壶上往往有"陈家美春酒"、"酒温香浓"等题识。唐代的执壶流相对较短，一般做成六角形、八角形或圆形。到了五代及宋代，因点茶的需要，对壶流也提出了更高的要求，壶流与执柄开始加长，特别是宋代变得更加瘦长，壶腹通常制成瓜棱形。

代表性的执壶在河北宣化辽代墓葬中有发现，其中张世卿墓出土一件黄釉带盖执壶，通体施黄釉，造型别致。同时出土的还有一件黄釉盏托，盏与托连成一体，托盘做成五棱形，也施黄釉，现收藏在河北省博物馆。瓷执壶和盏托的出土证明了张氏家族对饮茶的钟爱。

黑釉盏　黑釉盏是宋代最典型的茶具之一，它应点茶、斗茶的需要而大量生产。黑釉瓷器在我国几乎与青釉瓷器同时出现，青瓷、黑瓷、白瓷的区别就是釉中含铁量的不同。一般来说，青釉瓷器的含铁量少于3%，而黑釉或者酱釉瓷器

青白釉瓜棱汤瓶　**宋代**

白釉汤瓶　**宋代**

建窑黑釉盏 **宋代**

黑釉盏 **宋代**

的含铁量一般在4%～9%。汉晋时期的浙江德清窑就以生产黑釉瓷而出名，到了唐代黑釉瓷发展很快，南方的婺州窑和北方的耀州窑生产的黑瓷都很有特色，但无论汉晋和隋唐，黑釉瓷均得不到官方的喜爱，原因之一可能是唐代的审美以白瓷和青瓷为重。不过到了宋代，黑釉瓷器摇身一变，其地位一下提升，特别是以福建建窑黑釉盏为代表的茶具得到宋皇室的宠爱，并且成了贡品。这当然同宋代理学大师朱熹提倡的内省有关，同这一时期的审美取向有关，还同这时的点茶和斗茶的饮茶方式有关。

建窑黑釉兔毫盏 **宋代**

建窑 宋代的黑釉盏以建窑为代表，其中一个重要原因是宋代的贡茶苑位于福建的建瓯凤凰山一带，龙凤团饼茶的生产也进一步刺激了建窑瓷器的发展。

宋人斗茶，将研细的茶末放入茶盏里，一边以汤瓶注沸水下冲，一边用茶

建窑油滴盏 **宋代**

建窑黑釉盏托 **宋代**

建窑曜变黑釉盏 **宋代**　　　　　　　　建窑曜变黑釉盏 **宋代**

笕击拂，直至盏中茶呈悬浮状，泛起的茶沫聚集在茶盏口沿；最后，以"著盏无水痕"者为赢家。宋人斗茶，茶色以青白胜黄白，由于斗茶喜用白茶，黑白对比分明，故以黑瓷茶盏最为要用。"茶色白，入黑盏，其痕易验。"《大观茶论》中也认为"茶盏贵青黑，玉毫条达者为上"。

　　建盏在点茶时受欢迎的另一个原因是其造型和厚胎。建窑黑釉盏一般胎体较厚，从造型上看，以敛口和敞口两种为多，无论哪种造型，其盏壁都很深，这样设计的目的还是为了点茶及斗茶的需要：盏底深利于发茶；盏底宽则便于使茶笕搅拌时不妨碍用力击拂。胎厚则茶不容易冷却，正如蔡襄《茶录》所言"茶色白，宜黑盏，建安所造者绀黑，纹如兔毫，其坯甚厚，熁之久热难冷，最为要用，出他处者，或薄或色紫，皆不及也。"正因为有这么多的优点，建窑黑釉盏理所当然地得到了宋皇室的偏爱。其器底有"进琖"、"贡御"铭文的茶盏都是专门上贡给宋皇室的品种。

　　吉州窑　在建窑黑釉器的带动下，南北方的窑场出现了制作黑釉瓷的高潮。其中，由于江西吉州窑与建阳地域相近，生产了大量具有自身特色的黑釉茶具，品种有剪纸贴

吉州窑洒釉盏 **宋代**　　　　　　　　吉州窑剪纸贴花龙凤纹盏 **宋代**

话
说
中
国
茶

花、木叶纹洒釉、玳瑁斑、毫变等。其窑址位于江西省吉安县永和镇，始烧于五代，而兴盛于宋，尤其在南宋时期，形成了规模极大的民间窑场。

剪纸贴花是把民间十分流行的剪纸艺术与陶瓷装饰结合起来，把民间剪纸搬上了瓷器表面。木叶纹也是吉州窑首先创烧的独特黑釉装饰纹样之一。此外，河北、河南、山东、四川等省也出现了仿烧黑釉盏的瓷窑。

四、宋代陶瓷茶具

中国陶瓷发展到宋代，已到了炉火纯青的成熟阶段，这一时期南北方各窑生产的瓷器各有特色又互相影响，形成了中国陶瓷发展史上窑口最多的历史时期，最著名的五大名窑汝窑、定窑、官窑、哥窑、钧窑就形成于此时。而当时的磁州窑、耀州窑、吉州窑、龙泉窑、景德镇窑等也以其清新质朴的瓷器闻名于世。

1.五大名窑与茶具

宋代风行一时的斗茶活动，使茶具艺术进入一个全新的阶段，全国各地窑场林立，生产的茶具数量惊人。其中五大名窑生产的茶具，在艺术上取得了空前绝后的成就。

汝窑 汝窑为宋代五大名窑之首，考古发现的窑址在河南省宝丰清凉寺，因其地在宋时属汝州，所以称之为汝窑。汝窑曾为宋室宫廷烧造大量的瓷器。宋代大诗人陆游在《老学庵笔记》内曾有"故都时，定窑不入禁中，惟用汝器"的记载。南宋人周辉的《清波杂志》云："汝窑宫中禁烧，内有玛瑙为釉，唯供御拣退，方许出卖，近尤难得。"汝窑的特点是胎为浅灰白色，胎质细腻，俗称"香灰胎"；釉色为淡天青色，釉层很薄，有乳浊感。

汝窑天青釉盏托 **宋代**　　　　　　汝窑花口盏托 **宋代**

因汝窑曾为宋代宫廷生产大量的生活器具及陈设器，茶具作为皇室日常生活用品之一，也曾大量生产。但是由于汝窑生产时间短，不久因金兵入侵而停烧，存留下来的汝窑茶具非常少，也因而弥足珍贵。台北"故宫博物院"收藏有汝窑盏托，釉色青中泛蓝，俗称"雨过天青"色，造型优雅，堪称宋代瓷茶具之魁。

定窑 定窑是宋代北方的一个重要瓷窑，窑址在河北省曲阳县。由于其在宋时属定

紫定盏托 **宋代**

定窑白釉盏托 **宋代**

州而得名。宋定窑以烧造白瓷著名，其生产的白瓷器胎质洁白细腻，造型规整而纤巧，装饰以风格典雅的白釉刻、划花和印花为主。定窑瓷器中还有更名贵的品种，呈色为酱釉、黑釉或绿釉，即文献记载的紫定、黑定、绿定。明曹昭《格古要论》提到："有紫定色紫，有黑定色黑如漆，土具白，其价高于白定。"定窑瓷器的装饰图案十分丰富，有花卉、禽鸟、云龙、游鱼、婴戏等，极具生活气息。定窑的器型多样，有碗、盘、瓶、罐、炉、枕、壶等。在传世或出土的定窑器具中，茶具也不少，主要以碗、盏、盏托及执壶为主，其中紫定盏托及黑定敞口碗是标准的茶具。

官窑 宋代官窑有北宋官窑和南宋官窑之分。据记载，北宋官窑在京师汴梁(今开封，窑址还没有发现)，南宋偏安临安(今杭州)后，先在凤凰山麓万松岭附近修内司设立修内司官窑，为南宋宫廷烧造礼器及生活用器，后又在乌龟山郊坛下设立官窑，又称为郊坛下官窑。郊坛下官窑发掘时间较早，其制品造型端庄，线条挺健，釉色有粉青、月白、油灰和米黄等多种，以粉青为上，浑厚滋润，如玉似冰；其釉面上布满纹片，这种釉面裂纹原是瓷器上的一种缺陷，以后却成为别具一格的装饰方法，因而名噪一时。这种瓷器的底足部为铁褐色，口部隐呈紫色，称为"紫口铁足"。官窑器的造型以仿礼器居多，此外就是碗、盘、瓶、洗、炉等生活用具和陈设器。

老虎洞官窑遗址是杭州市文物考古所于1996—2001年间，通过考古调查而发掘出来的。有关专家论证后认为，老虎洞官窑即史载的修内司官窑。考古发掘主要是瓷片堆积坑，通过考古工作人员的细心拼对，发现器型主要有碗、瓶、盏托、盘、盆、洗、鸟食罐、象棋子等。其中，官窑青釉盏托茶具非常引人注目。

官窑青瓷盏托 **宋代** 引自《杭州文物精粹》

话说中国茶

142

钧窑　钧窑是我国北方的著名瓷窑，位于河南禹县钧台一带，因属钧州，故称为钧窑。钧窑曾为宫廷烧造瓷器，烧造主要品种为陈设用瓷，如花盆、鼓钉洗、奁、出戟尊等，釉色以玫瑰紫、天青、月白、海棠红为主，质地优良，制作精细。钧窑瓷器胎质细腻坚实，造型端庄古朴，釉质肥腻，有明显的乳浊光。钧窑瓷器的一个重要特征是产生窑变效果，釉色变幻无穷，让人产生无限的想象。钧窑茶具以盏托为多，其次是茶盏。

钧窑茶盏 **元代**

钧窑盏托 **宋代**

钧窑茶入 **宋代**

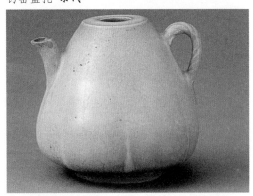

钧窑壶 **宋代**

　　哥窑　哥窑也是宋代五大名窑之一（但其窑址还没找到）。有传世哥窑瓷的说法，传世哥窑瓷器以仿古代青铜器造型的器物为主，如鱼耳炉、乳钉炉、胆式瓶、八方穿带瓶、弦纹瓶等，也有盘、碗、洗之类。传世哥窑瓷器的胎骨较厚，胎质细腻，胎色呈黑灰、深灰或土黄色不一。釉色有灰青、月白、深灰、米黄等，釉面滋润。传世哥窑瓷器中

哥窑碗 **宋代**

也有少量的茶具制品，这些茶具因此显得特别珍贵。

2.其他窑口茶具

宋代陶瓷在唐代的基础上有了进一步发展，生产瓷器的窑口更多，品种也更加丰富。宋代饮茶已然成为开门七件事(柴米油盐酱醋茶)之一，南北各地茶馆、茶坊都开得热热闹闹，陶瓷茶具的生产也应运而生。除五大名窑外，北方的磁州窑、耀州窑、霍州窑、当阳峪窑、淄博窑以及南方的景德镇窑、龙泉窑、同安窑、吉州窑、建窑等都有大量的茶具品种。

磁州窑 磁州窑作为北方民窑的重要代表，具有极为鲜明的个性，在我国陶瓷发展史上占有重要地位。其中心窑场位于河北磁县、峰峰境内太行山东麓的漳河、滏阳河流域，并以此为中心形成了巨大的窑系。其烧造历史悠久，创烧于北朝，历隋、唐，至宋、金、元时期最为繁盛。

早在北朝时期，随着饮茶文化由南向北传播，磁州窑所在的地区已开始烧制相应的陶瓷茶具，唐代磁州窑的产品中出现了重要碾茶用具——研钵。到了宋、金时期，品饮的兴盛进一步促进了磁州窑茶具

磁州窑黑釉执壶 **宋代**

磁州窑黑釉窑变盏 **金代**

磁州窑绿釉盏托 **宋代**

的繁荣，磁州窑天目盏即专为宋代点茶及斗茶而制作的茶具之一。此外，各种白釉、酱釉、绿釉、白地黑绘装饰的执壶和盏托也成为这一时期茶具的主流，金代的红绿彩碗更为陶瓷茶具家族增添了风采。

耀州窑 耀州窑是北方的重要窑场，窑址位于现在的陕西省铜川市黄堡镇，宋时该地属耀州，故名（宋时称黄堡窑）。耀州窑烧瓷历史悠久，唐代开始烧造白釉、黑釉瓷器，宋代青瓷生产无论从质量还是数量上都达到历史最高峰。耀州窑也以生产民用瓷为主，但也有部分产品上贡北宋宫廷使用。其器型以碗、盘、碟、罐、盒、瓶为主，胎质

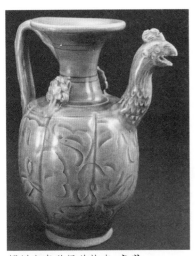

耀州窑青釉凤首执壶 **宋代**

耀州窑青釉盏托 **宋代**

灰白而薄，釉色均匀洁净，有的青如橄榄，有的呈青绿色，也有的呈姜黄色。

　　耀州窑也生产大量茶具，耀州窑茶具的特点是以刻花、印花纹饰为主，主要器型以碗、执壶为多。耀州窑品种中也有黑釉及柿釉盏，也是在宋代点茶及斗茶盛行的时代背景下产生的，与建窑黑釉盏一样，成为宋代重要的茶具之一。

　　霍州窑　霍州窑是宋、金、元时期山西地区的一处重要窑口，又名陈村窑、霍窑、西窑、彭窑等。明代曹昭《格古要论》记载："霍器出山西平阳府霍州……

耀州窑刻花执壶 **宋代**

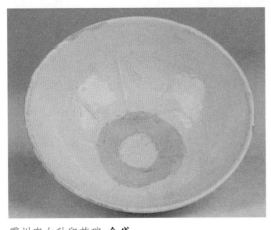

霍州窑白釉印花碗 **金代**

元朝戗金匠彭均宝效古定器，制折腰样者甚整齐，故名曰彭窑。土脉细白者，与定器相似，唯欠滋润，极脆，不甚值钱，卖古董者称为新定器，好事者以重价购之……"霍州窑瓷器产品主要有白釉、黑釉等，以白釉最具特色。其装饰手法有印花、刻花、划花、酱褐彩绘等。器型以碗、盘、罐、高足杯为主。

霍州窑白釉器又分为粗白瓷和细白瓷，粗白瓷数量较多，胎体相对较厚，施釉不均匀，属普通的商品用瓷；而细白瓷则对胎土要求极高，胎土需经淘洗，因此胎色极白，而且胎体轻薄，施釉均匀，造型轻巧，工艺精湛，是霍州窑瓷器产品中的精品。霍州窑细白瓷装饰手法仿定窑产品，以印花和刻花为主，纹饰内容有海水、花草、大雁、鱼、鹿等，同时碗内底有涩圈，用于方便叠烧，这是霍州窑的一大特点。

传世及出土的霍州窑茶具有白釉茶盏及执壶，茶盏口径通常不大，敞口、弧腹、矮圈足。茶盏或光素无纹或印花及刻花，纹饰流畅。

当阳峪窑 当阳峪窑位于河南省焦作市修武县西村乡当阳峪村，又称为修武窑、怀庆窑、河内窑。当阳峪窑从唐代开始烧造瓷器，宋、金时期达到全盛。

由于当地胎土丰富，当阳峪窑胎土的颜色很多，有白、灰白、黄白、赭灰、香灰、黄褐、灰黑、砖红等，形成其瓷器胎色多样化的特点。此外，当阳峪窑的釉彩也很丰富，有白、黑、酱、黄、青、绿、孔雀蓝、柿红、三彩等。装饰技法有刻、剔、划、飞刀、凸线、模印、雕塑、镂空、填彩、绞胎、绞釉、釉下釉上彩绘等。

当阳峪窑中最有特色的当为绞胎釉，它继承和发展了唐代巩县窑的绞胎传统，并发展演绎到顶峰。绞胎瓷的制作方法是用黑、白等多种不同颜色的胎泥相互交替糅合、折叠、盘卷、切刮，经拉坯或模压成型，再粘贴、镶嵌、拼接而成。这样坯体上就出现了两色或多色相间的美丽图案，再施以透明釉或黄、绿、棕、翠蓝、三彩釉入窑烧成。

绞胎釉的装饰效果很强，有的如羽毛纹，有的如木纹，有的如水波纹，有的如石纹等，其工艺巧夺天工，令人叹为观止。

当阳峪窑的产品种类多样，如日常生活所用的碗、盘、盏、盆、钵、壶、注子、盒、唾盂、炉、熏炉、瓶、罐、枕、坛、缸、勺、灯、烛台、渣斗、纺轮、研磨器等。其中也有许多茶具，最有代表性的为黑釉盏，也是仿建窑的产品之一。

龙泉窑 龙泉青瓷产于浙江西南部龙泉县境内，这里林木葱茏，溪流纵横，是我国历史上瓷器的重要产地之一。宋元之际是龙泉青瓷发展的高峰时期，特别是南宋以来，龙泉窑的窑工们经过长期的摸索，总结出薄胎厚釉的经验，追求釉色"如脂似玉"的效果，

龙泉窑青釉暗刻花六棱执壶 **宋代**

这一时期生产的青瓷器胎薄质坚，釉层饱满，色泽静穆，有粉青、梅子青、翠青、灰青等，以梅子青最为名贵。滋润的粉青酷似美玉，晶莹的梅子青宛如翡翠。龙泉窑青翠欲滴的釉色也吸引了法国人的注意，大量外销的青瓷很受法国人的喜爱，翡翠般的釉色令法国人惊叹不已。恰逢名剧《牧羊女》风靡巴黎，于是聪明的巴黎人认为，只有剧中主角雪拉同的青袍，堪与龙泉青瓷媲美，于是他们把龙泉青瓷称为"雪拉同"，至今法国人还保留着对龙泉青瓷的这一独特称呼。由于龙泉窑是一个庞大的民窑体系，商品化程度很高，其青瓷产品主要针对日常生活需要，除少部分仿官制品外，大量为民用产品。特别在饮茶成为开门七件事之一的宋代，青瓷茶具更是大宗产品。目前人们所能见到的龙泉青瓷茶具以长流的执壶为主，龙泉青瓷茶盏也多见。

五、宋代金银茶具

宋代的金银器与唐代相比更加普及，除皇室宫苑有专门加工金银器的机构外，城里已有出售金银器皿的专门店铺，一些富商巨贾以及家底殷实的家庭都可以享用金银制品。据《东京梦华录》记载，民间茶肆酒楼的饮具也用金银制作。而在北宋都城东京的一些大酒家，顾客上门，只要有二人对饮，就可送上一色白银打造的餐具一套，包括酒壶、酒碗一套，盘盏两副，果菜碟子各5片，汤菜碗3～5只。宋代的茶馆布满大街小巷，宋人使用的茶具也以金银为上品，视之为身份和财富的象征。

考古发掘表明，宋代相关墓葬

鎏金银汤瓶 **宋代**

鎏金刻梅花纹银碗 **宋代**

鎏金银质荷叶盏托 **宋代**

及窖藏中，金银制品数量众多，如四川德阳、四川崇庆、江西乐安、福建邵武、江苏溧阳等地出土宋代银器窖藏，以及江苏黄悦岭墓、福州茶园山南宋许峻墓，均有金银茶具出土。

1990年福建茶园山南宋许峻墓出土一件银鎏金錾花执壶，从造型上看和审安老人线描图中的"汤提点"相似，应是宋代标准的银茶具。此外，同墓出土的还有银碗，系压模成型、敞口、斜腹、平底圆形，底外焊接一个小小的圈足，碗壁内錾出梅花的纹饰，造型轻盈、典雅大方。

福建邵武黄涣墓出土的茶笼 **宋代** （福建邵武市茶叶协会提供）

1998年，福建邵武市黄涣墓出土一批银茶具，其中的银丝茶笼长10厘米，高9.5厘米，平面呈方形，双层以子母口扣合，器具表面以银丝编织成斜六角形镂空图案。是宋代银茶笼的首次发现，为人们展示了宋代茶具这精彩的一面，也为宋代茶文化考古提供了十分重要的实物资料。

六、宋代漆茶具

漆器在我国有悠久的历史，在新石器时代河姆渡文化遗址中已出土的八千年前的漆碗，说明我们的祖先已懂得利用漆树的汁液制作漆器了。从秦汉一直到唐代，中国漆器制作工艺不断进步，为我们留下了无数精致的漆器。到了宋代，漆器制作又达到一个高峰，漆器也开始从贵族垄断享用的奢侈品渐渐走向民间，既有专为宫廷制作漆器的官方机构，也有民间设立的作坊，生产大量的漆器。

宋代的漆器同唐代相比，最主要的特点是素色，这同宋代的审美取向有关。体现在陶瓷上也一样，追求内敛，通过简洁的造型、线条，而不是通过华丽的表面来体现一件

福建邵武黄涣墓出土的漆盏托 **宋代** （福建邵武市茶叶协会提供）

福建邵武黄涣墓出土的漆盏 **宋代** （福建邵武市茶叶协会提供）

器物的价值。宋代的漆器以黑色居多，也有紫色、朱色，造型也以碗、盘、盏托、盒、罐、勺之类为主。宋代单色漆器大多体轻胎薄，使用方便，在工艺上也有了创新。

漆茶具主要以盏托为主，审安老人提到的十二先生中有"漆雕秘阁"，即雕漆茶盏托，用漆茶托来搭配黑釉盏，可弥补黑釉盏外壁露胎的缺陷。由于漆器的保存相对较难，所以传世的宋代漆茶具不多，大多数是宋墓的考古发掘品，这些漆茶具大多收藏在各个博物馆中。

福建邵武黄涣墓出土的漆茶具中有一漆盏，口径10.4厘米、高5.4厘米。盏束口，深弧腹，口沿镶银扣，内外壁施放射状金彩。同时出土的还有漆

象钮银注壶 **宋代**

盏托，口沿与底足同样镶银扣，两者组成一套精美的漆茶具。这套茶盏的形制、纹饰与武夷山遇林亭窑出土的黑釉描金茶盏完全相同，是宋代漆器工艺借鉴黑釉瓷器的典型作品，反映出宋人高超的漆艺水平。

第五章　元代茶具

一、元墓壁画中的茶具

元朝是由蒙古族建立的政权，习惯马背上生活的蒙古族人在建国之初基本上延续了本民族的习俗，以饮酒为主。政权统一后，统治者虽然把全国人分为五等，原来南宋统治下的臣民列为"南人"，政治地位最低，但是为了便于统治，元朝政府也不得不接受儒家文化，中原的文化习俗或多或少地影响了元人的生活，饮茶即是一例。从众多元墓壁画中，人们发现许多有关茶事的内容，如山西大同市冯道真墓

元墓壁画中的备茶情景 **元代**
从画中可以发现茶壶、茶碗、盏托、储茶罐等茶具。

壁画中有《童子侍茶图》的内容，山西文水县北峪口元墓壁画有《进茶图》。此外，西安东部元墓壁画中也有进茶图的描绘，内蒙古赤峰元宝山一、二号墓有《备茶图》、《进茶图》的内容。可见，至少在贵族的生活中，无论是把饮茶作为时尚也好，还是饮茶果真有助于消食解腻，特别适合游牧民族也好，饮茶在元代人的生活中都占据了一席之地。

钧釉碗 **元代**

元宝山 2 号元墓壁画中的《备茶图》，图中央有一长桌，其上有碗、茶盏、双耳瓶、小罐；桌前有一女人，侧跪，左手持棒拨动炭火，右手执壶；桌后立三人，右侧一女子，右手托一茶盏，中间一男侍双手执壶向左侧女子手中的碗内注水，左侧的女子左手端一大碗，右手持一双箸搅拌。此图表现了一套完整的茶具及点茶过程。元宝山 1 号墓的《备茶图》中，在桌旁站立着一位手持研杵擂钵正在研茶末的男仆；北峪口墓壁画中也有女侍持碗用杵研茶末的描绘。耶律楚材在《西域从王君玉乞茶》一诗中有"玉屑三瓯烹嫩蕊，青旗一叶碾新芽"的句子。诗文记载和壁画无疑都说明了元代前期已流行散茶，只是这些茶在饮用之前，大多要研成茶末，这也是唐、宋饮茶法的遗风。

另外，从当时的许多文字记载来看，元代的产茶区域也不亚于宋代，元代在福建武夷一带设御茶苑，专门加工贡茶，也委派当地官员监督上贡各地生产的名茶。可见统治者以及上层对茶的需求。

元人喝的茶与宋代有什么区别呢？元代可以说是处于从唐宋的团饼茶为主向明清的散茶瀹泡法过渡的阶段，两种饮茶法都存在，但散茶冲泡已开始兴起。

二、元代陶瓷茶具

元代的陶瓷在瓷器发展史上处于承上启下的地位，虽然是蒙古族建立的政权，但元代对外贸易兴盛，陶瓷的大量内销、外销促进了陶瓷业的发展。景德镇虽然在宋代已经生产青白瓷，但真正出名应在元代以后，元代至元十年（1273）在景德镇设立"浮梁瓷局"，烧造官方所需瓷器。另外，元代青花瓷大量销往海外，作为瓷器新的品种，元青花、釉里红、青花釉里红以及枢府白釉瓷、红釉、蓝釉等高温瓷在元代都有了突破性的进展。这些品种的茶具在景德镇都有烧造，这些造型优美的茶具在各大博物馆珍藏着，仿佛在轻轻诉说着当年的饮茶生活。

青花缠枝花纹盏托 **元代**

青花折枝花纹执壶 **元代**

1.青花茶具

青花瓷是指一种在瓷胎上用钴料着色，然后施透明釉，在1 300℃左右高温下一次烧成的釉下彩瓷器，釉下钴料高温烧成后，呈现出蓝色，习惯上称为青花。一般认为唐代已有少量的青花器出现，元代则是青花瓷的成熟期。这时的青花用料大量从西亚进口，因元代疆域辽阔，对外贸易十分发达，进口的钴料质量很高，烧制出来的青花发色浓艳。元代大量的青花瓷器主要用于外销，也有少量的产品供权贵们使用。

2.青白瓷茶具

青白瓷也叫"影青"、"隐青"、"映青"，是指釉色介于青白二色之间，青中泛白、白中透青的一种瓷器。青白瓷是宋元时期景德镇及受其影响的窑场烧成的、具有独特风格和鲜明时代特征的新品种。由宋迄元，青白瓷盛烧不衰，青白瓷系窑场多分布在南方几省，以江西景德镇为中心，受其影响，江西南丰白舍窑、吉安永和窑、广东潮安窑、福建同安窑也生产部分青白釉瓷。

青白釉僧帽壶 **元代**

青白瓷的基本特点是胎质细密，呈白色，透光性好，釉层薄而透明，光泽度高，积釉处呈翠青色，有如脂似玉的感觉。器型丰富，碗、盘、瓶、盏托等形式多样。其中注壶为典型器型，由注碗和注子组成，使用时把温水倒入注碗，再把注子放入注碗中可起到很好的温热作用。青白瓷的装饰手法以刻花和印花为主，图案内容以花卉为主，也有龙凤及动物图案及少量的人物（如婴儿游戏）图案。

南宋中期以后，景德镇青白瓷受定窑影响采用复合支圈覆烧法，装烧量大大提升，但也在碗、盘的口沿留下芒口。

到了元代，青白瓷的配方有了改进，景德镇瓷胎采用瓷石加高岭土的二元配方，胎土中氧化铝含量大大提高，因此烧成的温度更高，瓷胎也更白，器物很少变形。同时，又在釉料中掺入了适量的草木灰，使釉中含有碱金属钾和钠，降低了氧化钙的含量。由于釉的黏度提高，不易流淌，因此烧成后釉面失透，光泽柔和，更具玉质感。

青白釉刻花注壶 **宋代**

元代景德镇青白瓷器的烧造量特别大，无论内销或外销，都达到其历史的顶峰。考古及窖藏出土的青白瓷器数量众多，在这些器型中，茶具也有一定的比例，器型包括茶盏、多穆壶、盏托和茶盒等，表明元代饮茶处于宋代点茶与明代散茶冲泡之间的过渡期。

3.枢府釉茶具

枢府釉又叫卵白釉，是在宋代景德镇青白釉的基础上发展起来的一种瓷器品种，其色白中带青，呈失透状，极似鸭蛋壳色，故称之为"卵白釉"。元代皇帝喜欢白色，因此"卵白釉"瓷深受元代朝廷的喜爱，常命景德镇窑烧制供官府使用，"有命则供，否则止"，传世品以元代最高军事机构"枢密院"定烧的卵白釉瓷为多见。这类瓷器通常

枢府釉印花折腰碗 **元代**

会在纹饰中印有"枢"、"府"二字，"枢府釉"由此得名。

元代"枢府釉"制作规整，品质精良，纹饰题材以云龙和缠枝花卉纹为常见。"枢府釉"瓷器修足规整，足底无釉，底心有乳钉状凸起，胎体厚薄适中。折腰碗是"枢府釉"中的代表碗形，敞口，折腰，矮圈足。折腰是元代碗的一个时代特征，折腰碗应属于元代茶碗的一种。

第六章　散茶瀹泡与明清茶具

一、饮茶方式的改变

宋代的龙凤团茶发展到元代已开始走下坡路。因饼茶的加工成本太高，而且其在加工过程中使用"大榨小榨"把茶汁榨尽，也违背了茶叶的自然属性。所以，到了元代，团饼茶已开始减少，唐宋时即已出现的散茶开始大行其道。

散茶的真正流行还是在明代洪武二十四年（1391）以后的事。据《野获编补遗》记载，在明朝初期制茶"仍宋制"，还是以上贡建州茶为主，"至洪武二十四年九月，上以重劳民力，罢造龙团，惟采芽茶以进。"由此"开千古茗饮之宗"，此后散茶才大规模地走上了历史舞台。

青花折枝花卉纹提梁壶　**明代**

明代散茶种类繁多，虎丘、罗岕、天池、松萝、龙井、雁荡、武夷、日铸等都是当时很有影响的茶类，这些散茶不需碾罗后冲饮。其烹试之法"亦与前人异，然简便异常，天趣悉备，可谓尽茶之真味矣！"陈师在《茶考》中记载了当时苏、吴一带的烹茶法："以佳茗入瓷瓶火煎，酌量火候，以数沸蟹眼为节，如淡金黄色，香味清馥，过此而色赤不佳矣！"即壶泡法；而当时杭州一

青花碗　**明代**

带的烹茶法与苏吴略有不同，"用细茗置茶瓯，以沸汤点之，名为撮泡。"因此，无论是壶泡还是撮泡，明代比以前各代都简化了许多，还原了茶叶的自然天性。

由于茶叶不再碾末冲点，以前茶具中的碾、磨、罗、筅、汤瓶之类的茶具皆废弃不用，宋代崇尚的黑釉盏也退出了历史舞台，取而代之的是景德镇的白瓷茶具。屠隆《考槃余事》中曾说："宣庙时有茶盏，料精式雅，质厚难冷，莹白如玉，可试茶色，最为要用。蔡君谟取建盏，其色绀黑，似不宜用。"张源在《茶录》中也说"盏以雪白者为上，蓝白者不损茶色，次之"。因明代的茶以"青翠为胜，涛以蓝白为佳，黄黑纯昏，但不入茶"，用雪白的茶盏来衬托青翠的茶叶，可谓尽茶之天趣也。

饮茶方式的一大转变带来了茶具的大变革，从此壶、盏搭配的茶具组合一直延续到现代。

二、明清景德镇茶具

明清茶具以陶瓷器为主。

明清两代的瓷器主要以景德镇为中心，景德镇成了名副其实的瓷都。明清两代的御窑厂就设在景德镇的龙珠阁。在元代青花、釉里红、红釉、蓝釉、影青、枢府釉瓷器发展的基础上，明清两代的督陶官对御窑厂都有严格的管理，烧制出了不少新品种，如明代永乐的甜白瓷、成化的斗彩、正德的素三彩、宣德的五彩。而明代仿宋代定窑、汝窑、官窑、哥窑的瓷器也很成功，特别是永乐朝烧制的白瓷，胎白而致密，釉面光润，具有"薄如纸，白如玉，声如磬，明如镜"的特点，时人称之为"甜白"。"甜白"茶盏造型稳重，比例匀称，又叫"坛盏"。高濂在《遵生八笺》中提到"茶盏唯宣窑坛盏

甜白釉暗花龙纹瓷杯 **明代**

德化窑白釉壶 **明代**

为最。质厚莹玉，样式古雅，有等宣窑印花白瓯，式样得中，而莹然如玉，次则宣窑内心茶字小盏为美；欲试花色黄白，岂容青花乱之，注酒亦然。惟纯白色器皿为合最上乘品，余皆不及。"清代康熙的豇豆红、郎窑红、乾隆的仿生瓷等，把景德镇的制瓷工艺技术水平推到了前所未有的高峰。民窑瓷器也不甘示弱，以其活泼、富有生活气息而受到民间的青睐。特别是到了嘉靖后期，随着御窑厂的衰败，"官搭民烧"的兴起，促进了景德镇民窑瓷业的飞速发展。

这个时期的景德镇官窑和民窑都生产了大量的茶具，品种丰富，造型各异，其中从釉色上来说有青花、釉里红、青花釉里红、单色釉（包括青釉、白釉、红釉、绿釉、黄釉、蓝釉、金彩等）、仿宋五大名窑器、粉彩、五彩、珐琅彩、斗彩等。从茶具种类上来说，这时期的主要茶具有茶壶、茶杯、盖碗、茶叶罐、茶海、茶盘、茶船等。

三、明代文人与茶具

明代晚期文人嗜好茗饮，特别推崇罗岕、天池、松萝、龙井、虎丘、日铸、顾渚、六安等散茶。他们品茶讲究精致，不仅对茶叶品质、泡茶用水、火候有很高的要求，对茶具、品茗环境也有独特的要求。高濂在《遵生八笺·茶寮》中提到："侧室一斗，相傍书斋，内设茶

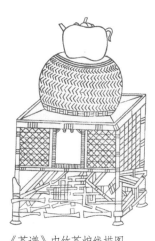

《茶谱》中竹茶炉线描图
明代·顾元庆

《煮茶图》 **明代**·丁云鹏

灶一、茶盏六、茶注二、余一以注熟水，茶臼一、拂刷、净布各一，炭箱一、火钳一、火箸一、火扇一、火斗一，可烧香饼，茶盘一，茶橐二，当教童子专立茶役，以供长日清谈，寒宵兀坐。"高濂本人也专门构建一茶寮来品茗，内设茶具一应俱全，还专门有茶童侍茶，体现了晚明文人饮茶的至精至美。许次纾在《茶疏》中曾提到："小斋之外，别置茶寮，高燥明爽，勿令闭塞，壁边列置两炉，炉以小雪洞覆之，止开一面，用省灰尘腾散，寮前置一几，以顿茶注，为临时供具。别置一几，以顿他器。旁列一架，巾帨置之，见用之时，即置房中，斟酌之后，旋加以盖，勿受尘污，使损水力，炭宜远置，勿令近

炉，尤宜多办，宿干易炽，炉少去壁，灰宜频扫……"可见品饮的雅趣。

文人喜出游，择一幽僻胜地，旁有泉水涌出，享受自然，享受茶饮，是他们最惬意的事。为此他们必准备一套出行（游）时携带方便的茶具，许次纾在《茶疏》中对此也有记载："士人登山游水，必命壶觞，乃茗碗、熏炉，置而不问，是徒游于豪举，未托素交也。余欲特别游装，备诸器具，精茗名香，同行异室，茶罂一，注二，铫一，小瓯四，洗一，瓷盒一，铜炉一，小面洗一，巾副之。附以香奁，小炉，香囊，七箸以为半肩，薄瓷贮水三十斤为半肩，足矣！"高濂则干脆自己设计一套专供出游之用的茶具，称之为提盒。烹茶所需茶具一应俱全，放在提盒里，使用起来非常方便。

四、紫砂茶具

有人认为早在宋代就已有紫砂器出现，但学术界比较认同的是紫砂起源于明代，明代散茶的冲泡直接推动了紫砂壶业的发展。至少在明代中期，宜兴一带的紫砂制作已开始出现。

紫砂茶叶瓶 **明代**

紫砂六方茶叶瓶 **明代**

时大彬款紫砂三鼎足盖壶 **明代**

紫砂珐琅彩花卉纹壶 **清代**

沈存周款锡包砂竹节壶 *清代*　　　　　　　　紫砂茶叶瓶 *清代*

　　宜兴位于江苏省境内，早在东汉就已生产青瓷，到了明代中晚期，因当地人发现了特殊的紫泥原料（当地人称之为"富贵土"），紫砂器制作由此发展起来。相传紫砂最早是由金沙寺僧发现的，他因经常与制作陶缸瓮的陶工相处，突发灵感，"抟其细土，加以澄练，捏筑为胎，规而圆之"，而后"刳使中空，踵传口柄盖的，附陶穴烧成，人遂传用。"其实，紫砂器制作的真正开创者是供春。供春是吴颐山的学僮，一度在金沙寺陪读，后因学金沙寺僧紫砂技法，制成了早期的紫砂壶。他制作的紫砂壶属于草创期，所以比较古朴。

　　现今出土纪年最早的紫砂壶应是南京中华门外油坊桥明代司礼太监吴经墓出土的嘉靖十二年（1533）紫砂提梁壶。该壶砂质较粗，轮廓周正，砂壶腹部还有与缸瓦同窑烧制时留下的釉泪痕。供春以后，明代的紫砂名家有董翰、赵良、袁畅、时鹏。其后，时大彬成为一代名手，其制壶"不务研媚而朴雅坚栗，妙不可思"，因时大彬壶"大为时人宝惜"，当时就有人仿制。时大彬后还出了不少名家，如李仲芳、徐友泉、陈用卿、陈仲美、沈君用等。紫砂在明代得到极大的发展。

　　因紫砂土质细腻，含铁量高，具有良好的透气性和吸水性，用紫砂壶来冲泡散茶，能把茶叶的真香发挥出来，无怪乎文震亨在《长物志》中提到："茶壶以砂者为上，盖既不夺香，又无熟汤气。"因此，紫砂壶一直是明代以后茶壶的主流之一。

　　紫砂茶具也是清代茶具的重要分支。经过明代的初步繁荣，清

紫砂斗方壶 *清代*

代紫砂茶具又迎来了新的创作高峰。明代紫砂壶还有些粗朴，清代紫砂制作工艺大大提高，胎体细腻，制作规整，并出现了陈鸣远这样的名家。鸣远，字鹤峰，号石霞山人，又号壶隐，生于清康熙年间，宜兴上袁村人。陈鸣远在继承传统的同时不断创新，作品多出新意，且雕镂兼长，铭刻书法古雅，有晋唐风格。时人将他与供春、时大彬并称为宜兴紫砂三大名匠。清初宫廷也在宜兴订制大量的紫砂壶坯，并于造办处加饰珐琅彩、粉彩，这些紫砂加彩茶具工艺精湛，富丽堂皇。嘉庆、道光以后，文人雅士相继加入制壶工艺，使紫砂茶具的人文内涵大大提高。这一时期除曼生外，还有郭频迦、朱坚、瞿应绍、梅调鼎等文人纷纷加入紫砂茗壶创作行列，以紫砂为载体，发挥其诗、书、画、印的才情，为后人留下了许多精美绝伦的紫砂艺术品。乾隆、嘉庆年间，宜兴还推出了施釉彩于紫砂器后烧制的粉彩茶壶，使传统砂壶制作工艺又有新的突破。嘉庆、道光年间，以朱坚(石梅)为首的文人还结合锡与紫砂的工艺，创制锡包砂壶的工艺，使紫砂装饰工艺在传统基础上又有所创新，并在锡表面刻画书法、绘画及题铭，使锡包砂壶的文化内涵进一步提升。

　　清代晚期开始，紫砂壶的商品性进一步强化，宜兴及上海等地出现了不少制作紫砂壶的作坊及商号，满足了民间茶壶的大量需求。此外，还有大量的紫砂壶运销海外。

五、壶铭艺术

　　紫砂壶从早期的古朴雅致发展到后来，慢慢地分化，基本上形成了三大脉络，分别为宫廷紫砂、文人紫砂和民间紫砂。特别是文人紫砂，因文人参与设计制作，更多地融入了审美情趣，而备受人们喜爱，融文学、书法、绘画、篆刻等于一体，既具有实用价值，同时又可欣赏、把玩。文人紫砂最引人注目的是它的壶铭，壶铭已成为文人紫砂壶的重要组成部分，一把紫砂壶具有上好的泥料、雅致的造型，如果再配上绝佳的壶铭，其艺术价值也会大大提升。

　　明代文人铭壶已蔚然成风，如董其昌、陈继儒、项元汴、潘允端等人都参与制壶并写下精彩的壶铭。清代是紫砂壶艺的鼎盛期，文

曼生井栏壶铭文："汲井匪深，挈瓶匪小，式饮庶几，永以为好"

曼生石瓢壶铭文："不肥而坚，是以永年"

人铭壶更是精彩纷呈，其中尤以西泠八家的陈曼生为代表。曼生，本名陈鸿寿，清乾隆、嘉庆年间人，生于浙江省杭州，曾任溧阳县（今江苏溧阳市）县令，为当时著名画家、诗人、篆刻家和书法家，"西泠八家"之一。陈曼生擅长古文诗词，书法行、草、篆、隶四体皆精，隶书结体奇崛，笔法劲爽，篆刻远宗秦汉，刀法跌宕自然，浑厚峻拔。他曾和宜兴著名紫砂陶人杨彭年合作，由他设计、篆刻铭文的曼生壶为世所珍。

曼生笠荫壶铭文："笠荫暍，茶去渴，是二是一，我佛无说"

　　海派书画大师唐云非常喜欢紫砂壶，尤其对曼生壶情有独钟，共收藏了八把曼生壶，并题其居室为"八壶精舍"。"八壶精舍"收藏的曼生壶铭令人叫绝，"试阳羡茶，煮合江水，坡仙之徒，皆大欢喜"，这段壶铭就出自陈曼生的"合欢壶"。阳羡茶是唐代贡茶之一，合江位于四川，是苏东坡的故乡，名茶与好水，加上爱茶人三位一体，合欢壶的主题一下显现出来。笠荫壶是曼生代表作品，其铭文为："笠荫暍，茶去渴，是二是一，我佛无说"，品茶赏壶之间禅意浓浓。合斗壶铭写道："北斗高，南斗下，银河泻，栏杆挂"，读起来琅琅上口，体现了曼生的潇洒情怀。扁壶铭文上题"有扁斯石，砭我之渴"，石瓢提梁壶上的"煮白石，泛绿云，一瓢细酌邀桐君"都是精彩的壶铭。

六、清宫廷茶具

　　清朝历代皇帝嗜茶，宫廷饮茶之风盛行，宫廷内务府专门设有"御茶房"。其中，康熙、乾隆两朝皇帝以嗜茶闻名，特别是乾隆皇帝尤其酷爱饮茶，有许多关于乾隆皇帝嗜茶的传说故事，乾隆帝还写下了不少赞美茶、水、茶具的诗文。

　　清宫设有茶库，每年收取进贡名茶30多种，每种各数瓶、数十瓶至百余瓶。根据清朝档案记载，康熙五十年（1711）和六十年（1721），朝廷曾举行两次大规模的茶宴——千叟宴，邀请千位六十岁以上的老臣参加，君臣同饮。乾隆帝在位六十年，曾举行过不少茶宴，每年新正必举行茶宴，挑吉日在重华宫由乾隆帝亲自主持。茶宴有一套规范的礼仪程序，先是由

紫砂珐琅花卉纹盖碗 *清代*

宫廷举行茶宴时用的"三清茶"茶具 **清代**

皇帝出题定韵，出席茶宴的群臣竞相赋诗联句，接下来是品茗、品茶点，茶宴上准备的茶美其名曰"三清茶"，由梅花、佛手、松实沃雪烹茶。

三清茶具是清代皇室定制的茶具，有一定的规范，品种包括陶瓷、漆器、玉器等，以盖碗为多，一般在茶具的外壁写上乾隆皇帝御制诗：梅花色不妖，佛手香且洁。松实味芳腴，三品殊清绝。烹以折脚铛，沃之承筐雪。火候辨鱼蟹，鼎烟迷声灭。越瓯泼仙乳，毡庐适禅悦。五蕴净大半，可悟不可说。馥馥兜罗递，活活云浆

仿木纹奶茶碗 **清代**

宫廷旧藏茶籝 **清代**

宫廷旧藏茶叶包装盒 **清代**

宫廷旧藏茶箱 *清代*

宫廷旧藏茶炉 *清代*

澈。偃佺遗可餐，林逋赏时别。懒举赵州案，颇笑玉川谲。寒宵听行漏，古月看悬玦。软饱趁几余，敲吟兴无竭。在茶宴上，乾隆皇帝会把三清茶具赏赐给一些在赋诗联句中表现突出的大臣，作为对他们的嘉奖。

七、清代民间茶具

宫廷饮茶讲究排场，而民间饮茶则率性随意，茶具也多了几分野趣。清代民用陶瓷茶具的造型更加活泼、纹饰更加生动。

明清时期的茶具造型和功用与唐宋时期相比已有了明显的不同，其中出现了一些比较有特色的茶具，如茶壶、茶洗、茶船、盖碗、茶壶桶等。

茶壶　茶壶在明、清两代得到很大的发展，在此之前把有流带柄的容器皆称为汤瓶，或叫偏提，到了明代真正用来泡茶的茶壶才开始出现。壶的使用弥补了盏茶易凉和落入灰尘的不足，也大大简化了饮茶的程序，受到世人的极力推崇。

虽然有流有柄，但明代用于泡茶的壶与宋代用来点茶的汤瓶还是有很大的区别。明代的茶壶，流与壶口基本齐平，使茶水可以不外溢，壶流也制成S形，不再如宋代强调的"峻而深"。明代茶壶尚小，以小为贵，因为"壶小则香不涣散，味不耽搁，

紫金釉开光青花人物纹茶壶 *清代*

茶具珍赏

161

粉彩牡丹纹茶壶 **清代**

况茶中真味，不先不后，只有一时，太早则未足，太迟则已过，似见得恰好一泻而尽，化而裁之，存乎其人，施于他茶，亦无不可。"

清代的茶壶造型继承了明代风格，制作材料上有了很大的改进，瓷茶壶和紫砂壶大量出现。

盖碗 从茶具形制上讲，除茶壶和茶杯以外，盖碗是清代茶具的一大特色。盖碗一般由盖、碗及托三部分组成，象征着"天地人"三才，反映了中国人器用之道的哲学观。盖碗的作用之一是防止灰尘落入碗内，起防尘作用；其二是防烫手，碗下的托可承盏，喝茶时可手托茶盏，避免手被烫伤。明、清时期的景德镇生产大量

青花提梁壶 **清代**

青花五彩人物纹盖碗 **清代**

胭脂红莲瓣盖碗 **清代**

粉彩鹊桥相会人物纹盖碗 **清代**

的陶瓷盖碗，品种包括青花、五彩、斗彩、粉彩、釉里红、单色釉等。

茶洗　由于明人饮用的是散茶，在散茶加工过程中可能会沾上尘垢，于是在泡茶之前多了一道程序——洗茶，"凡烹茶先以热汤洗茶叶，去其尘垢冷气，烹之则美。"洗茶有专门的茶具——茶洗，文震亨《长物志》中提到"茶洗以砂为之，制如碗式，上下二层。上层底穿数孔，用洗茶，沙垢皆从孔中流出，最便。"也有的茶洗做成扁壶式，"中加一盏，鬲而细窍，其底便过水漉沙"。更讲究的则"以银为之，制如碗式而底穿数孔，用洗茶叶，凡沙垢皆从孔中流出，亦烹试家不可缺者。" 清代盛行功夫茶，饮用功夫茶时也需要洗茶这道程序，大约就是从明代的洗茶延续过来的。

茶叶瓶（罐）　明代散茶对茶叶的贮藏提出了更高的要求，贮茶器具比唐宋时显得更为重要。散茶喜温燥而忌冷湿，炒制好的茶叶如果保藏不善，就会破坏茶汤的效果。一般来说，明代的散茶保藏采用瓷瓶或砂瓶，并用箬叶包裹。箬叶要先焙干，以竹丝编织而成；瓶子要选"宜兴新坚大罂，可容茶十斤以上者洗净，焙干听用。"用的时候将焙干的茶叶放入砂罂，再以编织好的箬叶覆盖在罂上，罂口用六七层纸封住，上面再压以白木板，放在干净处存放。需要用时，从大罂中取一些，放入干燥的宜兴小瓶待用。张德谦

斗彩茶叶瓶 *清代*

珐华人物纹四方茶叶瓶 *清代*

玻璃套料梅鹊纹茶叶瓶 *清代*

茶
具
珍
赏

163

在《茶经》中曾说茶瓶"以杭州或宜兴所出"为佳，"宽大而厚实者，贮芽茶，乃久久如新，而不减香气。"出土及传世的明代紫砂或瓷质茶叶瓶或茶叶罐形制各异，大小不一。清代茶叶罐的种类更加丰富多彩，或圆或方，或瓷或锡，不同形制、不同造型的茶叶罐千姿百态，其作用只有一个——更好地保存茶叶。

茶船 亦称茶托子、茶拓子、盏托，以承茶盏防烫手之用。后因其形似舟，遂以茶船或茶舟名之。清代寂园叟《匋雅》中提到："盏托，谓之茶船。明制如船，康雍小酒盏同托作圆形，而不空其中。宋窑则空中矣。略如今制，而颇朴拙也。"

茶船最初是从盏托演变过来的，考古发掘证明，东晋时就有青瓷盏托出现。明、清时散茶流行，品饮方式的改变也带来了茶具的变革，壶泡法以及盖碗撮泡成了最主要的冲泡方式，盏托的使命也随之改变。三托盖碗成了当时的风尚，既增加了茶盏的保温

铜錾花茶船 *清代*

仿雕漆瓷茶船 *清代*

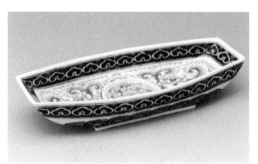

青花花卉纹茶船 *清代*

松石釉凸白花茶船 *清代*

性，使之更好地浸泡出茶叶中的茶汁，又增加了茶盏的保洁性，可防止尘埃侵入茶盏。品饮时，一手托盏，一手持盖，并可用茶盖拂动漂在茶汤面上的茶叶，更增添一份喝茶的情趣。盏托在传统演变的基础上，出现了舟形，茶舟或茶船的名称由之而来。明、清之际茶船相当流行，形制各异，有的是名副其实的船形，有的呈元宝

铜胎画珐琅白菜纹海棠形茶船 *清代*

话说中国茶

形，有的呈海棠花形，有的呈十字花形；材料有陶瓷、漆木、银、锡金属等。

茶船作为辅助性茶具之一，在饮茶发展史上发挥了重要作用，通过这些形形色色、姿态各异的茶船，可窥见我国茶文化的丰富性。

茶籝 茶籝最初是一种采茶器具，唐陆羽《茶经·二之具》中提到："籝，一曰篮，一曰笼，一曰筥，以竹织之，受五升，或一斗、二斗、三斗，茶人负以采茶也。"陆羽明确提出茶籝为采茶、盛茶之具，用竹子编就，这是茶籝的最初用途——作为采茶、盛茶工具。宋苏轼《寄周安孺茶》诗中写到："闻道早春时，携籝赴初旭。"这里提到的籝也指采茶工具。

到了清代，茶籝的含义有了变化，不再是采茶、盛茶的工具，而演变为装放茶器

红木茶籝 *清代*

木制温茶箱 *清代*

的工具，这样的功能与陆羽《茶经·四之器》中提到的都篮相当。"都篮，以悉设诸器而名之。以竹篾内作三角方眼，外以双篾阔者经之，以单篾纤者缚之，逆压双径，作方眼，使玲珑。高一尺五寸，底阔一尺，高三寸，长二尺四寸，阔二尺。"

清代宫廷饮茶盛行，内务府设有御茶房、大茶房，康熙至道光年间宫廷都举办过不同规模的茶宴。由于茶事频繁，各色茶具也备受宫廷欢迎。乾隆皇帝一生六次南巡，每次旅行途中都照宫内规格用茶，为携带方便，他特意命人制作了便于旅途用的全套茶具，并专门设计了用于装置全套茶具的茶籝（又称撞盒），用来放置茶壶、茶碗、茶叶罐、茶炉、水具等。故宫现存的几套茶籝，主要有纯紫檀木和竹木混制两种。茶籝制作精致，本身就是一件富有创意的工艺品，有的茶籝上还裱有当时名臣钱维城的山水小幅和于敏中抄录的《朱子试茶录序》。

茶壶桶 又叫茶壶套。唐宋之际由于盛行煮茶、点茶，并不存在茶水保温的问题。而到了明清两代，以散茶瀹泡的饮茶方式为主，散茶投入茶壶中，如何不让茶水过快冷却，有人想到了茶壶桶。茶壶桶内放一些棉絮、丝织物等保暖材料，再放入茶壶，至少

红木茶壶桶 *清代*

刺绣绿地花鸟纹六方茶壶套 *民国*

在一段时间内可起到保温效果。

　　制作茶壶桶的材料多样，有木制、藤编、丝织品、竹篾等，造型也丰富多彩。普通人家多用藤编或木制的茶壶桶，考究一些的则用紫檀或黄花梨制作。还有一种刺绣茶壶套，通常是家中闺女出嫁的陪嫁品，一般成双成对出现。或黄或绿或红，上绣和合二仙，或吉祥图案。

八、其他材质的茶具

　　除陶瓷茶具外，竹、木、象牙、牛角等各种材质在茶具上的运用也是明清茶具异彩纷呈的特点之一。

景泰蓝龙纹茶盘 *清代*

木嵌螺钿四方茶盘 *清代*

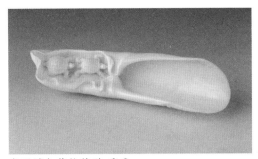

象牙雕龟荷纹茶则 **民国**

竹簧人物纹六方茶叶瓶 **民国**

椰壳雕茶具 中国历史上不乏能工巧匠，各种材料经他们之手，就能巧夺天工，制出的器物不仅美观大方，而且非常实用，椰壳雕茶具即是一例。

清代椰壳雕工艺十分成熟，雕刻工艺程序较为复杂：一般要经过选料、造模、雕刻、嵌镶、抛光、修饰等几道工序。能工巧匠凭经验做出的判断，一般

玛瑙小壶 **清代**

椰壳雕团寿杂宝壶 **清代**

是个头匀称、大小适中为宜。造模即按照设计要求制作相应的器物模型；制作完模型后就是雕刻工艺，利用坚质工具在椰壳表面按预先的构图雕刻出山水人物、花鸟虫鱼以及诗文词句；然后在椰壳表面进行镶嵌，最后就是抛光，使椰壳雕作品显得更加生动。

锡胎椰壳雕携琴访友提梁壶 **清代**

锡胎椰壳雕团寿杂宝纹茶具 *清代*

　　清代椰壳茶具可分为两类：一类即以锡、银、铜等金属为内胎，外以小块椰壳镶拼而成；其二即直接以椰壳制成茶具，并不采取拼接工艺。此两类茶具都讲究在椰壳表面雕刻纹饰，或人物、山水、鸟虫，工艺精湛，还有的镌刻铭文。

　　目前人们看到的椰壳茶具，大多收藏在各博物馆中，有时偶然在某些拍卖会上发现，但数量并不很多。北京故宫博物院藏一件椰壳雕龙纹碗，系清雍正年制作，内银胎，并涂红漆，外围的椰壳上雕刻龙纹，龙昂首张嘴，足伸五爪，气势不凡，是清代地方官员上贡皇室的地方贡物之一。

　　锡茶具　锡茶具兴起，也是明清茶具的一个重要特点。商周时期就开始使用金属锡了，但当时只是把锡作为合金材料加工，锡器发展的黄金时期是明清两代。罗廪在《茶解》中提到茶注"以时大彬手制粗砂烧缸色者为妙，其次锡。" 明代锡壶也受到文人雅士的推崇，一时间锡壶制作名家辈出，他们往往不惜工本，制作出许多精致美妙的文人锡壶。

　　锡茶具在清代继续使用并流行，涌现出不少具有高度艺术修养的锡器制作高手。清

锡包砂六方壶 *清代*

锡包砂却月壶 *清代*

朱坚款锡茶壶 *清代*

初最有名的要数沈存周，字鹭雍，号竹居主人，浙江嘉兴人。据《耐冷谈诗话》载："康熙初，沈居嘉兴春波桥，能诗，所治锡斗，镌以自作诗句。钱籗石诗集中载有《锡斗歌》，颇令人称赞。元明以来，朱碧山之银槎，张鸣岐之铜炉，黄元吉之锡壶，皆勒工名，以垂后世，而不闻其能诗。"沈存周善制各种锡茶具，对壶形把握准确，所制锡壶包浆水银色，光可鉴人，所雕刻的诗句、姓氏、图印均规整精良。沈存周之后的沈朗亭、卢葵生、朱坚等名手亦以善制锡壶名世。卢葵生以擅制漆器闻名，他很有创新意识，以锡作壶胎，外以漆制壶形，首创锡胎漆壶。道光、咸丰年间还出现了王善才、刘仁山、朱贞士等制锡器名手，所制锡器也极为精致。

　　玉茶具　石之美者为玉。我国先民早在八千年前就开始用玉了。新石器时代地处北方的红山文化以及南方的良渚文化大量用玉，显示出玉器与神秘的宗教祭祀之间不可分割的关系。到了商周时期，玉器与王权联系在一起，王室及贵族墓中出土大量的玉器也证明了这一点。这时的玉大多用来制作礼器。唐代以后玉的使用进一步世俗化，作为酒

白玉壶 *清代*

青玉灵芝耳盏托 *清代*

具的玉壶开始出现。到了宋元时期，陶瓷和银器成为日常生活用具，玉壶的数量相对不多。清代的玉器，无论是玉材的选择（以和田玉和翡翠为主）、玉材的数量、生产规模，还是玉器品种、加工技术、纹饰，都远非历史上任何一个朝代可以相比，堪称中国古代玉雕史上最后一个高峰。

玉制的全盛时代是乾隆时期，乾隆皇帝本人非常喜爱玉器，尤其对夏、商、周三代的古玉器进行广泛收集、鉴别，甚至改制。乾隆时除了制作中国传统玉器外，还引进和仿制了西域的玉质艺术品，其中最著名的是痕都斯坦玉。痕都斯坦位于印度北部，包括克什米尔和巴基斯坦西部，其玉材多为南疆的和阗玉、叶尔羌角闪石玉，玉石的用材、加工工艺与中国传统玉器加工都有很大的不同。当地人认为用玉器制作的饮食器具可以避免中毒，因此痕都斯坦玉器大多是生活用具。乾隆皇帝十分喜爱痕都斯坦玉器，除了从西域传入以外，还令宫廷造办处玉作仿制大量的痕都斯坦玉。在民间，苏州等地也有加工痕玉的作坊，吸取其造型别致、花纹流畅、胎体透薄的优点，结合中国工艺的传统方法，创造出带有西番风格的玉器。

由于人们相信玉有解毒的功能，因此用玉制作酒壶相对较多。而玉茶壶数量不多，究其原因，主要是由于茶壶用来泡茶，高温浸泡容易使玉器受损。

青玉刻花茶壶 **清代**

瓜形玉壶 **清代**

白玉碗 **清代**

第四篇 茶艺问道

习茶有道，茶艺有法。中国是茶艺的发源地，从魏晋萌芽开始，经过几千年的漫长演进，茶艺已发展为融入百姓日常生活的一门生活艺术。

第一章　水　品

"水为茶之母，器为茶之父"，水直接影响茶的品质。明代张大复曾说："茶性必发于水，八分之茶，遇十分之水，茶亦十分矣；八分之水，试十分之茶，茶只八分耳"。茶与水的关系由此可见。

一、宜茶水品

中国古人品水凭感性经验，依靠的是视觉、嗅觉和味觉等感官以及简单的工具。在这一基础上，古人建立了品水的准则，得出各种鉴水的结论。主要有两大类：

1.以水源辨别水的优劣

山泉水　山泉水富含二氧化碳和各种对人体有益的微量元素，而且悬浮杂质少，透明度高，氯、铁等化合物极少，用来泡茶能使茶的色、香、味、形得到最大限度的发挥。不过，并非山泉水都是"上等水"，如硫黄矿泉水就不能沏茶。

古人有不少吟咏泉水的茶诗，如

山泉水

唐代皮日休《茶舍》："棚上汲红泉，焙前蒸紫蕨"；宋代戴昺《尝茶》诗曰："自汲香泉带落花，漫烧石鼎试新茶"；皮日休《煮茶》："香泉一合乳，煎作连珠沸"，都是清新佳绝的咏泉诗作。

江、河、湖水 江、河、湖水属地表水，含杂质较多，较混浊，硬度也较小，且水质受季节变化和环境污染影响较大，所以江水一般不是理想的泡茶之水。但在远离人烟、植被生长繁茂之地的江、河、湖水，仍不失为沏茶好水。陆羽在《茶经》中说："其江水，取去人远者"，说的即是这一道理。

我国不少江、河、湖水清澈，经澄清后用来泡茶也很不错。诗人白居易曾写诗赞赏江水煮茶："蜀茶寄到但惊新，渭水煎来始觉珍"；宋代杨万里《舟泊吴江》一诗提到："自汲淞江桥下水，垂虹亭上试新茶。"明代许次纾在《茶疏》中说："黄河之水,来自天上。浊者土色，澄之即净，香味自发。"

井水 井水属地下水，悬浮物含量较低，透明度较高，但含盐量和硬度较大，用这种水泡茶会损害茶味。井的第一层隔水层以上的地下水称浅层水；第一层以下的地下水，统称深层水。深层水被污染的机会少，一般水质洁净，透明无色。如果周围环境干净，深而多汲的井水，用作泡茶还是不错的。陆羽《茶经》中说的"井取汲多者"，明代陆树声《煎茶七类》中讲到"井取多汲者，汲多则水活"，说的就是这个意思。

雪水、雨水 在大自然的水中，除了山泉、江、河、湖、海、井水等地表水之外，还有大气水，如雨、雪、雾、露等。

山泉水

雪水

雨水和雪水较纯净，含盐量和硬度较小，古人誉为"天泉"，历来就被用来煮茶，其中雪水更受古代文人和茶人的喜爱。白居易《晚起》诗中的"融雪煎香茗"，辛弃疾词中的"细写茶经煮香雪"，曹雪芹《红楼梦》中的"扫将新雪及时烹"等，都歌咏了用雪水烹茶的情景。

自来水 自来水有"软"、"硬"之分，一般属于硬水或暂时性硬水。自来水经过水厂净化和消毒处理，其水质可软化，通常都会符合饮用水标准。但用漂白粉消毒的自来水往往会有较多的氯离子，会使茶中多酚类物质氧化，影响汤色，损其茶味。为此，可根据各地区的水质情况，采取一些相应措施。其一，将自来水贮于缸或水桶中，静置24小时，待氯气自行挥发消失，再煮沸泡茶；其二，延长煮沸时间，然后离火静放一会儿；其三，采用磁水器、纯水器软化水质。

纯净水 利用现代科学技术将一般的饮用水变成不含有任何杂质的纯净水，并使水的酸碱度达到中性。用这种水泡茶，不仅净度好、透明度高，沏出的茶汤晶莹清澈，而且香气、滋味纯正，无异杂味。除纯净水外，还有质地优良的矿泉水也是较好的泡茶用水。

2.用感官来鉴别水质

用感官来鉴别水质，在尚未应用科学仪器分析水质的年代，是人们通常采用的方法。宋徽宗在《大观茶论》中提出了"水以清、轻、甘、活为美。"后人又强调"冽"，总结为"清、活、轻、甘、冽"择水五字法。此标准包括两个方面，即水质和水味，水质要求清、活、轻，水味则要求甘与冽。

清 就是水质无色、透明、无沉淀物。这是古人对水质的最基本要求。陆羽《茶经·四之器》中所列的漉水囊就是滤水用的，可使煎茶之水清洁。

如果水质不够清澈，古人以明矾来沉淀水；也会在水坛里放上白色石块，用以澄清水。清代陆廷灿《续茶经·五之煮》说："家居，苦泉水难得，自以意取寻常水煮滚，入大磁缸，置庭中避日色。俟夜天色皎洁，开缸受露，凡三夕，其清澈底。积垢二三寸，亟取出。以坛盛之，烹茶与惠泉无异。"

清冽的泉水

活 即流动之水。宋人唐庚《斗茶记》说："水不问江井，要之贵活"；苏东坡《汲江煎茶》中的"活水还须活火煎，自临钓石取深清"；南宋胡仔《苕溪渔隐丛话》中有"茶非活水，则不能发其鲜馥"等，都说明试茶水品以"活"为贵。

水虽贵活，但瀑布、湍流一类"气盛而脉涌"、缺乏中和淳厚之气的"过激水"，古人亦认为与茶主静的宗旨不合。

轻　水之轻、重，有点类似今人所说的软水、硬水。硬水中含有较多的钙、镁离子和铁、盐等矿物质，能增加水的重量。用硬水泡茶，茶汤滋味苦涩，汤色不透亮。

陆以湉《冷庐杂识》记载，乾隆每次出巡都要带一个银质小方斗，命侍从"精量各地泉水"。精量的结果是京师玉泉之水，斗重一两；济南珍珠泉，一两二厘；惠山、虎跑，各比玉泉重四厘。因此，乾隆把颐和园以西的玉泉山泉

活水

水定为"天下第一泉"，出巡时必带玉泉水随行。但由于"经时稍久，舟车颠簸，色味或不免有变"，所以还发明了"以水洗水"的方法：把玉泉水装入大容器中，做上记号，再倒入其他泉水加以搅动，待静止后，"他水质重则下沉，玉泉体轻故上浮，挹而盛之，不差锱铢"（《清稗类钞》）。足见古人对"轻水"的重视程度。

甘　所谓"甘"，就是甘甜。古人品水尤崇甘、冽。北宋蔡襄《茶录》认为："水泉不甘，能损茶味"；明代田艺蘅在《煮泉小品》说："味美者曰甘泉，气芳者曰香泉"；明代罗廪在《茶解》中主张："梅雨如膏，万物赖以滋养，其味独甘，梅后便不堪饮"，强调水的"甘"，只有"甘"才能够出"味"。

冽　冽，就是冷、寒。冰水、雪水在结晶过程中，杂质下沉，作为结晶体的冰，相对比较纯净。古人推崇冰雪煮茶，所谓"敲冰煮茗"，认为用寒冷的雪水、冰水煮茶，茶味尤佳。明高濂《遵生八笺》说："凡水泉不甘，能损茶味。"清朝诗人高鹗的《茶》诗曰："瓦铫煮春雪，淡香生古瓷。晴窗分乳后，寒夜客来时。"

古人推崇冰雪煮茶

二、择水有道

1.古人对泡茶用水的处理

洗水　张大复《梅花草堂笔谈》说："贫人不易致茶，尤难得水。"名茶固然难得，好水更为不易。古人一旦获得名泉好水，十分珍视，不仅设法保持其水质，而且千方百计提高其水质。除沉淀法以外，还有其他几种方法：一曰"石洗法"，即让水经石子过滤后再饮用。田艺蘅《煮泉小品》说："移水以石洗之，亦可以去其摇荡之浊滓。"有的则用一种烧硬的灶土，名曰"伏龙肝"。罗廪《茶解》说："大瓷瓮满贮，投伏龙肝一块（即灶中心干土也），乘热投之。"二曰"炭洗法"，高濂《遵生八笺》说："大瓮收藏黄梅雨水、雪水，下放鹅子石十数石，经年不坏。用栗炭三四寸许，烧红投淬水中，不生跳虫。"干土、木炭具有吸附能力，可吸收水中尘土等脏东西，净水作用十分明显。此方法堪称现代净水器的前身。三曰"水洗法"，这是乾隆皇帝的发明。乾隆认定北京玉泉水为天下第一水后，为免其色味有变，发明了"以水洗水"法。具体做法是："以大器储水，刻分寸，入他水搅之。搅定，则污浊皆沉淀于下，而上面之水清澈矣。盖他水质重，则下沉；玉泉体轻，故上浮；挹而盛之，不差锱铢。"

养水（贮水）　名泉之水不易得，有人便认为，水不必非取自名川名泉不可，只要保养得法，普通水也会变得近于名泉水。除"明矾沉淀黄河水"外，清人顾仲在《养小录》中也介绍了一种方法。他说："但就长流通港内，于半夜后舟楫未行时，泛舟至中流，多带罐、瓮取水归。多备大缸贮下，以青竹棍左旋搅百余，急旋成窝，急住手，箸篷盖盖好，勿触动。先时留一空缸，三日后，用木勺于缸中心轻轻舀水入空缸内，原缸内水取至七、八分即止，其周围白滓及底下泥滓，连水洗去尽。将别缸水如前法舀过，又用竹棍搅，盖好。三日后，又舀过，去泥滓。如此三遍，预备取洁净灶锅，入水煮滚透，舀取入罐。每罐先入白糖霜三钱于内，入水盖好。一二月后取供煎茶，与泉水莫辨，愈宿愈好。"

煮水　许次纾在《茶疏》中说："茶滋于水，水藉于器，汤成于火，四者相须，缺一不可。"苏辙《和子瞻煎茶》诗曰："相传煎茶只煎水，茶性仍存偏有味。"说的就是煎茶只有在水煎得好的情况下，才能保存茶性，煎出滋味。

①煮水程度。陆羽《茶经》有"三沸"之说："其沸如鱼目微有声，为一沸；缘边如涌泉连珠，为二沸；腾波鼓浪为三沸。"三沸过后，陆羽认为"水老"而不可饮用。宋代煎水一般用细口瓶，目辨汤水比较困难，所以又创制了辨别煮水程度的另一种方法，即听声法。南宋罗大经《鹤林玉露》记其友人李南金的话说："《茶经》以鱼目、涌泉连珠为煮水之节，然近世瀹茶，鲜以鼎镬，用瓶煮水，难以候视，则当以声辨一沸、二沸、三沸之节。"李南金又说，陆羽是将茶末放入釜中煮饮的，所以在水的第二沸时投入茶末为宜。宋代则将茶末放在盏中，以沸水注之，也就是水煎过第二沸，刚到第三沸时，瀹茶最为合适。罗大经对李南金的说法不很赞同，他说："瀹茶之法，汤欲

嫩而不欲老，盖汤嫩则茶味甘，老则苦矣。若声如松风、涧水而遽瀹，岂不过于老而苦哉！惟移瓶去火，少待其沸止而瀹之，然后汤和适中而茶味甘。"其实，所谓汤嫩，即水温较低，汤老则温度较高。一般说，瀹芽茶、新茶，以汤嫩为佳，瀹老茶、粗茶、紧压茶，则以沸水为好。同时，也要看各人口味，喜浓茶者，自然要用滚烫之水，相反，则可用嫩汤。明朝人煎水更为细致讲究，张源说："汤有三大辨。一曰形辨，二曰声辨，三曰捷辨。形为内辨，声为外辨，捷为气辨。如虾眼、蟹眼、鱼目连珠皆为萌汤；直至涌沸如腾波鼓浪，水汽全消，方是纯熟。如初声、转声、振声、骇声皆为萌汤；直至无声，方是纯熟。如气浮一缕、二缕、三缕及缕乱不分，氤氲乱绕，皆为萌汤；直至气直冲贯，方是纯熟。"

②煮水燃料。古人说："活水还须活火煮"。何谓"活火"？唐代李约认为，"活火"是指"炭火之焰者"。唐代陆羽认为烧水燃料以木炭为最好，硬柴次之，并提出凡有烟腥味或含油脂的木炭，以及腐朽的木器都不宜使用。明代田艺蘅认为，木炭不能常用，烧水燃料亦可用干松枝。若"遇寒月多拾松实房，蓄为煮茶之具，更雅"，即用干松果烧水更好。许次纾认为，烧水固然以"硬炭"为最好，但这种硬炭必须是无烟的，否则会污染沏茶用水，使之产生烟味。总之，烧水时间以"愈速愈妙"。这种烧水方法符合科学道理，所以一直为茶人所采用。

2.现代人对泡茶用水的看法

硬水和软水之别　现代茶学研究表明，泡茶用水有软水和硬水之分。所谓软水是指每升水中钙离子和镁离子的含量不到10毫克。凡超过10毫克的即为硬水。一个简便的区分标准是，在无污染的情况下，自然界中只有雪水、雨水和露水才称得上是软水，其他如泉水、江水、河水、湖水和井水等均为硬水。

水的硬度会影响水的pH，当pH降至5左右时，对红茶汤色影响尚小，但越酸则由红色转为红黄色。泡茶用水pH高于7时呈碱性，会降低茶汤鲜爽度。

泡茶用水标准　随着科学技术的进步，人们对饮用水提出了科学的水质标准。主要包括以下四项指标：①感官指标：色度不得超过15度，并不得有其他异色；浑浊度不得超过5度；不得有异臭异味；不得含有肉眼可见物。②化学指标：pH为6.5～8.5，总硬度不高于25度，氧化钙不超过250毫克/升，铁不超过0.3毫克/升，锰不超过0.1毫克/升，挥发酚类不超过0.002毫克/升，阴离子合成洗涤剂不超过0.3毫克/升。③毒理学指标：氟化物不超过1.0毫克/升，适宜浓度0.5～1.0毫克/升，氰化物不超过0.05毫克/升，砷不超过0.04毫克/升，镉不超过0.01毫克/升，铬不超过0.5毫克/升，铅不超过0.1毫克/升。④细菌指标：细菌总数在1毫升中不得超过100个，大肠杆菌在1升水中不超过3个。

以上4个指标，主要是从饮用水最基本的安全和卫生方面考虑，作为泡茶用水，还应考虑各种饮用水内所含的物质成分。目前，城镇普遍饮用自来水，它经过消毒与过滤，可以用于泡茶。至于好的泉水，如杭州的虎跑泉水、长沙的白沙井泉水，用来泡茶，确是真香真味，对于饮茶爱好者来说，无疑是令人神往的。

三、天下佳泉

1.茶圣口中第一泉——庐山康王谷谷帘泉

谷帘泉，位于江西九江庐山康王谷。茶圣陆羽当年游历名山大川，品鉴天下名泉佳水时，将谷帘泉评为"天下第一泉"。

该泉自从被陆羽品评为"天下第一泉"之后，曾名盛一时，为嗜茶品泉者广为推崇。如宋时苏轼、陆游等都品鉴过谷帘之水，并留下了品泉诗章。苏轼赋诗曰："岩垂匹练千丝落，雷起双龙万物春。此水此茶俱第一，共成三绝景中人。"陆游到庐山汲取谷帘之水烹茶，在《试茶》诗中有"日铸焙香怀旧隐，谷帘试水忆西游"之句，并在《入蜀记》中写道："谷帘水……真绝品也。甘腴清冷，具备众美。非惠山所及。"北宋著名学者王禹偁也在《谷帘泉序》中写道："其味不败，取茶煮之，浮云蔽雪之状，与井泉绝殊。"

2.扬子江中第一泉——江苏镇江中泠泉

中泠泉又名中零泉、中濡水，在唐以后的文献中多称为中泠水。古书记载，长江之水至江苏丹徒县金山一带，分为三泠，有南泠、北泠、中泠，其中以中泠泉眼涌最多，便以中泠泉为其统称。中泠泉位于江苏省镇江市金山寺以西约半公里的石弹山下，在陆羽品评排列的泉水榜中名列第七。但据唐代张又新《煎茶水记》载，品泉家刘伯刍对若干名泉佳水进行品鉴，把宜茶之水分为七等，列中泠泉为第一，故有"天下第一泉"之美誉。

江苏镇江中泠泉

近百年来，由于长江江道北移，南岸江滩不断扩大，中泠泉到清朝末年已和陆地连成一片，泉眼完全露出地面。后人在泉眼四周砌成石栏方池，清代书法家王仁堪写了"天下第一泉"五个苍劲有力的大字，刻在石栏上，从而使这里成了镇江的一处名胜。

3.乾隆御赐第一泉——北京玉泉山玉泉

玉泉，位于北京颐和园以西的玉泉山南麓，因其"水清而碧，澄洁似玉"而得名，自清初即为宫廷帝后茗饮御用泉水。

玉泉被宫廷选为饮用水水源，主要有两个原因。一是玉泉水洁如玉，含盐量低，水温适中，水味甘美，又距皇城不远。另一原因是，该泉四季势如鼎涌，涌水量稳定，从不干涸。这是因为玉泉有良好的补给、径流、排泄条件。玉泉的补给源主要是大气降水和永定河水。玉泉径流路程不长，且所经之处无含盐量较多的地层，故涌水量大，水洁而味美。

清乾隆皇帝是一位嗜茶者，更是一位品泉名家。在古代帝王之中，实地品鉴天下名泉的可能非他莫属了。他在多次品鉴名泉佳水之后，将天下名泉列为七品，而玉泉则为第一。其《玉泉山天下第一泉记》云："则凡出于山下，而有洌者，诚无过京师之玉泉，故定为天下第一泉。"

北京玉泉山远眺

4.大明湖畔第一泉——济南趵突泉

趵突泉，一名瀑流，又名槛泉，最早见于《春秋》，宋代始称趵突泉。位于山东济南市西门桥南趵突泉公园内。趵突泉为济南七十二泉之冠，也是我国北方最负盛名的大泉之一。北宋文学家曾巩在《齐州二堂记》一文中，正式将其命名为趵突泉。它是趵突泉群中的主泉，水自地下岩溶洞的裂缝中涌出，三窟并发，昼夜喷涌，状如白雪三堆，冬夏如一，蔚为奇观。由于池水澄碧，清醇甘洌，烹茶最为相宜。趵突泉得名"天下第一泉"，相传是乾隆皇帝游趵突泉时赐封的。此外，还有不少文人学士都给予其"第一泉"的美誉。蒲松龄在《趵突泉赋》中写道："……海内之名泉第一，齐门之胜地无双……"。

济南趵突泉

5.无锡惠山泉——天下第二泉

惠山寺，在江苏无锡市西郊惠山山麓锡惠公园内。无锡惠山以其名泉佳水著称于天下，最负盛名的是"天下第二泉"。二泉分上、中、下三池，其中上池为泉源所在，水质最好。宋高宗赵构南渡，曾于此饮过二泉水，后筑二泉亭，亭中有元朝大书法家赵孟頫题书"天下第二泉"的石碑。

在二泉池开凿之前或开凿期间，陆羽正在太湖之滨的长兴(今浙江长兴县)顾渚山、义兴(今江苏宜兴市)唐贡山等地茶区进行访茶品泉活动，并多次赴无锡，对惠山进行考

无锡惠山泉

察，曾著有《惠山寺记》。惠山泉也因茶圣陆羽曾亲品其味，故一名陆子泉。唐代张又新亦曾来惠山品评二泉之水。在此前唐代品泉家刘伯刍，亦曾将惠山泉评为"天下第二泉"。唐武宗会昌年间，宰相李德裕住在京城长安，喜欢二泉水，竟然责令地方官吏派人用驿递方法，把三千里外的无锡泉水运去享用。唐代诗人皮日休有诗讽喻道：丞相常思煮茗时，郡侯催发只嫌迟；吴国去国三千里，莫笑杨妃爱荔枝。宋徽宗时亦将二泉列为贡品，按时按量送往东京汴梁。清代康熙、乾隆皇帝都曾登临惠山，品尝二泉水。

6.杭州龙井泉

"采取龙井茶，还烹龙井水。一杯入口宿醒解，耳畔飒飒来松风。"这是明人屠隆《龙井茶》中的诗句，他赞颂龙井茶，更夸龙井水。

龙井泉，在浙江杭州市西湖西南龙泓涧上游的风篁岭上，本名龙泓，又名龙湫。龙泓清泉历史悠久，相传在三国东吴赤乌年间(238-250)已被发现。此泉由于大旱不涸，古人以为与大海相通，有神龙

杭州龙井泉

杭州龙井山茶园

龙井茶园采茶时节

潜居，所以名其为龙井，又被人们誉为"天下第三泉"。龙井泉水出自山岩中，水味甘醇。如取小棍轻轻搅拨井水，水面上即呈现出一条由外向内旋动的分水线。据说这是泉池中已有的泉水与新涌入的泉水间的比重和流速有差异之故，但也有认为，是龙泉水表面张力较大所致。

龙井之西是龙井村，满山茶园，盛产西湖龙井茶。古往今来，不少名人雅士慕名前来龙井游览，饮茶品泉，留下了许多赞赏龙井泉茶的优美诗篇。如苏东坡曾以"人言山佳水亦佳，下有万古蛟龙潭"的诗句称道龙井的山泉。乾隆皇帝曾数次巡幸江南，来杭州时，不止一次去龙井烹茗品泉，并写了《坐龙井上烹茶偶成》咏茶诗和题龙井联："秀翠名湖，游目频来过溪处；胰含古井，怡情正及采茶时。"

7.杭州虎跑泉

虎跑泉位于杭州市西南大慈山白鹤峰下慧禅寺(俗称虎跑寺)侧院内，是一个两尺见方的泉眼，泉后壁刻着"虎跑泉"三个大字，为西蜀书法家谭道一的手迹。虎跑泉水晶莹甘洌，居西湖诸泉之首，和龙井泉一起被誉为"天下第三泉"。"龙井茶叶虎跑水"，被誉为西湖双绝。古往今来，凡是来杭州游历的人们，无不以品尝以虎跑泉冲泡的西湖龙井茶为快事。历代的诗人们留下了许多赞美虎跑泉水的诗篇，如清代诗人黄景

杭州虎跑泉

杭州虎跑泉

仁(1749—1783)在《虎跑泉》诗中说："问水何方来？南狱几千里。龙象一帖然，天人共欢喜。"

8.苏州虎丘三泉

苏州虎丘，又名海涌山，在江苏省苏州市间门外西北山塘街。春秋晚期，吴王夫差葬后三日，有白虎蹲其上，故名虎丘。一说为"丘如蹲虎，以形名。"苏州虎丘不仅以风景秀丽闻名遐迩，也以它有天下名泉佳水著称于世。

虎丘第一眼名泉叫憨憨泉，又名观音泉。泉畔有一石碑，上刻"憨憨泉"三个字，清澈澄清的泉水奔涌不息。剑池，是唐代李季卿品评的天下第五泉。石壁上刻有"虎丘剑池"四个字，相传是唐代大书法家颜真卿的手迹。

9.陆羽井

据《苏州府志》记载，茶圣陆羽晚年曾长期寓居苏州虎丘，一边继续著书，一边研究茶学。他发现虎丘山泉甘甜可口，即在虎丘山上挖筑一石井，称为"陆羽井"，又称"陆羽泉"。陆羽还用虎丘泉水栽培苏州茶，总结出一整套适宜苏州地理环境的栽茶、采茶的办法。由于陆羽的大力倡导，苏州人饮茶成习俗，种茶亦为百姓营生一种。陆羽泉水清味美，被唐代另一品泉家刘伯刍评为"天下第三泉"，名传于世。这久已闻名天下的陆羽井，在千人石右侧的冷香阁北面，井口约有一丈见方，井下清泉寒碧，终年不断。

10.济南四大泉群

济南历来有泉城之称，现有四大泉群，即趵突泉群、珍珠泉群、黑虎泉群和五龙潭泉群（趵突泉群前文已述，此处介绍其他三个泉群）。

珍珠泉群位于大明湖南岸，其中珍珠泉为泉群之首。泉从地下上涌，状如珠串。珍珠泉水清碧甘冽，是烹茗上等佳水。当年乾隆皇帝在品评天下名泉佳水时，以清、洁、甘、轻为标准，将此泉评为天下第三泉。以特制的银斗衡量，斗重一两二厘，只比被乾隆评为天下第一泉的北京玉泉之水略重二厘。以乾隆品泉标准来衡量，珍珠泉略胜闻名遐迩的扬子江金山第一泉和无锡惠山天下第二泉。乾隆皇帝每逢巡幸山东时，喜欢以珍珠泉水煎茶。如乾隆二十年（1755）谕旨："朕明春巡幸浙江，沿途所用清茶水……至山东省，着该

山东济南黑虎泉

茶艺问道

省巡抚将珍珠泉水预备应用。"

黑虎泉群，为一裂隙上升泉。泉池分内外两池，内池悬岩苍黑，从深凹的洞穴内汩汩上涌的泉水，绿如碧玉，清似琼浆；外池较大，泉水从石窟中涌出，石窟终日不见阳光。

黑虎泉也引发过众多文人的诗咏。明代胡缵宗《过泉留题》中说："济水城南黑虎泉，一泓泻出玉蓝田。雪涛飞雨随河转，霞液流云到海边。杨柳溪桥青绕户，鹭鸶烟水碧涵天。金汤沃野近千里，春满齐州花满川。"

五龙潭泉群与趵突泉群遥相呼应，为一侵蚀上升泉群，总涌水量每昼夜达4.71万吨。

11.江苏宜兴玉女潭

玉女潭地处江苏宜兴城西南的莲子山上，它以山林野趣见长，潭的妙绝、石的神奇、洞的幽趣、竹的青翠、茶的幽香、水的清冽，兼收并蓄。唐代礼部尚书权德舆称，"阳羡佳山水，以此为首"，并有"江南园林之源"之说。著名诗人郭沫若初游宜兴，曾在玉女潭徘徊遣兴多时，留下了"天下第一潭"的感慨。玉女潭四周林木森森，绿荫重重，潭水面上方的岩壁上书"玉潭凝碧"四个大字。玉女潭一年四季绿意盎然，坐在潭边的翠竹茶亭中，用地道的宜兴紫砂壶和阳羡茶加上玉女潭的清泉泡茶品茗，乃人生一大快事。

《玉潭仙居记》碑亭

12.上饶广教寺陆羽泉

陆羽泉，原在江西上饶广教寺内。陆羽于唐德宗贞元初(785-786)从太湖之滨来到信州上饶隐居，之后不久即在城西北建宅凿泉，种植茶园。据《上饶县志》载："陆鸿渐宅在府城西北茶山广教寺。昔唐陆羽曾居此"。刺史姚骥曾诣所居。凿沼为溟之状，积石为嵩华之形。隐士沈洪乔葺而居之。

由于这一泓清泉水质甘甜，被陆羽评为"天下第四泉"。陆羽泉开凿迄今已有1 200多年，在古籍上多有记载。20世纪60年代初尚保存完好，可惜后来挖洞时将泉脉截断，如今在这眼古井泉边上尚保存清末知府段大诚所题"源流清洁"四个字，作为后人凭吊古迹的唯一标志。

13.扇子山蛤蟆石泉

在长江南岸扇子山山麓有一呈椭圆形的巨石，霍然挺出，从江中望去好似一只张口伸舌、鼓起大眼的蛤蟆，人称蛤蟆石，又叫蛤蟆碚。比这蛤蟆石更有名的则是隐匿在背后的清泉，即"蛤蟆泉"。

约在天宝后期，陆羽于巴山蜀水间访茶品泉时，曾品鉴过蛤蟆石泉水。这蛤蟆泉水自从被陆羽评为"天下第四泉"以来，引起了嗜茶品泉者的浓厚兴趣，北宋年间，许多文人纷纷登临扇子山，以一品蛤蟆泉水为快，并留下了赞美泉水的诗篇。如北宋诗人、书法家黄庭坚在诗中赞道："巴人漫说蛤蟆碚，试裹春芽来就煎"；苏轼和苏辙兄弟也曾登临蛤蟆碚品泉赋诗，赞赏泉水"岂惟煮茗好，酿酒更无敌"。

14.扬州大明寺泉

大明寺，在江苏扬州市的蜀岗中峰上，因建于南朝宋大明年间（457-464）而得名，现寺为清同治年间重建。在大明寺山门两边的墙上对称地镶嵌着："淮东第一观"

扬州大明寺泉

和"天下第五泉"十个大字，著名的"天下第五泉"即在寺内的西花园里。陆羽在沿长江南北访茶品泉期间，实地品鉴过大明寺泉，将其列为天下第十二佳水。唐代另一位品泉家刘伯刍却将其评为"天下第五泉"，于是该泉就以"天下第五泉"扬名于世。大明寺泉水味醇厚，适宜烹茶，凡是品尝过的人都公认欧阳修在《大明寺泉水记》中所说"此水为水之美者也"是深识水性之论。

15.怀远白乳泉

白乳泉，在安徽省怀远县城南郊，因其"泉水甘白如乳"而得名。据文献记载，苏东坡曾率领其子来白乳泉游览考察，品泉后写有《游涂山荆山记所见》，诗中有"牛乳石池漫"之句，诗后自注："泉在荆山下，色白而甘。"他将此泉誉为"天下第七名泉"。

16.杭州余杭双溪陆羽泉

陆羽泉位于杭州西北三十多公里的径山镇，径山古道旁。据《余杭县志》载："陆羽泉在县城西北三十五里吴山界双溪路侧，广三尺许，深不盈尺，大旱不竭，味极清冽"。嘉靖县志称此泉"中泠惠泉而下"，故被誉为天下第三泉。

杭州余杭双溪的陆羽泉

史载，陆羽因安史之乱从湖北天门到浙西余杭近郊的苎山隐居，自号桑苎翁，著《茶记》。不久寓居径山附近的将军山麓的双溪，在此品尝清泉试茗，后世遂称陆羽品过的泉为陆羽泉，又称桑苎泉。泉名为书坛泰斗沙孟海题写，著名画家曾宓题额。

第二章　茶具的选配

一、现代茶具的种类

茶具，有广义和狭义之分。广义的茶具囊括了古代制茶之具和泡饮茶之器，包括采茶、制茶、贮茶、泡茶、饮茶等多种茶事活动中的用具。狭义的茶具则指人们泡茶、饮茶时的用具。通常所说的茶具就是这类。由于茶叶制作和使用的分离，品茶的整个过程中会用到的各种茶具，主要包括煮水器、备茶器、泡茶器、饮茶器和辅助器。

1.煮水器

水是泡一杯好茶的关键，正所谓"茶滋于水"。要烧一壶好水，对水的质量、煮水器和煮水方式等都有一定的要求。

煮水器

目前，饮茶所用煮水器有以陶质提梁壶配陶质酒精炉、不锈钢壶配电炉（电热丝不在壶内）、玻璃壶配酒精炉或电磁炉，包括热源和煮水壶两部分。影响煮水器质量的因素包括材质和形体两方面。通常认为，适于煮水的材质排名为陶、瓷、玻璃、不锈钢、锡、铁。形体丰富多彩，而以现代简易型为主。

2.备茶器

备茶器，就是在准备冲泡茶叶的过程中用到的茶具，包括茶瓮、茶叶罐、茶荷、茶则、茶漏和茶匙。

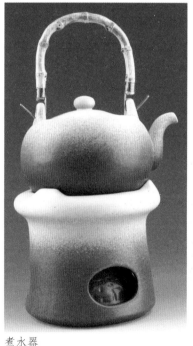

煮水器

茶瓮：用于大量贮存茶叶的容器。一般为涂釉陶瓷容器，小口鼓腹。也可用马口铁制成双层箱，下层放干燥剂（通常用生石灰），上层用于贮茶，双层间以带孔隔板隔开。

茶叶罐：茶叶罐是用来存放茶叶的有盖小罐，由铁、锡、竹等材料制成。

茶荷：主要用来盛干茶，以供主人和客人一起观赏茶叶外形、色泽，还可把它作为盛装茶叶入壶或杯时的用具，用竹、木、陶、瓷、锡、羊角等制成。

茶漏：在置茶时放在壶口上，以导茶入壶，防止茶叶掉落壶外。

茶匙：从贮茶器中取干茶的工具，或在饮用添加茶叶时搅拌用，常与茶荷搭配使用。为长柄、圆头、浅口小匙，将茶叶由茶叶罐中取出时使用。

茶叶罐

茶荷

茶则

茶漏

茶匙

3.泡茶器

茶壶是重要的泡茶器。茶壶由壶盖、壶身、壶底、圈足四个部分组成。由于壶的把、盖、底、形有差别，茶壶的基本形态有近200种之多。泡茶时，茶壶大小依饮茶人数多少而定。茶壶质地多样，目前使用较多的是紫砂壶或瓷器茶壶。

紫砂茶壶

瓷茶壶 引自《绿茶功夫》

4.饮茶器

饮茶器对茶汤的影响主要有两个方面，一是表现在茶具颜色对茶汤色泽的衬托。二是茶具材料对茶汤滋味和香气的影响。饮茶一般用茶杯、茶碗、茶盏，但有些人也会直接用茶壶、盖碗等泡茶器来饮茶。

茶杯的种类很多。大茶杯多为直圆长筒形，包括有盖或无盖、有把或无把、玻璃或瓷质等，可用来直接冲泡名优茶；小茶杯则用来盛放茶壶、盖碗中冲泡好的茶汤。为便于欣赏茶汤颜色及清洗，可选用上釉的杯子或玻璃杯。

茶杯

盖碗

茶杯

青釉圆盖双色同心杯组

　　盖碗主要用白瓷制作，由杯盖、茶碗与杯托三件组成，具有不吸味、导热快等优点。一般习惯把有托盘的盖杯称为"三才杯"，杯托为"地"、杯盖为"天"，杯子为"人"。把杯子、托盘、杯盖一同端起来品茗，这种拿杯手法被称为"三才合一"。

5.辅助器

　　茶船和茶盘：茶船形状有盘形、碗形，茶壶置于其中，盛热水时供暖壶烫杯之用，又可用于养壶。茶盘则是托茶壶、茶杯之用。现在常用的是两者合一的茶盘，即有孔隙的茶盘置于茶船之上。这种茶盘的产生，是因乌龙茶的冲泡过程较复杂，从开始的烫杯热壶，以及后来每次冲泡均需热水淋壶的需要。双层茶船，可使水流到下层，不致弄脏台面。茶盘的质地不一，常用的有紫砂和竹器。

　　奉茶盘：盛放茶杯、茶碗或茶食等，是奉送至宾客面前供其取用的托盘。

　　茶巾：一般为小块正方形棉、麻织物，用于擦拭茶具、吸干残水、托垫茶壶等。

　　泡茶巾：一般为长方形棉、麻、丝绸织物，用于覆盖暂时不用的茶具，或铺在桌面、台面上用来放置茶具。

　　茶匙：长柄小匙，可以沾水，用于去除茶渣。

茶巾

茶夹

茶盘

茶船

茶夹：其功用与茶匙相同。

茶针：细长、一头尖利的竹（木）制长针，用于通单孔壶流或拨茶用。

茶箸：用于夹出干茶茶渣的筷子，或作搅拌配料茶汤用。

茶针

计时器：钟、表等，用于掌握冲泡时间。

二、不同材质的茶具

我国的茶具种类繁多，造型优美，除实用价值外，也有很高的艺术价值。茶具由于制作材料和产地不同而分为陶器茶具、瓷器茶具、漆器茶具、玻璃茶具、金属茶具和竹木茶具等几大类。

1.陶器茶具

陶器茶具造型多样，坯质致密坚硬，敲击音低沉，能保持茶叶的原始风味。保温性

陶器茶具

陶器茶具

能好，在夏天泡茶也不易变质，还可在炉上煮茶。陶器茶具，通常是指宜兴制作的紫砂茶具。宜兴紫砂壶始于明代中期，兴盛于清代。它的造型古朴，色泽典雅，精美之作贵如鼎彝。宜兴的陶土，质地细腻柔韧，黏力强而抗烧，渗透性好，用紫砂茶具泡茶，既不夺茶真香，又无熟汤气，能较长时间保持茶叶的色、香、味。

选择陶器茶壶时，应注意：①壶嘴的出水要流畅；②壶盖与壶身要密合，壶口与出水的嘴要在同一水平面上。壶身宜浅不宜深，壶盖宜紧不宜松；③无泥味、杂味；④能适应冷热急剧变化，不渗漏，不易破裂；⑤质地能配合所冲泡茶叶的种类；⑥方便置入茶叶，有足够容水量；⑦泡茶后茶汤能保温，不会散热太快，能让茶叶成分在短时间内浸出。

2.瓷器茶具

我国的瓷器茶具可分为白瓷茶具、青瓷茶具和黑瓷茶具等。

白瓷茶具　以色白如玉而得名。其产地甚多，有江西景德镇、湖南醴陵、四川大邑、河北唐山、安徽祁门等。其中，以景德镇的产品最为著名。目前流行的景德镇白瓷青花茶具，在继承传统工艺的基础上，又开发创制出许多新品种，无论是茶壶还是茶杯、茶盘，从造型到纹饰，都体现出浓郁的民族风格和现代东方气派。景德镇瓷器是当今最为普及的茶具之一。

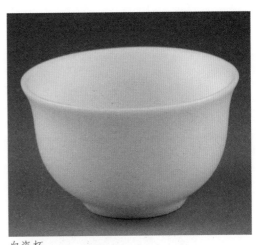
白瓷杯

青瓷茶具　主要产于浙江、四川等地。浙江龙泉青瓷，以造型古朴挺健，釉色翠青如玉著称于世。龙泉青瓷产于浙江西南部龙泉市境内，是我国历史上瓷器重要产地之一。

青瓷茶具

青瓷茶具

黑瓷茶具　产于浙江、四川、福建等地。宋代斗茶之风盛行，斗茶者们根据经验，认为黑瓷茶盏用来斗茶最为适宜。四川的广元窑烧制的黑瓷茶盏，其造型、瓷质、釉色与建窑不相上下。

3.漆器茶具

漆器茶具较著名的有北京雕漆茶具，福州脱胎茶具，江西鄱阳、宜春等地生产的脱胎漆器等，均别具艺术魅力。其中尤以福州漆器茶具为最佳。

4.玻璃茶具

玻璃茶具素以它的质地透明、光泽夺目、形态多样而受人青睐。用它泡茶，尤其是

黑釉茶盏　**金代**

剔红海水龙纹盖罐

玻璃茶具

冲泡各类名优茶，茶汤色泽鲜艳，叶芽上下浮动，别有风味。玻璃茶具价廉物美，最受消费者的欢迎。其缺点是易破碎，比陶瓷茶具烫手。

5.竹木茶具

在历史上，广大农村，包括产茶地区，很多人使用竹（或木）碗泡茶，它价廉物美，经济实惠。现代已很少采用。

茶具材料多种多样，造型千姿百态，纹饰百花齐放。一般来说，现在通用的各类茶具中以瓷器、陶器茶具最好，玻璃

木制茶箱

茶具次之。因瓷器保温适中，不会与茶发生化学反应，所沏之茶能获得较好的色、香、味，且造型美观、装饰精巧，具有艺术欣赏价值；陶器茶具造型雅致、色泽古朴，特别是宜兴紫砂为陶中珍品，用来沏茶，香味醇和、汤色澄清，保温性好，即使夏天茶汤也不易变质。

竹雕人物纹茶叶罐

三、茶具选配

1.影响茶具选配的要素

要想获得一套搭配恰当的茶具，首先要对其影响要素有一定的了解。

茶具质地　茶具质地对茶有两个方面的影响：从功能上讲，茶具质地对茶汤品质有影响；从美学上讲，茶具质地对整个茶具组配风格有影响。

龙井茶具

对茶汤品质有最直接影响的茶具当属泡茶器，茶具质地也主要指茶具的密度。一般来说，密度高的茶具使茶汤香味轻扬，密度低的茶具使茶汤香味低沉。同时，茶的风格也有清扬和低沉之分，如绿茶、花茶、小叶苦丁茶等特种茶就属于香味轻扬的茶。而铁观音、水仙、佛手、普洱等茶则属于风格低沉的茶。不同质地的茶具泡同一种茶也会显出不同的茶韵，而同类风格的茶壶与茶搭配在一起则能相互辉映。例如，用致密美观的玻璃杯冲泡西湖龙井就更能显出"茶中皇后"的清香高雅，用温厚的老紫砂壶泡铁观音则愈发透出一股浑厚的气息。

常用茶具材料的密度高低排名为：玻璃、瓷器、陶器、漆器、竹（木）。玻璃茶具质地透明、不透气、传热快，以玻璃杯泡茶，茶叶在整个冲泡过程中的上下舞动、叶片舒展的情形以及茶汤颜色，均可一览无余。瓷器茶具无吸水性、密度高、保温性适中、不会吸杂味，泡茶能获得较好的色、香、味，适合用来冲泡轻发酵、重香气的茶叶，如文山包种茶；陶器茶具质地较粗疏，透气性好，能吸附茶汁，蕴蓄茶味，且传热慢、不烫手，即使冷热骤变，也不会破裂；用紫砂壶泡茶，香味醇和、保温性好、无熟汤味，能保持茶叶真髓，一般适合用来泡乌龙茶及普洱茶。

玻璃杯泡茶　引自《绿茶功夫》

从美学上讲，瓷器茶具的感觉是细致、高雅的，这与不发酵的绿茶、发酵程度较轻的乌龙茶的感觉颇为一致；陶质茶器的感觉较为粗犷低沉，这便与重焙火的发酵茶、陈年普洱茶颇为一致。

紫砂茶具

茶具色泽　简单说就是茶具的颜色，包括材料本身的颜色及装饰釉料的色彩。

白瓷茶具亮洁精致，搭配绿茶、红茶、白毫乌龙茶会令人不忍释手。朱泥或灰褐色

青花茶具

黄地龙纹茶具

中国红系列茶具

青花人物纹提梁壶 *清代*

系列的陶土制成的茶具显得厚实，配以铁观音、冻顶乌龙等茶，最为绝妙。紫砂或较深沉的陶土制成的茶器显得朴实、自然，宜配以水仙茶。

若是在茶具外表施以釉色，釉色的变化可左右茶具的感觉。如淡绿色系的青瓷，用以冲泡绿茶、青茶感觉比较协调。乳白色的釉彩如"凝脂"，很适合冲泡白茶和黄茶。青花、彩绘的茶器可以表现白毫乌龙、红茶或熏香茶、调味茶类。而铁红、紫金、钧窑之类的釉色则用以搭配冻顶乌龙、铁观音、水仙类的茶叶。天目与茶叶末色系的釉色，可用来表现黑茶。

茶具造型 就泡茶的功能而言，壶形仅显现在散热、方便与观赏三个方面。壶口宽敞、盖碗形制的，散热效果较佳，用以冲泡需要70～80℃水温的茶叶最为适宜，如绿茶、香片与白毫乌龙。壶口宽大的壶方便置茶、去渣，所以很多人习惯将其作为冲泡器使用。

盖碗，或是壶口大到几乎像盖碗形制的壶，冲泡茶叶后，打开盖子很容易观赏到茶叶舒展的情形与茶汤的色泽、浓度，对茶叶的欣赏、茶汤的控制很有帮助。

就茶具形制的美学表现来说，现代茶具具有造型简练、线条流畅的特点，一般以几何形的组合为基础。一把造型上好的茶壶壶体应表现出体积感，提梁表现出线条韵律感，壶嘴与壶钮体现精致感。

2.茶具选配的原则

茶具选配是一门学问，应遵循以下四条原则：

因茶而宜 中国民间一向有"老茶壶泡，嫩茶杯冲"之说。老茶用壶冲泡，一是可以保持热量，有利于茶汁的浸出；二是较粗老茶叶缺乏欣赏价值，用杯泡茶暴露无遗，不太雅观。而细嫩茶叶用杯泡一目了然，有一种自然美感。

随着红茶、绿茶、乌龙茶、黄茶、白茶和黑茶等茶类的形成，人们对茶具的种类、色泽、质地和式样，以及茶具的轻重、厚薄、大小等提出了新的要求。一般来说，为保茶香可选用有盖的杯、壶或碗泡茶；饮乌龙茶重在闻香啜味，宜用紫砂茶具泡茶；饮用红碎茶或功夫茶，可用瓷壶或紫砂壶冲泡，然后倒入白瓷杯中饮用；冲泡西湖龙井茶、洞庭碧螺春、君山银针、黄山毛峰、庐山云雾等细嫩名优茶，可用玻璃杯或白瓷杯冲泡。但不论冲泡何种细嫩名优茶，杯子宜小不宜大，大则水量多，热量大，易使茶芽泡熟，茶汤变色，茶芽不能直立，进而产生熟汤味。

因具而宜 一套完整的茶具包括茶瓮、茶叶罐、茶荷、茶漏、茶匙、茶杯、茶壶、茶巾、渣匙、茶夹、茶针、茶箸等，这些茶具间的搭配至关重要。只有每一件茶具之间有了很好的烘托、呼应或对比等关系时，茶壶、茶杯这样的主茶具与茶盘、茶荷等辅助茶具之间既相似又分别自有特色时，茶具的组配才算成功。

一般来说，以泡茶具为主，因为这部分茶具首先与茶接触，决定着茶汤的品质风格，并且这部分体积也最大，具有审美的优先性。所以，首要考虑的是不同质地茶具的特点。瓷茶具保温、传热适中，能较好保持茶叶的色、香、味、形之美。紫砂茶具既可保持茶的真香，又有较好的保温性，使茶汤不易变质发馊；玻璃茶具透明度高，用它冲泡高级细嫩名茶，茶姿汤色历历在目，可增加饮茶情趣，但它传热快，不透气，茶香容易散失。泡茶的茶壶或茶杯选定以后，再依次选配。优秀的茶人会对每种茶具的品性了然于胸，并能打破常规，选择适当的材质、造型或色泽来表达自己心中的构思。

因地而宜 我国东北、华北地区，喜用较大的瓷壶泡茶，然后斟入瓷盅饮用；江苏、浙江省多用有盖瓷杯或玻璃杯直接泡饮；广东、福建省

适宜冲泡乌龙茶的紫砂茶具

适宜冲泡红茶的白瓷茶具

玻璃杯冲泡绿茶

保温性好的紫砂茶杯

青花茶具

西藏藏民打酥油茶

饮乌龙茶，通常用一套特小的瓷质或陶质茶壶、茶盅泡饮，选用"烹茶四宝"：潮汕风炉、玉书煨、孟臣罐、若琛瓯；四川人常用上有茶盖、下有茶托的盖碗饮茶，俗称"盖碗茶"；西北甘肃省等地爱饮用"罐罐茶"，是用陶质小罐先在火上预热，然后放进茶叶，冲入开水后，再烧开饮用茶汁；西藏、内蒙古等少数民族地区，多以铜、铝等金属茶壶熬煮茶叶，煮出茶汁后再加入酥油、鲜奶，称"酥油茶"或"奶茶"。

因人而异 中国古代茶具配置在很大程度上反映了人的不同地位和身份。如陕西省法门寺地宫出土的茶具表明，唐代皇宫选用金银茶具、秘色瓷茶具和琉璃茶具饮茶，而民间多用竹木茶具和瓷器茶具。清代慈禧太后对茶具很挑剔，喜用白玉作杯、黄金作托的茶杯饮茶。现代人对茶具的要求虽没有如此严格，但也会根据各自的习惯与喜好选用茶具。不同性别、

鎏金银龟盒 **唐代**

鎏金伎乐纹银调达子 **唐代**

年龄、职业的人，对茶具要求也不一样。如男性习惯用较大而素净的壶或杯泡茶，女士爱用小巧精致的壶或杯冲茶；老年人讲究茶的韵味，因此多用茶壶泡茶；年轻人以茶为友，重在品饮鉴赏，因此多用茶杯冲茶；脑力劳动者崇尚雅致的茶壶或茶杯细啜缓饮；体力劳动者推崇大碗或大杯，大口急饮，重在解渴。

第三章 沏茶技艺

一、茶艺的分类

我国饮茶的历史悠久，各地的茶风、茶俗、茶艺丰富多彩。对于茶艺的分类目前尚无统一标准。一般以人为主体、以茶为主体分类或因表现形式的不同来分类。

1.以人为主体区分

即以参与茶事活动的茶人的身份进行分类，可分为宫廷茶艺、文士茶艺、民俗茶艺和宗教茶艺四类。

宫廷茶艺 宫廷茶艺是我国古代帝王为敬神祭祖或宴赐群臣进行的茶艺。其特点是场面宏大、礼仪繁琐、气氛庄严、茶具奢华、等级森严,且带有政治教化、政治导向等色彩，这在茶艺的各个要素中都有体现：①茶品。宜选用等级高的茶品。我国历代都有许多贡茶，现在这些贡茶也还是名优茶品，通常选用这些茶叶做宫廷茶艺的用茶。②水品。宜选天下名泉作为水品。③茶具。宜选用宫廷茶具，体现高贵典雅气派。色调上以明黄为主。一些表演型的宫廷茶艺安排了皇帝与大臣两类不同的茶具，皇帝用九龙三才杯（盖碗），大臣用景德镇粉彩描金三才杯。除了盖碗外，还有小茶匙、锡茶罐、精瓷小碗、托盘、炭

清朝妇女饮茶

火炉、陶水壶等。④服饰。茶艺师要穿上相关朝代的服饰，皇家规矩森严，所以茶艺师的动作应大方而庄重。⑤环境。一般选在王宫贵族的府第中，或一些富丽堂皇的场所。如果在户外进行这样的活动，可以用红、黄色的材料进行装饰。

文士茶艺 文士茶艺是在历代文人品茗斗茶的基础上发展起来的茶艺。比较有名的有唐代吕温写的三月三茶宴，颜真卿等名士在月下啜茶联句，白居易的湖州茶山境会，

文士茶艺

擂茶

苗族饮茶风俗

以及宋代文人在斗茶活动中所用的点茶法等。文士茶艺的特点是文化内涵厚重，品茗时注重意境，茶具精巧典雅。

文士茶艺表演最好用青花茶具，并选用泉水冲泡。表演者摆好茶具，开始焚香，先拜祭茶圣陆羽；然后，净手、涤器、拭器，用白绢轻轻拭擦茶盏；接下来备茶、洗茶。冲泡时，采用高冲法，加之柔美的"凤凰三点头"，茶只注七成满。奉茶之后，先要闻香、观色，然后才慢啜细品，展现文人雅士追求高雅、不落俗套的意境。

民俗茶艺　我国各民族有着不同的品茶习俗，由此创造了独特韵味的民俗茶艺，如藏族的酥油茶、蒙古族的奶茶、白族的三道茶、畲族的宝塔茶、布朗族的酸茶、土家族的擂茶、维吾尔族的香茶、纳西族的"龙虎斗"茶、苗族的打油茶、回族的罐罐茶以及傣族和拉祜族的竹筒香茶等。民俗茶艺的特点是表现形式多姿多彩，清饮混饮不拘一格，具有极广泛的群众基础。

民俗茶艺区别于文士茶、宫廷茶、佛道茶的最大特征就是其以待客为主要目的，因此不仅讲究茶艺的形式，更重视待客过程中的饮食需要，并与所在地的民俗民情有着密切的关系。一般来说，民俗茶艺有以下特点：

茶品一般比较普通，很少有高档茶。所用的茶应该与当地的饮茶习惯一致，如新疆的奶茶多用茯砖来制作。茶具以陶瓷茶具为主，也有的地方用竹木茶具。茶具大多比较粗放。

民俗茶艺中应当着民族服装，举止符合该民族特点。一些地方的民俗茶艺在进行过程中会有歌舞相伴，一些地方在饮茶

白族三道茶第一道，称为"清苦之茶"。寓意"要立业，先吃苦"。因茶色如琥珀，滋味苦涩，谓之苦茶

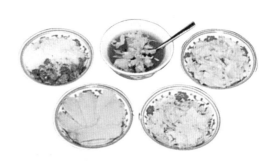

第二道，称为"甜茶"。往茶盅内放入少许红糖、乳扇、桂皮等，待煮好的茶汤倾入八分满为止

后则会有一个祈祷祝福的内容。如维吾尔族风俗，饮茶或吃饭以后，由长者领做"都瓦"。做"都瓦"时把两手伸开并在一起，手心朝脸默祷几秒钟，然后轻轻从上到下摸一下脸。在此过程中不能东张西望或起立，更不能说笑，待主人收拾完茶具与餐具后，客人才能离开，否则就是失礼。

第三道，称为"回味茶"。往茶盅中放入蜂蜜、炒米花、花椒、核桃仁。喝起来甜、酸、苦、辣，各味俱全，回味无穷

在民俗茶艺中，白族"三道茶"的程序较为完善，从中可以看出民俗茶艺的鲜明特点。"三道茶"起源于公元8世纪的南诏时期，明代徐霞客游大理时看见的三道茶是"初清茶，中盐茶，次蜜茶"，如今的"三道茶"在此基础上发展成了"一苦、二甜、三回味"。

禅茶

禅茶

宗教茶艺　我国的佛教和道教与茶结有深缘，僧人羽士们常以茶礼佛、以茶祭神、以茶助道、以茶待客、以茶修身，所以形成了多种茶艺形式。目前流传较广的有禅茶茶艺和太极茶艺等。宗教茶艺的特点是特别讲究礼仪，气氛庄严肃穆，茶具古朴典雅，强调修身养性或以茶释道。

2.以茶为主体区分

以茶为主体来分类，分绿茶茶艺、红茶茶艺、乌龙茶茶艺等。

绿茶茶艺——西湖龙井茶艺　西湖龙井茶是绿茶中最有特色的茶品之一，为我国十大名茶之首。器皿应选择：透明玻璃杯、水壶、清水罐、水勺、赏泉杯、赏茶盘、茶匙、干净的硬币等。

第一道：初识仙姿。龙井茶外形扁平光滑，享有色绿、香郁、味醇、形美"四绝"

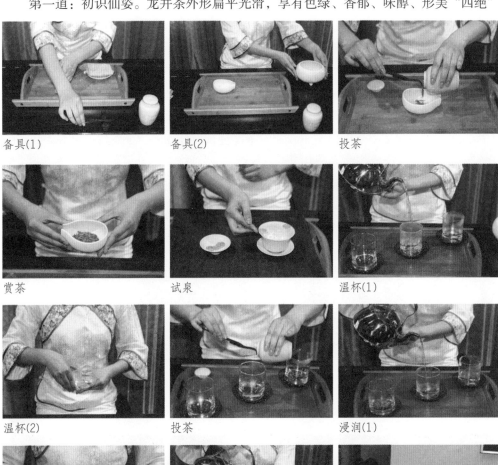

备具(1)　　　　　　备具(2)　　　　　　投茶

赏茶　　　　　　　　试泉　　　　　　　　温杯(1)

温杯(2)　　　　　　投茶　　　　　　　　浸润(1)

浸润(2)　　　　　　冲泡　　　　　　　　奉茶

茶艺问道

之盛誉。优质龙井茶，通常以清明前采制的为最好，称为明前茶；谷雨前采制的稍逊，称为雨前茶。

第二道：再赏甘霖。"龙井茶、虎跑水"为杭州西湖双绝，冲泡龙井茶用虎跑水才能茶、水相得益彰。将硬币轻轻置于盛满虎跑泉水的赏泉杯中，硬币置于水上而不沉，水面高于杯口而不外溢，表明该水水分子密度高，表面张力大，碳酸钙含量低。

第三道：静心备具。冲泡高档绿茶要用无色透明的玻璃杯，以便更好地欣赏茶叶在水中上下飘舞的仙姿，观赏碧绿的汤色、细嫩的茸毫。把水注入将用的玻璃杯，以便清洁杯子并为杯子增温。

第四道：悉心置茶。茶与水的比例适宜，冲泡出来的茶才能不失茶性。一般来说，茶叶与水的比例为1∶50，即100毫升容量的杯子放入2克茶叶。用茶则轻取茶叶，置茶要心态平静，防止茶叶掉落在杯外，以示敬茶惜茶的茶人修养。

第五道：温润茶芽。采用"回旋斟水法"向杯中注水少许，以1/4杯为宜，温润的目的是浸润茶芽，使干茶吸水舒展，为下一步的冲泡做准备。

第六道：悬壶高冲。温润的茶芽已散发出一缕清香，这时高提水壶，让水直泻而下，接着利用手腕的力量，上下提拉注水，反复三次，让茶叶在水中翻动。这一冲泡手法，雅称"凤凰三点头"。它不仅能对茶叶进行充分冲泡，更表达了对客人和茶的敬意。

第七道：甘露敬宾。客来敬茶是中国的传统习俗，也是茶人所遵从的茶训。将自己精心泡制的清茶与新朋老友共赏，正是茶人的快乐。

第八道：辨香识韵。龙井茶澄清碧绿，香气清新醇厚，细品慢啜，更能体会齿颊留芳、甘泽润喉的感觉。

第九道：再悟茶语。绿茶大多冲泡三次，以第二泡的色、香、味最佳。因此，当客人杯中的茶水见少时，要及时为客人添注热水。龙井茶初品时会感清淡，需细细体会，慢慢领悟。

红茶茶艺——祁门红茶茶艺 产于安徽祁门县山区的祁门红茶，为世界三大著名红茶之一。该茶外形匀整，味道浓郁，醇和鲜爽异于一般红茶。器皿应选择：瓷质茶壶、青花或白瓷茶杯、白瓷赏茶盘或茶荷、茶巾、茶匙、茶盘、热水壶及酒精炉。

第一道：温壶杯。将初沸之水注入瓷壶及杯中，为壶、杯升温。

备具

涤器

温杯

投茶

洗茶

洗茶

冲泡

出汤

分茶

奉茶

第二道：拨茶。用茶匙将茶荷或赏茶盘中的红茶轻轻拨入壶中。

第三道：悬壶高冲。悬壶高冲是冲泡红茶的关键，100℃的水温正好冲泡。高冲可以让茶叶在水的冲击下充分浸润，以利于红茶色、香、味的充分发挥。

第四道：分杯。用循环斟茶法，将壶中之茶均匀地分入每一杯中。

第五道：闻香。祁门功夫红茶是世界公认的三大高香茶之一，其香浓郁高长，甜润中蕴藏着一股兰花香。

第六道：观赏。祁门功夫红茶的汤色红艳，外沿有一道明显的"金圈"，茶汤的明亮度和颜色表明红茶的发酵程度和茶汤的鲜爽度。

第七道：品味。闻香观色后即可缓啜慢饮。祁门功夫红茶味道鲜爽、浓醇，回味绵长。红茶通常可冲泡三次，三次的口感各不相同，细饮慢品，可体味茶之真味。

乌龙茶茶艺——紫砂壶冲泡安溪铁观音 铁观音因有"美如观音重似铁"之说而得名。优质安溪铁观音的特点是茶条卷曲、壮实、沉重，呈青蒂、绿腹、蜻蜓头状；色泽鲜润，砂绿显红点，叶表带白霜；汤色金黄，浓艳清澈；香气清冽，郁香持久；滋味浓郁，回味甘醇。器皿应选择：紫砂壶、紫砂茶杯、闻香杯、茶海、白瓷赏茶盘或茶荷、茶匙、电加热壶、茶巾。

第一道：赏茶——叶酬嘉客。将安溪铁观音置于白瓷赏茶盘中欣赏。

功夫茶具

备具　　　　　　　　　烫壶　　　　　　　　　温杯

投茶　　　　　　　　　洗茶　　　　　　　　　刮沫

淋壶　　　　　　　　　洗杯　　　　　　　　　出汤

分茶　　　　　　　　　乾坤倒转　　　　　　　闻香

品茗

　　第二道：烫壶——孟臣静心。向壶内注入沸水，可将壶提起，用茶巾托住壶底微微摇动，从而使壶内温度均匀。

　　第三道：温杯——高山流水。此步像高山流水一般，将烫壶时的壶中之水倒入茶杯，进行温杯。

第四道：投茶——乌龙入宫。用茶匙将赏茶盘中的茶投入壶中。

第五道：冲水——芳草回春。用回旋注水法将沸水注入壶中。

第六道：倒茶——分承玉露。将壶中冲泡的第一道茶汤均匀分倒入闻香杯中。

第七道：二冲水——悬壶高冲。再次向紫砂壶中冲入沸水，冲至溢。

第八道：刮沫——春风拂面。用紫砂壶盖刮去壶水面上的茶沫。

第九道：淋壶——涤尽凡尘。用沸水淋壶，以提高紫砂壶表面的温度。

第十道：养壶——内外养身。用第一泡倒在闻香杯中的茶汤沐淋壶身。

第十一道：听泉——游山玩水。将品茗杯中第一次倒入的用以温杯的水倒出。用左手握持茶巾，右手提起紫砂壶轻轻擦拭壶底的水痕。

第十二道：二泡——芳华殆尽。此步有两个重要的动作，一是"关公巡城"；二是"韩信点兵"。前者是将二泡茶汤循环分别注入闻香杯中；后者是将壶里剩余的茶汤平均注入每个闻香杯中，让每一杯茶汤浓淡均匀。

第十三道：请茶——功夫茶艺。此步有三个关键动作，先后分别是"乾坤倒转"、"高屋建瓴"、"物转星移"。"乾坤倒转"是指将品茗杯向下翻转；"高屋建瓴"是指将翻转的品茗杯扣在闻香杯上；"物转星移"是指将扣好的品茗杯和闻香杯一起翻转，变为闻香杯扣在品茗杯之上。

第十四道：温香——空谷幽兰。将闻香杯拿起，用手掌来回搓动闻香杯闻香气。

第十五道：赏汤——鉴赏茶汤。用"三龙护鼎"的指法端起茶汤鉴赏，可见铁观音汤色金黄。

第十六道：品茶——供品佳茗。用"三龙护鼎"的指法端起品茗杯品饮茶汤，可品出铁观音入口回甘带蜜甜，并带有淡淡兰花香。

普洱茶茶艺——紫砂壶冲泡陈年普洱茶 陈年普洱茶的冲泡用紫砂壶比较合适，泡茶水温越高越好。器皿应选择：紫砂茶具、公道杯、茶海、白瓷赏茶盘或茶荷、茶巾和电热壶。

普洱茶茶具

第一道：涤具温壶。将热水壶中的热水倒在壶上或杯中，起到温壶、温杯、涤具的作用。

第二道：赏茶。将陈年普洱茶置于白瓷赏茶盘或茶荷中，观赏其外形，鉴别它的品种和年代。

第三道：投茶。将普洱茶小心拨入紫砂壶中。

第四道：润茶。提壶向紫砂壶中注入沸水，至壶一半时，迅速上下摇晃紫砂壶，唤醒茶叶,并快速将茶汤倒入茶海中。

第五道:冲茶。冲茶时要根据茶的年限来控制冲泡的时间,第一泡的水倒干后即可开始第二泡;待到第二泡茶汤冲泡出香味为佳,浸茶的时间结束后即可冲入第三泡的沸水。

第六道:分茶。将壶中的茶汤倒出时,要先过滤一下,再将公道杯中的茶汤均匀分入每个小茶杯中。

第七道:品茶。一杯普洱茶分三口品饮,第一口茶汤进入口中,稍停片刻,细细感受茶的醇度;第二口入口体会茶的润滑和甘厚;第三口便可领略到茶的陈韵。

3.以表现形式区分

根据茶艺的表现形式可分为表演型茶艺和待客型茶艺两类。

表演型茶艺 表演型茶艺是一个或几个茶艺表演者在舞台上演示茶艺技巧,观众在台下欣赏。从严格意义上说,因为台下绝大多数观众根本无法鉴赏到茶的色、香、味、形,更品不到茶的韵,这种表演称不上完整的茶艺,只能称为茶舞、茶技或泡茶技能的演示。但是它适用于大型聚会,在推广茶文化,普及和提高泡茶技艺等方面都有良好的作用,同时比较适合表现历史性题材或进行专题艺术化表演,所以仍具有存在的价值。

表演型茶艺

待客型茶艺 待客型茶艺是由主人与几位嘉宾围桌而坐,一同赏茶、鉴水、闻香、品茗。在场的每一个人都是茶事活动的直接参与者,而非旁观者。

待客型茶艺

二、茶艺六要素

1.人之美

人是茶艺最根本、最为主导的要素。在茶艺表演过程中,人之美主要表现在两个方面:一是外在表现出来的可见的仪表美;二是非直接可见但体现于各方面的心灵美。

仪表美是指茶艺者形体、服饰、发型

茶艺表演者的仪表美

等综合的美。得体的服饰、发型能够有效地衬托茶艺表演的主题，与茶具相协调，并使观众尽快地进入特定的饮茶氛围，理解、认同茶艺。如禅茶表演以禅衣为宜，白族三道茶表演则宜选用具有白族特色的服装。而男士的着装以青色、灰色、黑色居多，宽松自然，上衣为长衫或对襟布搭扣圆领衫，裤子一般色调较深。个性化的发型不适宜于传统的茶艺内容。

天生丽质固然是人之美不可多得的因素，但较高的文化素养、得体的举止、自信的技艺、天然的灵气、优美的风度、规范的艺术语言，也是构成人之美的重要因素。

2.器之美

中国自古便有"器为茶之父"之说。当饮茶成为人们精神生活的一部分时，茶具就不只是盛放茶汤的容器，而是一种融造型艺术、文学、书法、绘画为一体的综合性艺术品。

精美的茶具首先要具有实用性，达到因茶制宜、衬托汤色、保持香郁、方便品饮

茶具　　　　　　　　　　　　　　　　茶具

的目的。此外，还需造型质朴自然、富有神韵。例如，在大玻璃杯、小玻璃杯和普通玻璃杯中投放适量的茶叶，再按习惯注入开水至七八分满，数分钟后可以观察到：杯子愈大，茶叶黄变愈快；杯子愈小，茶叶的汤色愈翠绿，香气愈浓，滋味愈鲜醇，冲泡的次数也愈多。其主要原因是大杯不易散热，容易使茶叶黄变；小杯虽然添水次数较多，但茶汤质量好。可见，绿茶品饮需选配小玻璃杯。

3.茶之美

茶之美有名之美、形之美、色之美、香之美和味之美。

茶叶历来有"嘉木"、"瑞草"之美称。人们喜欢给各种茶冠以清丽雅致的名称，或以地名来命名，如西湖龙井、安溪铁观音；或以地名加茶叶外形来命名，如君山银针、平水珠茶、六安瓜片；或以相关的美丽传说来命名，如大红袍、绿牡丹、猴魁茶等。美丽而富有内涵的茶名让人难忘。

形，指茶叶外表形状，大体有长圆条形、卷曲圆条形、扁条形、针形、花叶形、颗粒形、圆珠形、砖形、饼形、片形和粉末形等。

色，指干茶的色泽、汤色和叶底色泽。因加工方法不同，茶叶可做出红、绿、黄、

女儿环

金山翠芽

白、黑、青等不同色泽的六大茶类。茶叶色度可分为翠绿色、灰绿色、深绿色、墨绿色、黄绿色、黑褐色、银灰色、铁青色、青褐色、褐红色、棕红色等，汤色色度分为红色、橙色、黄色、黄绿色、绿色等。

香，指茶叶经开水冲泡后散发出来的香气，也包括干茶的香气。香气的产生与鲜叶含的芳香物质及制法有关。鲜叶中含

珠茶

芳香物质约50种，绿茶中含100多种，红茶中含300多种。按香气类型可分为毫香型、嫩香型、花香型、果香型、清香型、甜香型等。

味，指茶叶冲泡后茶汤的滋味。它与所含有味物质有关：多酚类化合物有苦涩味，氨基酸有鲜味，咖啡碱有苦味，多糖类有甜味，果胶有厚味。按味型可分为浓厚、浓鲜、醇和、醇厚、平和、鲜甜、苦、涩、粗老味等。味型近似，区分极难，全靠舌头的精细感觉。

4.水之美

水发茶性，究竟什么水宜茶呢？一般人赞同陆羽的观点："山水上，江水中，井水下"。按古人经验，水要"清"、"活"、"轻"、"甘"、"冽"。古人琢磨出的这五条是科学的。据化学分析，硬水泡茶，茶汤发暗，滋味发涩；软水泡茶，茶汤明亮，香味鲜爽，所以软水宜茶。用感官择水，现代饮用水的标准是无色、透明、无沉淀、不含可见的微生物和有害物质、无异味。

由于环境和生活节奏的改变，现代人一般选用方便、洁净的自来水、纯净水、矿泉水泡茶。为了提高茶汤的品质，选用自来水需设法去除氯气，所选矿泉水需为含钙、镁离子少的软水。

5.艺之美

茶的沏泡艺术之美表现为仪表美与心灵美。仪表是沏泡者的外表，包括容貌、姿

冲茶技艺

冲茶技艺

态、风度等；心灵是指沏泡者的内心、精神、思想等，通过沏泡者的设计、动作和眼神表达出来。例如，泡茶前由客人"选茶"，可用数种花色样品由客人自选，"主从客意"，以表达主人对宾客的尊重，同时也让客人欣赏了茶的外形美；置茶时不用手抓取茶叶，是讲卫生的表现；冲泡时用"凤凰三点头"的手法，犹如对客人行三鞠躬。另外，敬茶时的手势动作，茶具的放置位置和杯柄的方向，茶点的取食方便等均需处处为客人着想。在整个泡茶的过程中，沏泡者始终要有条不紊地进行各种操作，双手配合，忙闲均匀，动作优雅自如。

6.境之美

对茶境的拟人化，平添了茶人品茶的情趣。如郑板桥品茶邀请"一片青山入座"，陆龟蒙品茶"绮席风开照露晴"，齐己品茶"谷前初晴叫杜鹃"，白居易品茶"野麝林鹤是交游"。在茶人眼里，月有情、山有情、风有情、云有情，大自然的一切都是茶人的好朋友。

美境

三、冲泡技艺

要沏出好茶，除了选择品质好的茶叶与适宜的冲泡用水之外，还应注意下列要素。

1.泡茶水温

水温高低是影响茶叶水溶性物质溶出比例和香气成分挥发的重要因素。水温低，茶叶滋味成分不能充分溶出，香味成分也不能充分散发。但水温过高，尤其加盖长时间闷泡嫩芽茶时，易造成汤色和嫩芽黄变。

现代科学证明，在茶水比为1∶50时冲泡5分钟的条件下，茶叶的多酚类和咖啡因溶出率因水温不同而有异。如水温87.7℃以上时，两种成分的溶出率分别为57%和87%以上；水温为65.5℃时，其值分别为33%和57%。不同茶类，因其嫩度和化学成分含量不同，对泡茶用水的温度要求也不同。细嫩的高级绿茶类名茶，以85～90℃为宜；但气候寒冷时，宜用沸水冲泡。一般红茶、绿茶、花茶以及乌龙茶，宜用正沸的开水冲泡。用煮渍法沏紧压茶，可使茶叶在沸水中保持较长时间，充分提取茶叶的有效成分。调制冰茶时，最好用温水(40～50℃)冲泡，尽量减少茶叶蛋白质和多糖等高分子成分溶入茶汤，防止加冰时出现沉淀物。同时，冷茶水还可提高冰块的制冷效果。

2.茶与水比例

冲泡茶叶时，茶与水的比例称为茶水比例。茶水比例不同，茶汤香气的高低和滋味浓淡各异。据研究，茶水比例为1∶7、1∶18、1∶35和1∶70时，水浸出物分别为干茶的23%、28%、31%和34%。说明在水温和冲泡时间一定的前提下，茶水比例越小，水浸出物的绝对量就越大。

另一方面，茶水比例过小，茶叶内含物被溶出茶汤的量虽然较大，但由于用水量大，茶汤浓度却显得很低，茶味淡，香气薄。相反，茶水比例过大，由于用水量少，茶汤浓度过高，滋味苦涩，而且不能充分利用茶叶的有效成分。试验表明，不同茶类需用不同泡法，对茶水比例的要求也不同。

一般认为，冲泡红、绿茶及花茶，茶水比例以1∶50（或60）为宜。品饮铁观音等乌龙茶时，用若琛瓯细细品尝，茶水比例可大些，以1∶18（或20）为宜，即茶叶体积约占壶容量的2/3左右。紧压茶如金尖、康砖、茯砖和方苞茶等，因茶原料较粗老，用煮渍法才能充分提取出茶叶的香、味成分；而原料较细嫩的饼茶则可采用冲泡法。用煮渍法时，茶水比例可为1∶80，冲泡法则约1∶50。如果用冲泡法品饮普洱茶，茶水比例一般为1∶30（或40），即5～10克茶叶加150～300毫升水。

泡茶所用的茶水比例还依消费者的嗜好而异，若喜爱饮较浓的茶，茶水比例可大些。此外，饭后或酒后适饮浓茶，茶水比例可小；睡前饮茶宜淡，茶水比例应大。

3.冲泡次数

按照中国人的饮茶习俗，一般红茶、绿茶、乌龙茶以及高档名茶，均采用多次冲泡品饮法。其目的有三：一是充分利用茶叶的有效成分。如在前述茶水比例、水温和冲泡时间的条件下，第一次冲泡虽可提取88%的茶多酚，但茶叶中各种成分的溶出速率是有区别的，有些物质的溶出速率比茶多酚慢。因此，茶叶固形物的提取率在第一次冲泡只有50%～55%，第二、三次分别为30%和10%。所以，一般红茶、绿茶、花茶和高档名茶均以冲泡三次为宜。乌龙茶冲泡时，第一泡的目的是洗茶，时间亦短，茶汤弃去不饮，故多作四次冲泡。进行调饮时，多用一次煮渍法(紧压茶)或一次泡沏法(红碎茶)。

第四章　饮茶之境

一、古人论茶侣与茶境

所谓茶境，即品茶的场所；而茶侣，则是指志同道合、心灵契合的茶人知己。由于茶是性灵的净品，茶侣的取舍，关系着品茗意境和情境。

苏东坡在扬州石塔寺试茶，曾有诗云："坐客皆可人，鼎器手自洁。"所谓可人的

《苦笋及茗异常佳》(局部) 引自《陈辉光新绘茶诗百首》

坐客是指与自己爱好相投的人。又说："饮非其人茶有语"，意为如果茶能说话，会对不适当的茶侣提出抗议的。文人心中的茶侣往往都是些超然物外的高人，如徐渭《煎茶七类》云："茶侣，翰卿墨客，缁流羽士，逸老散人，或轩冕之徒超然世味者。"在他看来，一起喝茶的人应是人品高洁之士，那些名利之徒是不配一起喝茶的。

唐代以前，人们认为喝茶者就是品行高洁的人，于是好多名士在多种场合用茶来招待朋友及下属。东晋名士谢安去拜访吴兴太守陆纳，陆纳以他日常的"茶果"来待客，后来他侄子陆俶拿出事先准备好的酒席，陆纳很不高兴，待谢安走后，将侄子打

《九日行庵文宴图》中的文人饮茶（局部） **清代** ·叶芳林

了一顿。

明代茶人陆树声作《茶寮记》，在论述茶品之前先论人品，将"人品"列为第一，其中提及了人品与茶品的关系："煎茶非漫浪，要须其人与茶品相得。故其法每传于高流隐逸，有云霞泉石、磊块胸次间者。"又说饮茶的"茶候"应该是："凉台静室，明窗曲几，僧寮道院，松风竹月，晏坐行吟，清谭把卷。"唯文人雅士与超凡脱俗的逸士高僧，在松风竹月、僧寮道院之中品茗赏饮，才算是与茶品相融相得，才能品尝到真茶的趣味。

明代陈继儒的《岩栖幽事》特别强调"品"。他说"一人得神，二人得趣，三人得味，七八人是名施茶"。明代张源的《茶录》也说："独啜曰神，二客曰胜，三四曰趣，五六曰泛，七八曰施"。他们都认为饮茶者愈众，则离品茶真趣越远。

有了好的茶侣，更要有好的茶境，才能"天人合一"。欧阳修认为："泉甘器洁天色好，座中拣择客亦嘉。新香嫩色如始造，不似来远从天涯。"茶新、泉甘、器洁，是器物美；座中有嘉客，是人事美；天色好，是环境美。明徐渭也对品茶之境作了概括性的说明："茶宜精舍，宜云林，宜瓷瓶，宜竹灶，宜幽人雅士，宜衲子仙朋，宜永昼清谈，宜寒宵兀坐，宜松月下，宜花鸟间，宜清流白石，宜绿藓苍苔，宜素手汲泉，宜红妆扫雪，宜船头吹火，宜竹里飘烟。"

明代冯可宾的《岕茶笺》对茶的品饮环境说得最为详细。在"茶宜"中提出适宜品茶的十三个条件，即"无事"、"佳客"、"幽坐"、"吟咏"、"挥翰"、"倘佯"、"睡起"、"宿醒"、"清供"、"精舍"、"会心"、"赏鉴"、"文僮"。他还提出了不适宜品茶的七条"茶忌"，它们是："不如法"，指烧水、泡茶不得法；"恶具"，指茶器选配不当，或质次或被沾污；"主客不韵"，指主人和宾客行动粗鲁，缺少修养；"冠裳苛礼"，指官场间不得已的被动应酬；"荤肴杂陈"，指大鱼大肉，荤腥杂陈；"忙冗"，指忙于应酬，无心赏茶、品茗；"壁间案头多恶趣"，指室内陈设品位低下，布置凌乱，俗不可耐。冯可宾概括了品茶的四个方面：品饮者的心理素质、茶的本身条件、人际间的关系以及周围的自然环境。此类论述在明清两代的茶书中还有许多。如许次纾认为品茶应该在"心手闲适"、"披咏疲倦"之际，并在"风日晴和"、"茂林修竹"、"清幽寺观"、"小桥画舫"等优美的环境中进行。明代文震亨在《长物志》中说："构一斗室，相傍山斋，内设茶具，教一童专主茶役，以供长日清谈，寒宵兀坐，幽人首务，不可少废者。"一方丈精舍，依山傍水而筑，室内悉备茶具，一童子专主烧火烹茗，端茶侍水。这样，主人便可以在这里"长日清谈，寒宵兀坐"了。可见这种清静幽雅的茶室是文人雅士聚会活动的理想场所，充分说明我国自古以来就十分重视品茗的环境。

人与人、人与自然万物是和谐一体的。所谓"物我两忘，栖神物外"，其实说的是一种人与自然、人与人和谐统一的最高境界。品茶作为一种艺术修养，也是以主客体的相合统一作为最高境界，因此对环境的选择，对人品的挑剔都是圆满完成品茗艺术的必要手段。

二、品茗的环境

茶优、水好、器精和恰到好处的冲泡技巧，造就了一杯好茶，再加上有一个品茶的幽雅环境，饮茶便不是单纯的饮茶了，而成为一门综合的生活艺术。因此，营造品茶环境很重要。

1.茶馆茶楼

现代茶馆主要指那些专门设立的收费茶室、茶楼、茶坊、茶艺馆类，它提供茶水、茶食，供茶客饮茶休息或观赏表演。大众化的茶楼，一般采光要好，使茶客能感到明快

茶艺馆内景

室外品茶

爽朗。室内装饰可以简朴，桌椅整齐清洁即可。高档茶馆则要讲究一些，装修宜精致。一些现代茶艺馆充满了现代色彩，沙发茶几、精美茶具、空调控温、丝竹声声，体现出现代人简洁休闲的时尚气息。

2.家居品茗

家庭饮茶可以在有限的空间里寻找适宜的位置。一般宜选择向阳、靠窗处，

家居品茗环境

配以茶几、沙发或台椅。窗台上摆放盆花，上方悬垂藤蔓植物。总之，家庭饮茶要求安静、清新、舒适、干净，尽可能利用一切有利条件，如阳台、门庭小花园甚至墙角等，只要布置得当，窗明几净，同样能创造出一个良好的品茗环境。

3.自然风景地

自然山水风光美不胜收，在山涧、泉边、林间、石旁等处品茗赏景，可以使人们在忙于生计之余品茗小憩，意趣盎然。

将茶室移至室外，置身于农家、乡村、野外，有一种清新的感觉。这类品茗环境，重在人与绿水、青山、蓝天融为一体，充满山野的质朴与自然。而硬件设施则相对简陋一些，有的搭起茶亭，有的支起阳伞、帐篷，有的更为直接，将石桌、石凳或竹椅、板凳放置在林间、溪边，配以简单的茶具。

庭园式茶馆

优美的品茶环境

第五章　饮茶与人体健康

茶的疗效和保健作用早已被我国人民认识，唐代陈藏器《本草拾遗》中有："诸药为各病之药，茶为万病之药。"人们长期的饮茶实践充分证明，饮茶不仅能增加营养，而且能预防疾病。在我国古代，茶常被当作药物使用。随着近代科学技术的发展，对茶叶的药用有效成分及药理功效有了进一步的了解，从理论上和数据上对茶的传统功效都给予了充分的肯定和证明。

随着健康、高雅的生活方式越来越受到推崇，茶也越来越成为大众生活中不可或缺的健康饮品。如何科学、健康地饮茶，也成了众多饮茶爱好者关心的话题。

一、选用适合的茶叶

1.不同茶类的保健特征

从现代科学的角度分析，不同茶类的药效及保健功能各不相同，如绿茶茶性偏凉，红茶偏温，乌龙茶及黄茶类、黑茶类则介于绿茶与红茶之间。

绿茶　绿茶属于不发酵茶，较多地保留了鲜茶叶中的茶多酚、氨基酸、咖啡因、维生素C等功效成分。绿茶具有抗氧化、抗辐射、抗癌、降血糖、降血压、降血脂、抗病毒、消臭等保健作用。

绿茶相对偏凉，故在清火、止渴、降暑和利尿消炎等方面要优于其他茶类。所以，绿茶特别适宜阳盛热体和阴虚有火之人饮用。同时也因其性凉，故虚寒之人不宜多饮。

红茶　红茶属于全发酵茶，在其发酵过程会损失一些营养物质，如维生素、氨基酸、糖类等，但发酵也使些营养物质变成较其他茶类更易被人体吸收的状态，如红茶中的有效氟含量是各茶类中最高的，故常饮红茶对防治龋齿效果更佳。红茶中的聚合物具有很强的抗氧化性，具有抗癌、抗心血管病等作用。

红茶显温性，具有温胃健脾、升温降浊、助消化之功效，特别适合脾胃虚寒之人饮用。此外，红茶亦有止泻、治痢、消食等功效，非常适合冬季及老弱体虚者饮用。红茶最宜热饮，陈年红茶还可以治疗、缓解支气管哮喘病。

乌龙茶　乌龙茶属于半发酵茶，具有防蛀牙、防癌、延缓衰老等作用，陈乌龙茶能治感冒和消化不良。乌龙茶具有极强的抗炎症、抗过敏效果。由于乌龙茶的去腻降脂功效显著，还对高胆固醇疾病有良好的疗效，所以乌龙茶被誉为"美貌与健康的妙药"。

乌龙的温凉之性介于绿茶和红茶之间，它性和而不寒，性温而不助火，故老少皆宜，是适合各种体质的大众饮料，四季皆宜饮用。

白茶　白茶是发酵程度最低的茶，偏凉，所以具有防暑、解毒和治牙痛等作用。还有报道认为，白茶在降血脂、降血压等方面效果突出，这些可能与它性凉有一定联系。

黑茶　黑茶属于后发酵茶，在金尖、青砖、茯砖等黑茶中，茶多酚、茶氨酸和维生素等含量很低。黑茶是高原地带和广大牧区人民的重要生活用品。研究表明，黑茶有消滞、开胃、去腻、减肥等作用，并且在降脂、降胆固醇、抗癌等方面的功效要优于其他茶类。

2.茶叶的合理选用

根据个人体质饮茶　辨体质选茶是茶道养生的基本功之一。从茶的生长地区来看，有东南西北各区的不同，更有寒热温凉的区别，加工过程也有所不同。严格地说，并不是喝所有的茶都对身体有益。

常看到某些人喝龙井茶或花茶后频繁上厕所，泻得很厉害；也有的人喝茶后会出现便秘；更有人喝茶后饥饿感很严重；有的人喝茶会失眠；有的人喝茶后血压会上升；还有的人喝茶会像喝醉酒一样，出现茶醉的怪现象，产生心慌、头晕、四肢乏力、胃难受、站立不稳和饥饿等症状。

一般来说，初次饮茶或偶尔饮茶的人，最好选用高级绿茶，如西湖龙井、黄山毛峰等；喜欢清淡口味者，可以选择嫩度好的烘青和名优茶，如敬亭绿雪、天目青顶等；体质偏寒或肠胃虚弱者，则以选择红茶为好，因为红茶性温，有祛寒暖胃之效。若平时畏热，选择绿茶为宜。因绿茶性寒，喝后会使人产生清凉之感；乌龙茶、普洱茶都具有很好的消脂减肥功效，故适合身体肥胖的人饮用；容易因饮茶而失眠的人，可选用低咖啡因茶或脱咖啡因茶。

一年四季喝不同的茶　中医将食物分为热性、凉性和温性，六大基本茶类也被划分到不同的类别。中医脏腑学理论认为：春宜饮花茶，可以帮助散发冬天积郁在体内的寒气，同时还能促进人体阳气生发，令人精神振奋，消除春困；夏季宜饮绿茶，可以清暑解热，去火降燥，止渴生津，且绿茶富含维生素和矿物质等，可以帮助身体补充因流汗损失的微量元素等；秋天宜喝乌龙茶、铁观音、水仙、铁罗汉、大红袍等茶，常饮能润肤、益肺、生津、润喉，有效去除体内余热；冬天宜饮红茶，红茶味甘性温，善蓄阳气，生热暖腹，可以增强人体对寒冷的抗御能力。此外，冬季人们的食欲增强，进食油腻食品增多，饮用普洱茶可以去油腻、开胃口、助养生。

《黄帝内经》认为，人分为25种体质，而且每个人的身体还会因情绪、饮食、睡眠和节令的变化产生改变，所以，什么季节喝什么茶也不能一概而论。

二、饮茶常识

喝茶是一门学问，会喝茶才能喝出健康来。了解一些正确饮茶的常识可以帮助人们避免饮茶误区。

1.普通人每天喝多少茶为宜

正常人每日三餐大概要摄入800～1 000毫升的水，另外，还需再喝1 500毫升左右的水，这应该可以作为一个参考数据。

具体来说，首先在投茶量上应该有所控制。有些人喜欢喝浓茶，常常是一杯水半杯茶叶。其实，浓茶对肠胃有刺激作用。比较安全的量是用普通的茶杯泡茶时放干茶3克，用茶壶泡茶时用干茶5克；且不管什么茶叶，都不要浸泡太久，最好是泡好以后倒出来品饮。一杯绿茶泡三到五泡就应换茶叶，上、下午各一杯，晚上睡得晚的话可以再泡一杯，但投茶量要比白天少，这样一天下来补充的水分恰好是身体可以承受的量。

2.盛夏饮热茶还是冷茶更利于降温防暑

在炎热的夏季，人们常喜欢喝冷茶。其实，饮热茶更有清凉降火的效果。热茶能促进汗腺分泌，使大量水分通过皮肤表面的毛孔渗出，散发热量。据测试，每蒸发1克水，就能带走2 092焦耳的热量。蒸发水分越多，散发的热量就越多。用红外线温度记录仪测定皮肤温度，发现喝热茶10分钟后，可使体温下降1～2℃。热茶汤中含有的茶多酚、糖类、氨基酸等与唾液发生反应，能使口腔得以滋润，产生清凉的感觉。其中的咖啡因能刺激肾脏，促进排泄，从而使热量散发和污物排出，达到降低体温的目的。

3.保温杯宜泡茶吗

有人喜欢用保温杯泡茶，以保持其温度。其实，用保温杯泡茶有不利之处。茶叶中含有茶多酚、单宁、芳香物质、氨基酸和多种维生素。当在茶壶或普通杯中用开水泡茶时，大量的有益成分溶解在水中，使茶汤产生一种芳香气味，同时又使茶多酚和单宁等成分略溶于水中，使茶汤带爽口苦味，可以说是恰到好处。而用保温杯泡茶，由于温度一直很高，芳香物质很快挥发掉，减少了应有的芳香；同时，高温还能使茶多酚和单宁浸出过多，使茶汤色浓、味苦涩，并有闷沤味。此外，由于维生素不耐高温，长时间高温浸泡也会使其损失较多。因此，不宜用保温杯泡茶。同样道理，也不宜将茶叶放到壶中煮着喝。

4.茶能与药同时服用吗

中医主张服用中药应当忌茶，其原因在于茶中的咖啡因、茶碱、单宁、可可碱等酸碱性物质可与某些药物成分发生作用，影响药物疗效。西药也是这个道理，茶不能与下列药物同时服用：①苯巴比妥、安定等中枢抑制药。因茶叶中的咖啡因、茶碱等成分具有兴奋中枢神经作用，两者同用可产生对抗而降低药效。②心血管病人或肾炎患者服用潘生丁时，茶中的咖啡因会减弱潘生丁的药效。③贫血病人服用铁剂时饮茶，单宁与铁结合形成沉淀，影响铁剂对人体的效用。④苏打片、健胃片、小儿消食片等含碳酸氢钠的药物。茶中的鞣酸可使这些药物的有效成分中和和分解，降低药效。⑤呋喃唑酮、苯乙肼、优降宁等单胺氧化酶抑制剂。该类药物可升高血压，而茶叶中的咖啡因具有兴奋作用亦可升压，两者作用相加可致高血压、失眠等。

但是，服用维生素类药物、兴奋剂、利尿剂、降血脂、降血糖、升白类药物时，一般可用茶水送服。茶叶本身具有兴奋、利尿、降血脂、降血糖、升白等功效，服用这类药物时，茶水有增效作用。如服用维生素C后饮茶，茶叶中的儿茶素有助于维生素C在人体内的吸收和积累。

5.在自然状态下，茶汤的保存时间有多长

从卫生的角度看，茶叶中含有蛋白质等多种营养素，茶汤没有严格灭菌，易滋生霉菌和细菌，变了质的茶汤不能饮用。此外，茶叶冲泡时间过长，维生素C等营养成分也会因逐渐氧化而降低。因此，应避免将喝过的剩茶汤放置长时间后再饮用。

目前市场上出现了许多罐装茶水，都添加有抗氧化剂，并经严格灭菌，在保质期内饮用当然安全。但也要注意，开盖后尽快喝掉，不要放置过久。

6.喝茶可以解酒吗

茶能解酒是自古以来流传的说法，很多人也常以浓茶醒酒，其实这是个误区。酒醉后喝浓茶不但不能解酒，还会伤肾。

李时珍在《本草纲目》中对酒后饮茶的危害做了明确的表述："酒后饮茶伤肾，腰腿坠重，膀胱冷痛，兼患痰饮水肿，消渴挛痛之疾。"现代医学也证实，酒后饮茶，特别是饮浓茶，会对肾脏造成不良影响。经常酒后饮茶，易造成小便频繁并混浊，以及大便干燥等病。医学研究还表明，酒精对心血管有很大的刺激性，而浓茶同样有兴奋心脏的作用，两者相合，更增加了对心脏的刺激，对于心脏功能欠佳的人很不利。

从健康的角度考虑，喝完酒之后2个小时之内不要喝浓茶，如果有呕吐的现象，可以喝点矿泉水补充水分和电解质，还可用茶水漱口。

7.吃完饭可以立刻喝茶吗

吃完饭立刻喝茶会导致脂肪肝。因茶叶中含有大量鞣酸，它会与蛋白质合成具有吸敛性的鞣酸蛋白质，这种蛋白质能使肠道蠕动减慢，容易造成便秘，增加有毒物质对肝脏的毒害作用，从而引起脂肪肝。现在人们的饮食非常丰富，每顿饭可能会摄入很多蛋白质。如果长期在饭后喝浓茶，不利于预防脂肪肝。

另外，饭后大量喝茶会冲淡胃液，不利于食物的消化。吃完饭后，过半小时左右再喝茶，这样比较科学。

8.为什么常用电脑的人宜经常饮茶

茶多酚的强抗氧化与抗辐射能力早已受到营养学界和医学界的重视。试验中使用茶叶中提取的多酚物质饲喂大鼠，再用致死剂量的放射 ^{90} 锶进行处理，结果发现，茶叶约

可将其吸收90%，而且吸收的时间比同位素到达骨髓的时间短，这就大大减少了生物体吸收这类物质的风险，降低了生物体内积累的^{90}锶的水平。

9.吸烟者喝绿茶有什么好处

香烟中的尼古丁会使促进血管收缩的激素分泌量增加，而血管收缩的结果会影响血液循环，减少氧气的供应量，导致血压上升。吸烟还会加速动脉硬化，使体内维生素C含量下降，加速人体老化。香烟烟雾中含有苯并芘等多种致癌物质，而绿茶提取物可以抑制香烟烟雾提取物的诱导畸变。

10.常饮茶能起到防癌作用吗

经茶学专家和医学专家的共同研究，已基本探明茶叶具有的抗癌功效成分，主要是茶叶中含量达20%左右的茶多酚，其主体物质是多种儿茶素，它具有抗氧化作用，能阻挡某些致癌物质的形成。此外，茶叶中还含有较多的维生素C、维生素E、脂多糖、微量元素锌和硒等。茶叶的抗癌效应可能是以茶多酚为主的多种有效成分协同作用的结果。

11.发烧时多喝茶水对降体温有益吗

民间有感冒发烧多喝茶的习俗。其实，茶中的茶碱和鞣酸对发烧病人是不利的。因为茶碱有兴奋中枢神经、加强血液循环及使心跳加速的作用，相应的也会使血压升高，使体温升高。另外，鞣酸有收敛作用，会直接影响汗液的排出，妨碍体内正常散热。由于热量得不到应有的散发，体温不容易下降，故发烧病人不宜饮茶。

12.茶垢对身体有害吗

茶具内壁的茶垢，含有镉、铅、砷、汞等多种金属物质，如不及时清除，在饮茶时极易把这些物质摄入体内，并与食物中的蛋白质、脂肪和维生素等营养物质生成沉淀物，阻碍营养的吸收。同时，这些物质进入身体之后，还会引起神经、消化、泌尿和造血系统的功能紊乱，引起病变。故应经常及时清洗茶具内壁的茶垢。

13.喝茶会不会影响牙齿的洁白

喝茶尤其是长期喝浓茶，茶叶中的多酚类氧化物附着于牙齿表面，如果不刷牙，确实会使牙齿逐步变黄。如果喝浓茶加上有吸烟习惯，常会加剧牙齿的变黄。然而一般饮茶者只要不抽烟，注意早、晚刷牙，而且经常吃水果等食物，牙齿是不会变黄的。

14.隔夜茶能喝吗

过去曾认为隔夜茶喝不得，喝了容易得癌症，理由是隔夜茶中含有二级胺，会转变成致癌物质亚硝胺。其实，这种说法是没有科学根据的。因为二级胺广泛存在于多种食物中，尤其以腌制品中含量最多。人们通过饮茶喝进的二级胺只有主食面包的1/40，可见是微不足道的。况且二级胺本身并不是致癌物，必须有硝酸盐存在才能形成亚硝胺，并达到一定数量级才有致癌作用。饮茶可以从茶叶中获得较多的茶多酚和维生素C，它们都能有效地阻止人体内亚硝胺的合成，是亚硝胺的天然抑制剂。因此，饮茶或隔夜茶是不会致癌的。

但从营养和卫生的角度说，茶汤暴露在空气中，放久了易滋生腐败性微生物，使茶

汤发馊变质。另外，久放茶汤中的茶多酚、维生素C等营养成分易氧化而减少。因此，隔夜茶虽无害，但一般情况下还是随泡随饮为好。

15.茶叶在日常生活中的妙用

煮牛肉时加上一小布袋普通茶叶，牛肉可以熟得快，味道清香。

将肉放入浓度为5%的茶水中浸泡片刻后再冷藏，肉类的保鲜效果更好。

器皿中有鱼腥味，用废茶叶放在其中煮数分钟，便可去腥；菜锅有腥味，可先用泡过的茶叶擦洗，再用清水冲净，即能除掉腥味。

把晒干的废茶叶装在尼龙袜子内，塞进有臭味的鞋子，茶叶能吸收鞋内水汽，去除臭味。成人的鞋子所需的茶叶约为1杯左右。

用茶叶渣擦洗镜子、玻璃、门窗、家具、胶纸板及皮鞋上的泥污，去污效果好。

用50克花茶装入纱布袋中放入冰箱，可除去冰箱内异味。

泡过的茶叶晾干后收集起来，用棉布袋装好，是很好的枕头心，柔软清香，又可去头火。

三、特殊人群饮茶注意事项

1.女性与茶

孕妇能否饮茶 孕妇饮茶应慎重。有关研究指出，咖啡因会加快胎儿心跳速度及新陈代谢的速度，因此对胎儿有不良影响；咖啡因也会降低母体血液流入子宫的速度，从而使供给胎儿的血液中氧气含量与养分降低，影响胎儿发育。此外，由于咖啡因有利尿的作用，使原本已经有尿频现象的准妈妈更加不方便，同时还会造成钙质从尿液中流失，并影响铁质的吸收。值得注意的是，由于胎儿的肝脏尚未成熟，是不能快速地代谢掉咖啡因的。所以，专家建议准妈妈不要摄取含咖啡因的食物，包括茶、咖啡、可乐、可可、巧克力等。

但对于许多准妈妈来说，每天喝茶已经成为习惯，一下子要戒掉并不容易，下面的办法可以帮助孕妇减少咖啡因的摄取：①茶不要泡太久，因为越浓的茶所含的咖啡因就越多。②尝试喝不含咖啡因的花茶，以尽量降低咖啡因的摄取量。③尽量以牛奶、果汁、开水取代茶。④若非喝茶不可，将浓度减半，并减少喝的次数，直到完全不喝为止。

特别要注意的是，准妈妈不宜喝绿茶。因绿茶含有会阻止新血管增生的成分，虽然它可以杀死变态性快速生长的癌细胞，但对准妈妈来说，此时正是身体进行新血管增生作用来孕育小宝宝的时候，如果在怀孕时喝绿茶，对胎儿的生长发育会产生不良影响。

哺乳期的妇女应如何正确饮茶 哺乳期过量饮茶或饮浓茶，由于咖啡因的兴奋作用，使需要更多休息的母亲不能得到充分的睡眠，不易消除疲劳。而且茶中所含的咖啡因通过乳汁被新生儿吸入后，可兴奋其未发育完全的呼吸、胃肠等器官，从而使呼吸加快、胃肠痉挛，婴幼儿会无缘无故地哭闹。所以，饮浓茶尤其是夜间饮浓茶，对母亲身体的恢复与婴儿的生长发育不利。此外，浓茶中的高浓度鞣酸被胃肠黏膜吸收，进入血液循环后，可产生收敛的作用，会抑制母乳的分泌，造成乳汁的分泌障碍，致使婴幼儿"缺粮"而不能正常生长发育。

女性生理期应如何正确饮茶　经血中含有较高的血红蛋白、血浆蛋白和血色素，所以女性在生理期不妨多吃含铁较丰富的食品。而茶叶中含有30%以上的鞣酸，且浓茶中含有较多的咖啡因，对神经系统和心血管系统有一定的刺激作用。生理期饮茶过多或饮浓茶，易导致痛经、生理期延长或经血过多；同时，茶中所含的鞣酸，在肠道中易与食物中的铁或补血药中的铁元素结合，产生沉淀，妨碍肠黏膜对铁的吸收和利用，易导致缺铁性贫血的发生。

女性更年期饮茶应注意什么　45岁以后，一些女性开始进入更年期。进入更年期的妇女，除月经紊乱外，还可出现心动过速、失眠、烦躁、易激动发怒等症状。此期间如常饮浓茶，会使更年期症状加重，有时还会出现乏力、头晕、失眠、心悸、痛经、月经失调等现象，还有可能诱发其他疾病，不利于女性顺利地度过更年期。

为什么茶叶能美容　茶叶不但能解渴、除异味，而且还有很好的健身美容功效。现代医学研究证明，茶叶中含有丰富的营养物质和药理成分，尤其是维生素的含量较多。据测定，每100克茶叶中维生素含量达180毫克，比白菜高7倍，比香蕉高10倍；维生素B_1含量比苹果高6倍；维生素A的含量比鸡蛋高6倍。可见，茶叶是一种富含维生素的营养佳品。

茶叶中的儿茶素是天然抗氧化剂，有利于机体对自由基、脂质过氧化物的清除，有抗衰老的作用。有关研究发现，儿茶素的抗衰老作用比维生素C和维生素E还高，特别在增强机体对各种细菌的抵抗力和免疫力方面更显突出。因此，经常饮茶能延缓衰老、减少疾病的发生。

茶叶还可用于茶浴美容和洗发美容。茶浴美容是在浴盆中冲泡一些茶叶水，浴后全身会散发出茶叶的清香，而且经过茶浴浸泡以后，皮肤会变得光滑细嫩。用茶叶水洗头发，可促进头发生长和血液循环，使头发健康美丽。

巧用茶叶消除黑眼圈　产生黑眼圈的主要原因有：睡眠不足、用眼过度、较长时间的强光刺激、缺少维生素B_{12}、轻度发炎、贫血、在阳光下暴晒过久、遗传、疏忽护理和月经期等，因此要根据不同的情况加以防治。避免黑眼圈的最好办法是：作息正常、睡眠充足、营养均衡、多运动、多呼吸新鲜空气来减少压力，并避免太阳直接照射，以减少黑色素的产生。消除黑眼圈最简单的方法是：先把2袋茶包（茶叶包在纱布中）在冷水中浸透，闭上眼睛，在左、右眼皮上各放1个茶包，停留15分钟。经常这样做会减轻黑眼圈。

"喝"花草茶也能美容吗　近年来，女性中掀起了一股"喝"花草茶美容的热潮。花草茶不仅气味芬芳，颜色漂亮，更重要的是，每一种花草茶都含有天然的营养成分，对饮用者有滋补强身的作用。

花草茶具有独特的美容护肤作用。营养学专家认为，常喝花草茶，可以调节神经，促进新陈代谢，提高机体免疫力。其中许多鲜花可有效地淡化脸上的斑点，抑制脸上的暗疮，延缓皮肤衰老。主要的花草茶有以下几种：

玫瑰花：能改善内分泌失调，解除腰酸背痛，还有调气血、防皱纹、养颜美容等功效。

熏衣草：有助于镇静神经、帮助睡眠。

菊花：具有解毒、清热及改善眼睛疼痛的功效。

桂花：对于口臭、视物不明、荨麻疹、十二指肠溃疡、胃寒胃痛有预防和治疗的功效。

薄荷：有助于开胃，促进消化，可缓和胃痛及头痛，并促进新陈代谢；有消除口臭、解酒醒酒、消胃胀气等功效。

茉莉：可改善昏睡及焦虑现象，对慢性胃病、月经失调也有功效。与粉红玫瑰搭配冲泡饮用有瘦身效果。

百合花：富含蛋白质、淀粉、糖和磷、铁及多种微量元素，有安心、益智、润肺止

茶饮植物——薄荷

茶饮植物——茉莉

茶饮植物——菊花

茶饮植物——熏衣草

咳的功效。

苦瓜茶：对消除脸上的痤疮（青春痘）特别有效；还可清肝火，改善便秘，降血压。

2.儿童与茶

儿童能否饮茶　一般家长都不敢给儿童饮茶，认为茶的刺激性大，会伤害儿童的脾胃。其实，只要合理饮茶，茶水对儿童的健康成长同样有益。因茶叶可以帮助消化吸收，促进身体发育生长，茶叶中的氟可防龋齿等。儿童喜动，注意力较难集中，若适量饮茶，可以调节神经系统；茶叶还有利尿、杀菌、消炎等多种作用。儿童合理饮茶的一般要求是：每日饮量不超过2～3小杯（每杯用茶量为0.5～2克），且尽量在白天饮用，茶汤要偏淡并温饮。

少儿饮茶

少儿饮茶

儿童饮茶最需要注意的是饮茶的浓度与时间。儿童不宜喝浓茶。茶叶浓度太高时，茶多酚的含量太多，易与食物中的铁发生作用，不利于铁的吸收，易引起儿童缺铁性贫血。另外，泡茶的时间不能太久，以免茶中的鞣酸浸出太多，与食物中的蛋白质结合而沉淀，从而影响消化吸收，使食欲降低。

青少年喝茶有什么好处　当代的青少年很多都有贪食和偏食的不良习惯，由此会引起消化不良及某些营养元素的缺乏。适量饮茶对调节青少年胃的肌肉组织、缓和肠道的紧张度、加强小肠运动、提高胆汁和肠液的分泌量都有益。茶汤中的咖啡因、茶多酚、维生素等具有调节脂肪代谢作用，能帮助消化吸收。青少年还可从茶汤中摄取生长发育和新陈代谢所必需的矿物质，如缺锌可能导致个子矮小，缺锰会影响骨骼的生长而导致畸形。此外，青少年一般喜欢吃糖，容易使牙齿病变。茶叶中含有氟和茶多酚化合物，适当饮茶可以预防龋齿的发生。

3.老年人与茶

老年人喝茶应注意什么　老年人适量饮茶有益于健康，但如果饮茶不当，反而会给身体带来不利。因此，老年人日常生活中饮茶，应因人而异。

随着年龄的增长，老年人消化系统和各种消化酶分泌减少，使消化功能减退。如果大量饮茶，会稀释胃液，影响食物的消化吸收，同时胃酸也会被稀释，使胃肠道杀菌防卫功能降低，易感染胃肠道疾病。由于老年人的体质呈进行性下降，对茶叶中的咖啡因的耐受能力也在下降，所以应特别注意饮茶的时间和茶水浓度。

饮茶康乐

对于老年人来说，如果饮茶过量、过浓，会因为摄入较多的咖啡因等物质，出现失眠、耳鸣、眼花、心律不齐、大量排尿等症状。部分心肺功能不好的老年人，如果大量饮茶，较多的水分被胃肠吸收后进入血液循环，可使血容量突然增加，加重心脏负担，有时会出现心慌、气短、胸闷等不舒服的感觉，严重时可诱发心力衰竭或使原有心衰加重。因此，有心脏病的老人饮茶宜温、宜清淡。

老年人如果常饮浓茶，茶鞣酸与食物中的蛋白质结合，形成块状的、难于消化吸收的蛋白质，会加重便秘；老年人肾功能逐渐衰退，如饮茶过多过浓，咖啡因等的利尿作用会加重肾脏负担及尿失禁症状，给老年人带来更大的痛苦。

茶为什么能增强免疫力　茶叶中的脂多糖、多酚类物质都能增强人体的免疫功能。饮茶可提高白细胞和淋巴细胞的数量和活性，促进脾脏细胞中的细胞间素的形成，因而能增强人体的免疫功能。

茶为什么能延缓衰老　人体衰老的主要原因是产生了过量的自由基，使人体内的脂肪酸产生过氧化作用，破坏生物体的有机大分子和细胞壁，使细胞很快老化，引起人体衰老。茶叶中的茶多酚具有明显的抗氧化活性，而且活性超过维生素C和维生素E。茶多酚可有效地清除多余的自由基，防止脂肪酸的过氧化，因此饮茶可以延缓衰老。

4.饮茶与健康

尿路结石者莫饮茶　医生常会劝那些患有尿道结石的病人多喝水，以帮助排石。然而，有许多病人却以喝茶水代替喝白开水，这是有害的。

尿路结石的物质组成成分中，有80%左右属草酸钙结晶，所以从饮食中吸收的草酸与钙质的量的多少，是影响尿路中草酸钙结石生成和长大的重要因素。茶叶中的草酸含量较大，因此病人应该少喝茶，多喝白开水。

肝炎病人可以饮茶吗　现代药理研究证明，茶叶中含400多种化学物质，可以治疗放射性损伤，对保护造血机能，提高白细胞数量有一定功效，并可用来治疗痢疾、急性胃肠炎、急性传染性肝炎等疾病。

肝炎病人急性期，特别是黄疸性肝炎，多以湿热为主，因此饮茶可以起到清热作用。但肝炎病人饮茶应适时适量，饭前尽量避免饮用（因饭前饮水量过多，可稀释胃液，影响消化功能)，且忌饮浓茶。

茶为什么能降血糖 糖尿病是以高血糖为特征的代谢内分泌疾病，临床试验证明，茶叶（特别是绿茶）有明显的降血糖作用。茶叶中的维生素C、维生素B_1有促进糖分代谢的作用，所以先天性的糖尿病患者可常饮绿茶作为辅助疗法。常饮绿茶也可以预防糖尿病的发生。

贫血病人为何不宜多饮茶 试验证明，饮茶对膳食中非血红素铁的吸收有明显的抑制作用。产生这种作用的原因在于茶叶中的单宁与铁在消化道内形成不溶解的铁单宁复合物，这种复合物不能被小肠黏膜上皮细胞吸收。因此，从防治缺铁性贫血的角度来看，凡是有缺铁性贫血的人以及比较容易发生缺铁性贫血的人，如孕妇、生理期的女性还是少饮茶为好。特别嗜茶者，也要酌情控制茶的饮用量。

冠心病人饮茶应注意什么 茶是防治冠心病的首选饮料。但是，由于冠心病人的血管及心脏功能已发生障碍，因而，日常饮茶时应注意几个问题：①茶宜清淡，不宜过浓。因为，茶能增强心室的收缩，加快心率，过浓的茶汤会使这种作用加剧，引起心跳加快，使病人出现胸闷、心悸、气短等异常现象，严重者甚至会造成危险后果。②茶中的咖啡因有兴奋大脑皮层的作用，为保证睡眠，冠心病人睡前不宜饮茶。③应根据体质和感觉适当调整饮茶数量及品类。就茶的品种和性能而言，绿茶各种天然有效成分保留较好，对人体产生的各种作用也最强。青茶、花茶为半发酵，红茶为全发酵，作用较弱。冠心病人选用哪类茶，除考虑平时嗜好外，主要应根据体质和对病情的影响进行选择。

如何用茶止痢 茶叶中的茶多酚类物质对多种病菌有杀灭或抑制的功效，因此可以用茶叶来治疗细菌性痢疾。可先将绿茶研成粉末，将3克茶叶末用温茶水送服后，继续饮用一些茶水，每日3次，以获得较好的疗效。

胃病患者如何饮茶 常见胃病有浅表性胃炎、萎缩性胃炎、胃溃疡、胃出血等。胃病患者服药时一般不宜饮茶，服药2小时后，可饮用一些淡茶、牛乳红茶，有助于消炎和胃黏膜保护，对溃疡也有一定的疗效。饮茶还可以阻断体内亚硝基化合物的合成。

第五篇 茶事艺文

在中国茶文化的发展中，反映茶叶种植栽培、制造加工、购销贸易、冲泡品饮等各项茶事活动的多种文学艺术形式相继出现，体裁包括诗词、曲赋、楹联、散文、小说、音乐、舞蹈、戏曲、影视及绘画、书法、篆刻等。唐以前及唐宋两代，以诗词吟唱茶事为多；元代，茶已进入杂剧、散曲；明代始有茶事小说，茶事散文渐多。现代文坛名家多著文记茶事叙茶情。茶事绘画作品自唐代出现以来，不断发展繁荣，以明清两代为盛。书法作品，唐宋两代以文人记叙茶事的信札为多，具有史料与艺术双重价值；明清以后，茶文化书法作品创作日渐趋热，尺幅也渐由信札尺牍演变为中堂巨制或长卷鸿篇。茶事篆刻艺术创作也在以西泠八家为代表的文人篆刻作品中发扬光大。茶事艺文因此成为传统茶文化的重要组成部分。

第一章 茶与国画

历代以茶文化为题材的国画数不胜数，茶文化与国画艺术的联系密不可分。一方面，国画艺术丰富的内涵增添了茶的魅力，提升了茶的文化品位，丰富了茶文化的内涵；另一方面，国画艺术从茶文化中汲取了丰富的营养，延伸了国画艺术的价值，国画艺术因与茶结合而更具有生活气息……

一、唐代茶画

唐代是中国古代绘画全面发展的时期，是中国绘画史上具有划时代意义的历史阶段。当时涌现大批著名画家，见于史册者达200余人。《茶经》的诞生标志着茶叶的经济、文化地位得到了确立，也体现在当时的国画作品中。

1.《萧翼赚兰亭图》（唐代·佚名）

该画依据唐人何延之《兰亭记》中所述唐监察御史萧翼为唐太宗从辩才和尚手中赚取王羲之《兰亭序》帖真迹的故事而创作。唐太宗酷爱王羲之书法，得知《兰亭序》在辩才和尚手中后就设法占有，但辩才一口否认自己藏有此帖。因此，唐太宗令萧翼智取。萧翼乔装成蚕茧商人，带着王羲之父子的杂帖，来到辩才和尚的永兴寺，谎称偶从此路过，顺势留宿寺中。
两人交往数月，辩才欣赏
萧翼的才气，引为知己。
萧翼谈及王羲之书法，
称自己所带帖子极佳，辩
才不以为意，取出《兰亭
序》欣赏。萧翼牢记藏
所，次日即与地方官到寺
中取得真迹。此画画面中
有五位人物，中间所坐者
即辩才和尚，对面为萧
翼，左下有二人煮茶。老

《萧翼赚兰亭图》(局部) **唐代**

仆人蹲在风炉旁，炉上置一釜，釜中水已煮沸，茶末刚刚放入，老仆人手持茶夹子欲搅
动茶汤；另一旁有一童子弯腰，手持茶盏托，小心翼翼地准备分茶。矮几上，放置着茶
碗、茶罐等用具。这幅画是迄今为止所见最早的表现饮茶的绘画作品。它不仅记载了唐
代僧人以茶待客的史实，而且再现了唐代烹茶、饮茶所用的茶器茶具以及烹茶方法和过
程，为今人研究当时的饮茶方式提供了重要参照。

2.《宫乐图》(唐代·佚名)

此图画面中央是一张大方桌，后宫嫔妃、侍女十余人，围坐或侍立于方桌四周，团
扇轻摇，品茗听乐，意态悠然。方桌中央放置一只很大的茶釜（即茶锅），画幅右侧中
间一名女子手执长柄茶勺，正在将茶汤分入茶盏里。她身旁的那名宫女手持茶盏，似乎
听乐曲入了神，暂时忘记了饮茶。对面的一名宫女则正在细啜茶汤。

据专家考证，《宫
乐图》完成于晚唐，正值
饮茶之风昌盛之时。我国
的饮茶方法，唐以前都属
于粗放式煮饮法，即煮茶
法，陆羽在《茶经》里则
极力提倡煎茶法。他的煎
茶法不但合乎茶性茶理，
而且具有一定的文化内
涵，一经推出，立刻在文
人雅士甚至王公朝士间得
到了广泛响应。

从《宫乐图》中可以

《宫乐图》(局部) **唐代**

看出，茶汤是煮好后放到桌上的，之前备茶、炙茶、碾茶、煎水、投茶、煮茶等程序应该由侍女们在另外的场所完成；饮茶时用长柄茶勺将茶汤从茶釜盛出，舀入茶盏饮用。茶盏为碗状，有圈足，便于把持。可以说这是典型的"煎茶法"场景的部分重现，也是晚唐宫廷中茶事昌盛的佐证之一。

3.《调琴啜茗图》（唐代·周昉）

《调琴啜茗图》(局部) **唐代**·周昉

周昉，字景玄，又字仲朗，京兆(今陕西西安市)人，生卒年不详，大约活动于代宗、德宗两朝（762-804）。周昉出身贵族家庭，好属文，能书法，尤工仕女画，以描写唐代宫廷女子、贵族妇女生活为主，在当时享有很高声誉。

《调琴啜茗图》以工笔白描的手法，细致描绘了唐代宫廷女子品茗调琴的场景。抚琴品茗是千古风雅之事，《调琴啜茗图》反映的正是宫廷贵妇品茗赏琴的场景，是唐代贵族妇女饮茶风尚的真实写照。

画面分左右两部分，共计五人。左侧三人：一青衣襦裙的宫中贵妇人半坐于一方山石上，膝头横放一张仲尼式古琴，左手拨弦校音，右手转动轸子调弦，神情专注；她身后站立一名侍女，手捧托盘，盘中放置茶盏，等候奉茶；旁边侧坐一红衣披帛女子，正在倾听琴音。右侧二人：一素衣披帛的宫中贵妇人端坐绣墩上，双手合抄，意态娴雅；她身旁也站立一名奉茶侍女。整个画面人物或立或坐，或三或两，疏密有致，富于变化。

二、宋、元茶画

宋代是我国绘画全面发展时期，人物、山水、花鸟各科都涌现出新的流派，名家高手灿若群星。艺术流派中，形成了彪炳画史的两大体系，即宋代画院树立的"院体画"和苏轼、米芾等创兴的"文人画"，对后世影响深远。元代绘画中，文人画占据画坛主流。元代画坛名家辈出，其中以赵孟頫、钱选、李衎、高克恭、王渊等和号称元四家的黄公望、吴镇、倪瓒、王蒙最负盛名。

宋代由于皇室宫廷的大力倡导和文人雅士身体力行，茶文化变得更富审美情趣和艺术性，如宋徽宗赵佶甚至经常在宫廷茶宴上亲手煮汤击缶、赏赐群臣。茶文化内容在宋徽宗《文会图》、刘松年《撵茶图》等国画作品中体现得淋漓尽致。

1.《风檐展卷》（宋代·赵伯骕）

赵伯骕，南宋画家，宋太祖七世孙，善画山水人物，尤精于花鸟、界画。此画园林屋室，苍松翠竹，湖石点缀其间。敞轩内一文士坐在几榻上，仪态悠闲，旁边仕女二人凭轩而立。庭前曲栏，二童相互交谈，白衣侍童手执茶盘，上置黑漆茶托、茗瓯以及茶瓶，朝向屋内行来。画中为宋人生活样式，点

《风檐展卷》 **宋代** · 赵伯骕

《文会图》 **宋代** · 无款

图中园林宅第内，宾主三人对坐饮宴。主桌上摆放着佳肴、碗筷，另一长条几上则放置三组黑漆茶托及青瓷茶碗、茶瓯。一侍者正忙于备茶、点茶待客。屋檐下二马夫在谈家常，门前台阶下一侍者站立一旁，听候差遣，园外另一侍者手捧盘托正向屋内走来。

茶、挂画、插花、焚香为宋代生活四艺，于此呈现无遗。

2.《文会图》（宋代·无款）

此画无款印，旧传为宋人所绘。以桌上所摆设的青瓷、白瓷饮食器而言，应该为宋代风尚，尤其黑漆茶托及青瓷茶碗，更为宋代点茶常用的茶具。宋代斗茶为衬托茶色，大多使用黑釉茶盏。但一般点茶用青瓷也较普遍，宋人诗词中也不乏描述青瓷的佳句。

3.《撵茶图》（宋代·刘松年）

刘松年，钱塘（今杭州）人，居清波门，俗呼为暗门刘。工人物、山水。与李唐、马远、夏圭并称"南宋四大家"。此画为工笔画法，描绘的场景为小型文人雅集，

也描绘了宋代从磨茶到烹点的具体过程和场面。画中一人跨坐凳上推磨磨茶，出磨的末茶呈玉白色，当是头纲芽茶，桌上尚有备用的茶罗、茶盒等；另一人伫立桌边，提着汤瓶点茶，左手边是煮水的炉、壶和茶巾，右手边是贮泉瓮；桌上放置茶筅、青瓷茶盏、朱漆盏托、玳瑁茶末盒、水盂、盖碗等茶器；桌前一风炉，炉火正炽，上置提梁茶铫烧

《撵茶图》(局部)　**宋代·刘松年**

《茗园赌市图》(局部)　**宋代·刘松年**

煮沸水；茶桌后一大荷叶盖罐放置于一镂空的座架上，罐内所盛的应是点茶用的泉水。一切显得安静有序，是贵族官宦之家品茶的幕后场面，反映出宋代茶事的精细和奢华。

4.《茗园赌市图》（宋代·刘松年）

此画系《斗茶图》的姐妹篇。人物仍是四茶贩，场景则是在茶市内较斗。四茶贩伫立图中央，或提壶斟茶，或举杯啜茗，或品尝回味，左旁一老者拎壶路过，右边一挑担卖"上等江茶"者，驻足观"斗"；其右有一妇人拎壶并领儿童边看边走。真实记录了南宋茶市，尤其对流动茶贩之衣着、随身装备做了细致描绘，是珍贵的艺术画卷，亦是研究宋代茶事的宝贵资料。

5.《山庄图卷》（宋代·李公麟）

李公麟（1049-1106），北宋著名画家，字伯时，号龙眠居士，庐州舒城（今安徽桐城）人。元符三年因病归老龙眠山，专心作画，擅画山水人物。此图绘于熙宁十年，描绘作者与文人僧侣们游于故里龙眠山，谈书论道、品茗雅集的情景。

《山庄图卷》(局部)　**宋代·李公麟**

山庄内幽谷奇岩、飞泉瀑布，文人雅士或赏景或休憩或清谈。侍童数人分别烹泉煮茶、准备佳肴待客。因为是野外点茶，所以茶具皆属便于携带的器皿，如烧煮开水的风炉带提梁，可以提挈，方形风炉上置长流茶瓶。身后侍童各持茶托，上置茶盏，正准备奉茶。画上的方形茶炉、茶盏、茶托和方形都篮都是宋代常见的形制。

6.《文会图》（宋代·赵佶）

赵佶，宋神宗赵顼第十一子，继承皇位后，治国无能，却擅长书画艺术。他一生爱茶，嗜茶成癖，常在宫廷以茶宴请群臣、文人，有时还亲自动手烹茗、斗茶取乐。

此图描绘宋代文人雅集的盛大场面——曲水流觞，树影婆娑，在一个豪华庭院中设一大方桌，文士环桌而坐，正进行着茶会。桌上有各种精美茶具酒皿和珍馐异果，九文士围坐其旁，神态各异；侍者们有的端捧杯盘，往来其间，有的在炭火桌边忙于温酒、备茶。

图上烹茶场景，三童子备茶，其中一人于茶桌旁，左手持黑漆茶托，上托建窑茶盏，右手执匙正从罐内舀茶末，准备点茶；另一童子则侧立于茶炉旁，炉火正炽，上置茶瓶，茶炉前方另置都篮等茶器，都篮分上下两层，内藏茶盏等。此图是目前展示宋代茶器最多的画作。

7.《茶道图》（辽墓壁画）

北宋末年，由于宋辽互市，辽地

《文会图》（局部） **宋代·赵佶**

话说
中国茶

茶风盛行，壁画反映了当时辽地生活风俗，也让后人较完整地看到北宋时期北方茶文化风貌。

图中碾茶童子用力推动碾轮，煮汤者跪在地上向炉内吹风。这个火炉形制与现在的炉子基本相同，分上下二层，下为须弥仰莲形炉座，上为筒形炉，炉上有风孔，炉子上放有白色执壶。辽国的南境燕云十六州本为汉地，入辽后依然保持着饮茶风俗，关于契丹贵族和燕云地区道俗嗜茶的记载也很多。

8.《童嬉图》
（辽墓壁画）

画右侧有四个人物，四人中间放置茶碾一只，似为铁铸，船形碾槽中有一碾轮；旁边有一黑皮朱

河北宣化辽墓壁画（局部）

里圆形漆盘，盘内置曲柄锯子、茶刷和茶罗；盘的上方置茶炉，分炉座和炉身，炉身下开一火门，炉口上放一执壶。器物四周的人，一为着契丹装的男童，跪式，双手扶膝作用力支撑状；其肩上站一女童，双手伸向高挂的盛满桃子的竹篮；另有一男童正双手撩起衣袍前襟，兜内盛满桃子；有一年轻女子，装扮美丽，似为主人，右手扬起，左手指

《童嬉图》河北宣化辽墓壁画

河北宣化辽墓壁画

向取桃女童。壁画真切地反映了辽代晚期的烹茶方式和程序，尤其是碾茶用具的描绘，细致真实。

9.《卢仝烹茶图》（元代·钱选）

钱选，吴兴（今浙江湖州）人，字舜举，号玉潭。著名花鸟画家，善画人物、山水、花鸟。元初与赵孟頫、王子中、牟应龙等称为"吴兴八俊"。图中卢仝头戴纱帽，身着白衣，傍蕉石席地而坐，正在指点赤脚女婢和长须奴烹茶。其画借助唐人笔法，用细匀而柔和的线条勾写人物衣饰，精巧工致，文雅端庄。画上半部有清乾隆皇帝乙巳仲秋的题诗："纱帽笼头却白衣，绿天消夏汗无挥。刘图牟仿事权置，孟赠卢烹韵庶几。卷易帧斯奚不可，诗传画亦岂为非。隐而狂者应无祸，何宿王涯自惹讥"……

10.《斗茶图》（元代·赵孟頫）

赵孟頫，元代书画家、文学家，字子昂，号松雪道人、水精宫道人，吴兴(今浙江湖州)人，宋太祖子秦王德芳的后裔。宋灭亡后，归故乡闲居，后奉元世祖征召，历仕五朝。精通音乐，善鉴定古器物，尤擅书画。赵孟頫的《斗茶图》，

《斗茶图》 *元代* · 赵孟頫

《卢仝烹茶图》 *元代* · 钱选

是一幅充满生活气息的风俗画。画面上有四人，身边放着几副盛有茶具的茶担。左前一人，足穿草鞋，一手持茶杯，一手提茶桶，袒胸露臂，似在夸耀自己的茶质香美；身后一人双袖卷起，一手持杯，一手提壶，正将茶水注入杯中；右旁站立两人，双目凝视，似在倾听对方介绍茶的特色，准备回击。所绘人物生动，布局严谨。人物像走街串巷的货郎，说明当时斗茶习俗已深入民间。

《煮茶图》 **元代**·王蒙

11.《煮茶图》（元代·王蒙）

王蒙(1308-1385)，元代杰出画家，"元四家"之一，字叔明，晚年居黄鹤山，又称黄鹤山樵，浙江吴兴（今湖州）人，他是元初著名画家赵孟頫的外甥，出身书画世家。其绘画主要师法五代董源、巨然。王蒙所作《煮茶图》，画面层峦叠嶂，树木郁郁葱葱，一茅屋内有三高士围坐几案旁品茗论道。画面上部有数篇跋文：

宇文公谅："霁色如银莹碧纱，梅葩影里月痕斜。家僮乞火焚枯叶，漫汲流泉煮嫩茶。顿使山人清逸思，俄弄蜡炬发新花。幽情不减卢仝兴，两腋风生渴思赊。公谅。"

郡中："嫩叶雨前摘，山斋和月烹。泉声云外响，蟹眼鼎中生。已得卢仝兴，复晓陆羽情。幽香逐兰畹，清气霭轩楹。"

黄岳："清泉细细流山肋，新茗丛丛绿芸色。良宵汲涧煮砂铛，不觉梅梢月痕直。喜看老鹤修雪翎，漫艺沉檀检道经。步虚声彻茶初熟，两袖清风散香冥。"

杨慎："扁舟阳羡归，摘得雨前肥。漫汲画泉水，松枝火用微。香从几上绕，细向树头围。浑似松涛激，疑还绿绮挥。蜂鸣声仿佛，涧水响依稀。"

12.《陆羽烹茶图》（元代·赵原）

赵原，元末明初画家，生卒年不详。本名元，入明后因避朱元璋讳而改作原，字善长，号丹林，莒城（今山东莒县）人，寓居苏州。善诗文书画，明洪武初奉诏入宫，因所画不称旨而被杀。擅山水，师法董源、王蒙，作品多作浅绛山水。该图园亭山水，茂林茅舍，一士人按膝而坐，旁有童子扇炉烹茶。画面上有落款"窥斑"的一首七律："睡起山垒渴思长，呼童剪茗涤枯肠。软尘落碾龙团绿，活水翻铛蟹眼黄。耳底雷鸣轻着韵，鼻端风过细闻香。一瓯洗得双瞳豁，饱玩苕溪云水乡。"无名氏题有七绝："山中茅屋是谁家，兀坐闲吟到日斜。俗客不来山鸟散，呼童汲水煮新茶。"该图入大清内府后，乾隆皇帝也有"御笔"题诗于画之上端："古弁先生茅屋闲，课僮煮茗雪云间。前溪不教浮烟艇，衡泌栖径绝住远。"

《陆羽烹茶图》 **元代**·赵原

　　该画以陆羽烹茶为题材，一山岩平缓，突出水面，一轩宏敞，茅檐数座，屋内峨冠博带、倚坐榻上者即为陆羽，前有一童子焙炉烹茶。本幅有作者自题"陆羽烹茶图"。画面图文并茂，反映了士大夫寄情山水的精神世界。画题诗："山中茅屋是谁家，兀坐闲吟到日斜。俗客不来山鸟散，呼童汲水煮新茶。"

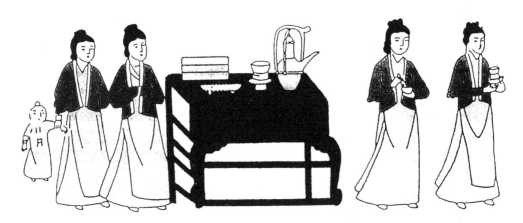

山西文水北峪口元墓壁画 奉酒备茶图

　　文水北峪口元墓壁画墓址在山西文水县北峪口，1960年发现。北方游牧民族喜饮茶，因为茶可助消化、解油腻、提神。从壁画中，可以看出元代是中国茶文化承上启下的时代，从唐宋以来以饼茶为主的碾煎饮茶法，过渡到明代的散茶瀹泡法正是发生在元代。

三、明代茶画

明代画坛形成诸多流派，创作更强调抒发主观情趣，追求笔情墨韵。明代的文人由于政治和社会原因，大多对人生抱着与世无争的态度，寄情山水，忘绝尘境，栖神物外。文徵明的《惠山茶会图》，唐寅的《事茗图》、《品茶图》、《烹茶图》等，都流露出明代文士对闲适归隐生活的向往以及对自然清新茶道的崇尚。

1.《汲泉煮茗图轴》（明代·沈周）

沈周，字启南，号石田、白石翁、玉田生，世称"石田先生"，长洲相城(江苏吴县)人。人称江南"吴门画派"的班首，明中叶画坛四大艺术家之一，在画史上影响深远。沈周擅长画人物、山水、花鸟等，尤长于山水、花鸟。

该图绘疏林小径，一童子掣壶执杖，寻径汲泉准备烹茶。画与题诗相互呼应，诗云："夜扣僧房觅涧腴，山僮道我吝村沽。未传卢氏煎茶法，先执苏公调水符。石鼎沸风怜碧绉，瓷瓯盛月看金铺。细吟满啜长松下，若使无诗味亦枯。"跋文："去岁夜泊虎邱，汲三泉煮茗，因有是诗。为惟德作图，录一过，惟德有暇，能与重游，以实故事何如。沈周。"古代文人多以山泉为烹茶上品，唐代以来最常被文人画家所提的天下第二泉——惠山泉，以及天下第三泉——虎邱石泉，都地处人文荟萃的江南无锡和苏州，明代文人多出于此地，且多嗜茶，所以惠山泉和虎邱石泉也经常成为被描述的对象。

《汲泉煮茗图轴》(局部) **明代·沈周**

2.《林榭煎茶图》（明代·文徵明）

明朝，饮茶习惯随着散茶制作的普及进入寻常百姓家。明代的茶画存世尚多，明四家沈周、文徵明、唐寅、仇英均有真迹流传，当时茶文化追求的是林茂松清、景色幽致，"构一斗室，相傍山斋，内设茶具，教一童专主茶役，以供长日清谈，寒宵兀坐，幽人首务，不可少废者"。幽人即隐士，所以明代茶画着意的是画中流露的隐逸之气。

3.《事茗图》（明代·唐寅）

唐寅（1470-1523），明宪宗成化六年庚寅年寅月寅日寅时生，故名唐寅。字伯虎，一字子畏，号六如居士、桃花庵主等。吴县（今

《林榭煎茶图》（局部） **明代** · 文徵明

此画为文徵明中年所作精品。画中为溪山林屋，一人凭窗煮茗，有客策杖过桥。后幅书《同江阴李令登君山》七律二首，诗末识云："承示和二岛之作，感荷。拙言不敢自隐，辄住一笑。徵明顿首。上禄之选部侍史，小扇拙图引意。四月十三日。""禄之"为王谷祥字，官吏部员外郎，故称为"选部侍史"。

《事茗图》 **明代** · 唐寅

此画纸本设色，描绘了文人学士优游林下，夏日相邀品茶的情景：青山环抱，林木苍翠，小村有溪流环绕，参天古树下，有茅屋数椽，屋内一人正持杯端坐，若有所待。左边侧屋一人在静心候火。屋右小桥上一老叟手持拐杖，缓缓走来，随后跟一抱琴小童，似应约而来。画幅后有自题诗一首，明白道出了作画时的心绪，诗曰："日长何所事，茗碗自赉持。料得南窗下，清风满鬓丝"。

《品茶图轴》 **明代·唐寅**

江苏苏州）人。他才华横溢，诗文擅名，与祝允明、文徵明、徐祯卿并称"江南四才子"；画名更著，与沈周、文徵明、仇英并称"吴门四家"。

4.《品茶图轴》（明代·唐寅）

此画为唐寅31岁（1501）时所作，描绘了冬日文人读书品茶的景象。画中山峦叠嶂，树木林立，一派萧瑟景象。屋内主人坐于案前读书，童子蹲于屋角扇火煮泉，侧屋内几案上置茶具若干。侍童忙于备茶，主人则忙于阅读，呈现出明代文人悠闲恬淡的生活情趣。

《品茶图轴》为乾隆皇帝挂于"静寄山庄"品茶精舍"千尺雪斋"的茶画。画上唐寅自题："买得青山只种茶，峰前峰后摘春芽。烹煎已得前人法，蟹眼松风候自嘉。"除唐寅的题诗外，其余题诗皆为乾隆皇帝历次驾临静寄山庄千尺雪斋休憩品茶所题。据考证，乾隆皇帝总共亲临山庄二十一次，题诗二十二次，每次驻跸总会在此画上题诗。其中有一年驾临两次，于此画上即题诗两次，可见乾隆皇帝对此画的重视。

5.《品茶图轴》（明代·文徵明）

文徵明出身文人世家，生活优裕，悠游山水，追求自然。一生嗜茶，曾自谓："吾生不饮酒，亦自得茗醉。"他以茶入画，此幅即为其代表性茶画。此画描绘与友人于林中茶舍品饮雨前茶的场景。屋内草堂环境幽雅，苍松高耸，茶舍轩敞，明窗净几，二人对坐品茗清谈。几上置放茶

碧山深处绝纤埃，轩窗
对水闲敲戛而起过茶事
好谷雨乍过茶事
嘉靖辛卯山中茶事方盛
陆子传过访遂汲泉煮
而品之真一段佳话也
徵明制

《品茶图轴》 **明代·** 文徵明

236

《品茶图轴》（局部） **明代·** 文徵明

具若干，堂外一人正过桥向草堂走来；茶寮内
炉火正炽，一童子扇火煮茶，准备茶事，童子
身后几上亦有茶具若干。一场小型文人茶会即
将开始。其上有文徵明自题："碧山深处绝纤
埃，面面轩窗对水开。谷雨乍过茶事好，鼎汤
初沸有朋来。"诗后跋文："嘉靖辛卯，山中
茶事方盛，陆子传过访，遂汲泉煮而品之，真
一段佳话也。"陆子传即陆师道，是文徵明的
学生。

　　图中文徵明所绘的草堂，是他常与好友聚
会品茗之所，林茂松清，景色幽致。

6.《松亭试泉图》（明代·仇英）

　　仇英（约1501-约1551），字实父，一作
实甫，号十洲，又号十洲仙史，太仓人，移
家吴县(今江苏苏州)。与沈周，文徵明和唐寅
被后世并称为"明四家"、"吴门四家"，
亦称"吴门四杰"。画中远山近水、山泉飞
瀑，草亭内士人倚栏凭溪侧坐，一童子汲泉
携罐，正欲备茶，另一童子则欲解开书画，亭

前树荫下有茶炉、茶壶一组，一旁亦置放茶壶、茶叶罐、茶杯等，呈现了明代文人雅士汲泉烹茶、赏书鉴画的悠闲雅事。这正是明代文震亨、许次纾等文人提倡品茗环境的体现。

7.《惠山煮泉图》（明代·钱榖）

钱榖（1508-？），字叔宝，自号磬室，吴县(今江苏苏州)人。少年时孤贫失学，家无典籍，后游文徵明门下，为入室弟子。山水、兰竹兼妙，亦善书。此画记录作者与

《松亭试泉图》 **明代·仇英**

《惠山煮泉图》 **明代·钱榖**

僧道儒等身份的友人于无锡惠山汲泉煮茗的雅事。钱榖与友人四人品茶赏景清谈，童子则在一旁汲泉扇火备茶。惠山泉甘洌可口，宋徽宗曾把惠山泉列入贡品。画上乾隆题诗为乾隆第六次南巡驻跸惠山时所作："腊月景和畅，同人试煮泉。有僧亦有道，汲方逊汲圆。此地诚远俗，无尘便是仙。当前一印证，似与共周旋。"

8.《煮茶图》（明代·王问）

王问，字子裕，号仲山，无锡人。晚年寓居太湖附近界宝山，以书画为生，山水、人物、花鸟皆工。此卷以白描手法绘成，画面右边主人席地坐于竹炉前，正夹炭烹茶，炉上提梁茶壶一把，右旁二罐一水勺。主人面前，一童子展开手卷，一文士挥毫作书，席上备有文房用具。画面表现了文人论书品茗的闲适生活，也是晚明绘画作品中常见的

《煮茶图》（局部）**明代·王问**

《煮茶图》 **明代·丁云鹏**

题材。王问在图后还用草书题写《茶歌》一首："华山前，玉川子，先春芽，龙窦水，石鼎竹炉松火红，鱼眼汤成味初美。纤手摘来清露薄，黄金台畔香尘起。琉离窗下三啜饲，顿觉清寒沁人齿。数片中涵万斛泉，焦吻枯肠一时洗。"

9.《煮茶图》（明代·丁云鹏）

丁云鹏(1547-1628)，字南羽，号圣华居士，休宁(今属安徽)人。擅画人物、佛像、山水等，也是位绘墨模名手。《煮茶图》以卢仝煮茶故事为题材。图中描绘了卢仝坐榻上，双手置膝，榻边置一竹炉，炉上茶瓶正在煮水。榻前几上有茶罐、茶壶、托盏和假山盆景等，旁有一长须男仆正蹲地取水。榻旁有一赤脚老婢，双手端果盘正走过来。画面人物神态生动，背景满树白玉兰花盛开，湖石和红花绿草美丽雅致。

10.《坐听松风图》（明代·李士达）

李士达，号仰槐（亦作仰怀），吴县（今江苏苏州）人。擅长山水人物，画法不趋时习，独树一帜。此画作于明万历四十四年（1616）秋，图中松下一士人双手抱膝靠石而坐，观看前方的侍童们备茶；四长发侍童，二人于茶炉前扇火烹茶，正回首看着解开书卷的童子，另一童子则于坡边采芝。坡石上的茶器有风炉、紫砂茶壶、朱漆茶托、白瓷茶盏及盛水的水瓮等。画面设色清丽古朴，墨色和谐，朱红茶盏点缀，则有画龙点睛之妙。

《坐听松风图》(局部) **明代**·李士达

11.《品茶图》（明代·陈洪绶）

陈洪绶（1598-1652），明末清初杰出画家，善画人物。画过多幅高士品茶图。此幅《品茶图》画中两位高士，一人位于芭蕉叶之上，一人坐于石上，石桌上搁古琴，瓷瓶插荷花，火炉水沸新茶，文篮新索书画，两人手捧茶杯，目光深沉，有着木讷若愚、肃穆安详的神情。此图落款为："老莲洪绶画于青藤书屋。"

《品茶图》(局部) **明代**·陈洪绶

茶事艺文

239

《茶具十咏图》 **明代** · 文徵明

这是一幅诗画合璧的茶画，画面上空山寂寂，丘壑丛林，翠色拂人，晴岚湿润。草堂之上，一位隐士独坐凝览，神态安然，右边侧屋，一童子静心候火煮茶，反映了明代文人雅士喜好在书斋之外设"侧室"充当茶寮，流行这种"茶寮"式的饮茶方式。画上自题咏茶事五言古诗十首，"十咏"为茶坞、茶人、茶笋、茶籝、茶舍、茶灶、茶焙、茶鼎、茶瓯、煮茶。这十首题画诗是他茶诗的代表作。诗与画相得益彰，表达了作者对淳朴自然的隐逸生活的向往。

《惠山茶会图》 **明代** · 文徵明

描绘的是明代文人聚会品茗的境况，展示茶会举行前茶人的活动。画面景致描写的是无锡惠山一个充满闲适淡泊氛围的幽静处所：高大的松树，峥嵘的山石，树石之间有一井亭，山房内竹炉已架好，侍童在烹茶，正忙着布置茶具，亭榭内茶人正端坐待茶。画面共有七人，三仆四主，有两位主人围井栏坐于井亭之中；一人静坐观水，一人展卷阅读。还有两位主人正在山中曲径之上攀谈。1518年清明时节，文徵明偕好友蔡羽、汤珍、王守、王宠等游览无锡惠山，在惠山山麓的"竹炉山房"品茶赋诗。此画记录了他们在山间聚会畅叙友情的情景。观赏这幅名画令人领略到明代文人茶会的艺术情趣，可以看出明代文人崇尚清韵、追求意境的品茶风貌。

《西园雅集图卷》(局部) **明代·**李士达

　　图卷描绘了22个人物，在山林野外的自在生活，分为五组，或挥毫作画，或吮笔构思，或谈禅论道，或弹琴遣兴，以及山石土丘、梧桐竹林、小桥流水、琴书古玩、文房四宝等，其中有童子在林中候茶的场面。

《真赏斋图卷》(局部) **明代·**文徵明

　　《真赏斋图卷》共有两幅，是文徵明在八十岁和八十七岁为好友所画。"真赏斋"是文徵明的好友、著名鉴藏家华夏的私宅，华夏的真赏斋收藏了各类古玩字画。此图表现的就是桐荫下文徵明和华夏对坐斋中共同品茗、共赏古玩字画，切磋精鉴的情景。

四、清代茶画

清代皇帝康熙、乾隆等都酷爱品茶，因此上层社会饮茶风习日盛。茶文化精神开始转向民间，深入市井，走向世俗，茶礼、茶俗更为成熟，礼神祭祖，居家待客，茶成为必尽的礼仪。这一时期的一些绘画作品中，茶也以更加世俗、更加生活化的面貌出现。

1.《品泉图》（清代·金廷标）

金廷标，字士揆，乌程人。善画山水、人物、佛像，尤工白描。图中月下林泉，文士坐于溪岸边品茶，神态悠闲自若。一童子溪边汲水，一童子竹炉烹茶。画面上明月高挂，清风月影，品茗赏景，十分清静自在。画上茶具有竹炉、茶壶、都篮、水罐、水勺、茶碗等，斑竹茶炉有提带，四层都篮内可容烹茶需要的器具物品，所以这套茶器应是野外煮茶所用。

《品泉图》 *清代* · 金廷标

2.《耕织图》（清代·冷枚）

冷枚，字吉臣，号金门画史，山东胶州人，焦秉真的弟子。擅画人物仕女，亦能画楼台殿宇界画和山水。《耕织图》始作于康熙时期，此为册页之一。图绘二仕女室内织布，室外一妇人正为室内妇人送茶而来，她左手牵着哭闹的孩童，右手托着朱漆茶盘，茶盘上有紫砂茶壶和两只相叠的青花茶碗。此图画风精细，设色典雅，是典型的宫廷画作。

《耕织图》(局部)(第四十四开) *清代* · 冷枚

3.《弘历松阴消夏图》（清代·董邦达）

董邦达(1699–1769)，字孚存，一字非闻，号东山，富阳县人。工书、尤善画，乾隆皇帝多次为之题志。董氏还是清代文坛泰斗、一代文学宗师纪昀的老师。图中高山耸立，松柏葱翠。乾隆皇帝身着汉装独坐于松柏流泉间的石几前，凝神静气，若有所思。

《弘历松阴消夏图》（局部） **清代·董邦达**

山间溪流旁的侍童一边挥扇煮茶，一边回首听候主人的召唤。图轴上部有乾隆皇帝御题诗："世界空华底识真，分明两句辨疏亲。客中第一尊崇者，却是忧劳第一人。梦中自题小像一绝，甲子夏至所制也。乙丑季夏清晖阁再书"。根据上述记载，乾隆的自题诗作于乾隆甲子年(1744)，正当35岁的青壮年时期。乾隆一生嗜茶，将品饮清茶当作最好的休闲享受方式，在六次南巡中，饮遍江南各地的名泉佳茗。此图真实地描绘了乾隆皇帝与茶的密切联系。

4.《弘历行乐图》（清代·张宗苍）

张宗苍（1686-1756），字默存，今江苏苏州人。擅画山水，是乾隆时期重要的宫廷画家。图绘正值壮年的乾隆皇帝倚靠在山间巨大的石几旁，静心凝视，提笔作画。侍童在溪水旁架起竹炉，为乾隆烧水煮茶。周围山峦起伏，仙云环绕，苍松翠柏间一股清澈见底的山泉顺流而下。图轴右上角有御题诗："松石流泉间，阴森夏亦寒。构

《弘历行乐图》 **清代·张宗苍**

思坐盘陀，飘然衫带宽。能者尽其技，劳者趁此间。谓宜入图画，匪慕竹皮冠"。落款：乾隆十八年四月臣张宗苍奉敕恭绘。

5.《品茗图》（清代·吴昌硕）

吴昌硕(1844-1927)，名俊卿，字昌硕、仓石，别号缶庐、苦铁等，浙江安吉人，近代艺术大师，以诗、书、画、印"四绝"而称誉艺坛。吴昌硕爱梅也爱茶，常以茶与梅为题材。他曾在一首题梅诗的最后两句写道：

《品茗图》 *清代·吴昌硕*

"请君读画冒烟雨，风炉正熟卢仝茶"，可谓奇境别开。在这幅《品茗图》中，一丛梅枝斜出，生动有致；作为画面主角的茶壶、茶杯则以淡墨出之，充满拙趣，与梅花相映照，更显古朴雅致。所题"梅梢春雪活火煎，山中人兮仙乎仙"，表达了作者希望摆脱人间尘杂，与二三子品茗赏梅，谈诗论艺的内心世界。此图为吴昌硕74岁时所作。

6.《梅兰图》（清代·李方膺）

李方膺(1695-1754)，字虬仲，号晴江，又号秋池、抑园等，江苏南通人，清代"扬州八怪"著名画家之一。擅松、竹、梅、兰，尤工写梅。

在这幅《梅兰图》中，画家于梅、兰之外，以寥寥数笔，勾勒出古拙素朴的茶壶、茗碗，并题跋云："峒山秋片茶，烹惠泉，贮砂壶中，色香乃胜。光福梅花开时，折得一枝归，吃两壶，尤觉眼耳鼻舌俱游清虚世界，非烟人可梦见也。乾隆十六年写于八闽大方伯署。晴江。"在画家看来，茶好、水灵、具精，加上一个幽雅清绝的环境，茶已不仅仅是茶，而成为文人士大夫不入浊流、高洁自守的品格象征了。

《梅兰图》 *清代·李方膺*

7.《煮茶洗砚图轴》（清代·钱慧安）

钱慧安（1833–1911），初名贵昌，字吉生，号清路渔子，室名双管楼，清末著名画家。此幅为钱慧安替友人文丹画肖像。

其背景为水阁书斋，童子煮茶洗砚。品茶是文人之雅事，衬托了文丹的文人气质。

《煮茶洗砚图轴》(局部) **清代**·钱慧安

《群仙集祝图卷》 **清代**·汪承霈

此图以工笔设色描绘了斗茶会上的仆人形象，他们或准备茶碗，或先饮为快，情态不一，造型写实极富生活气息。图中茶器繁多，俱一一细加刻画，体现了作者对生活细致的观察能力和高超的写实水平。

《煮茶图》 **清代·任熊**

　　此图为扇面，绘一仕女坐于芭蕉叶上，右侧有煮茶器具若干，画面有茶诗长题，富有生活气息。

《玉川先生煮茶图》(局部) **清代·金农**

　　此图为金农《山水人物图册》之一。画卢仝在芭蕉树荫下煮泉烹茶，一赤脚婢持吊桶在泉井汲水。图中卢仝纱帽笼头，颔下蓄长髯，双目微睁，神态悠闲，身着布衣，手握蒲扇，亲自候火定汤，神形兼备，显示了金农浓重的文人画风格。图右角题云："玉川先生煎茶图，宋人摹本也。昔耶居士。"

此图绘一文士坐于琴前，手持鹅毛扇，一童子在溪泉边汲水准备烹茶，左侧茶壶、储水罐、茶杯等茶器一应俱全，具有浓厚的寄情山水的文人情怀。

《溪泉品茶图》 **清代**·程致远

《茶熟菊开图》 **清代**·蒲华
　　此图为小品，绘菊花、湖石、茶壶，款书"茶已熟　菊正开　赏秋人　来不来"，饶有情趣。

《玉川品茗图》 **清代**·吴友如

　　该图绘玉川坐于案前品茶，一位侍者在炉边煮茶，另一位举茶壶正欲倒出茶汤，人物形象刻画生动，极富生活气息。

　　《秋夜读书图》 **清代**·钱慧安

　　此图为扇面，人物衣纹细劲流畅，线条刚柔相济，飘逸潇洒，人物清雅，是钱氏人物画精品。此图表现夜风乍起，古人秉烛寒窗夜读的主题，书桌上亦有茶壶、茶杯相伴。

五、现代茶画

中国现代绘画，是20世纪以来在中国传统绘画的基础上发展起来的，融合了传统绘画和西方绘画，反映现代社会的形态。

1.《茶具梅花图》（现代·齐白石）

齐白石（1864—1957），名璜，字渭清，号兰亭、濒生，别号白石山人，遂以齐白石名行世，湖南湘潭人，20世纪中国画艺术大师，世界文化名人。齐白石与毛泽东是湖南同乡，此图为齐白石92岁时为感谢毛主席邀请他到中南海品茶赏花、畅叙同乡之谊而创作。画面寥寥数笔，一枝梅花、一把茶壶、两只茶杯，清新之气扑面而来。

《茶具梅花图》 现代·齐白石

2.《茶山新貌》（现代·陆俨少）

陆俨少（1909—1993），原名同祖，字宛若，生于上海嘉定县南翔镇，现代中国画大师。此图绘布满茶园的山峰数座，树木繁茂，云雾缭绕，采茶姑娘正忙于采摘新茶，一派欣欣向荣的丰收景象。落款："茶山新貌，1964年写生于安徽祁门，俨少。"

《茶山新貌》 现代·陆俨少

《谈心》 **现代·黄胄**

此图作于1964年，绘毛主席与群众亲切交谈，画面气氛热烈，极具感染力，桌上有简朴的茶壶、茶碗，桌底穿梭的小鸡则增添了画面的生活气息。

《茶店一角》 **现代·丰子恺**

此图作于1931年，以拟人化的手法，描绘了茶桌上的两把茶壶，无意中被主人放成了"接吻"的形象，表现了茶文化中的幽默与诙谐。

《茶画》 **现代·丰子恺**

此图作于1924年。简陋的茶楼，临窗一角的小方桌上，只有一把茶壶，三只茶杯，却不见一个茶客。窗外的天上，一钩新月，照得茶桌上布满清辉，一派寂静的景象。画茶楼茶具而不画一个茶客，留给了读者无限联想的空间。郑振铎赞赏此画说："……虽然是疏朗的几笔墨痕，我的情思却被他带到一个仙境，我的心上感到一种说不出的美感。"

《新茶分外香》 **现代·**魏紫熙

此图作于1974年，丰收季节，一农民在田间劳作的间隙打开茶桶的龙头，凉茶汩汩流出，疲劳一扫而光，望着满地收割好的庄稼，主人内心无比欣慰

《煮茶图》 **现代·**齐白石

炭炉、茶壶、蒲扇、火钳、木炭，落款和印章亦是惜墨如金，只是简简单单的几个元素，却足以把煮茶的情形描绘得真实生动，如临其境。

《西园雅集》(局部) **近代·**蒋治

西园雅集是从古到今中国画较常见的绘画题材，此图除常见的雅集人物外，左侧还有一女仆正在煮茶。

《煮茶图立轴》 **近代·冯超然**

此图作于1920年，山川平远，松树耸立，怪石嶙峋，一文士坐于案前，书本、香炉、茶杯相伴，两侍者正在备茶，画面并有茶诗长题。

《松亭煮茶立轴》 **近代·胡也佛**

此图亮丽清雅，有张大千绘画风韵。画面层峦叠嶂，松石嶙峋，溪泉边一文士似坐似卧，童子则在候茶。

《蕉荫煮茶图》 **现代·傅抱石**

此图绘一文士，手持蒲扇，坐于炉边煮茶，一侍者手持水勺缓缓走来，画面密布芭蕉叶，衬托出恬静的自然环境和主人深邃的内心世界。

《煮茶图》 **现代·张大千**

张大千作于1947年。近景一片平坡之上，画老树五株，树间搭一草亭，左侧一块玲珑的太湖石，点出亭中持扇高士，草亭后两棵不高的棕榈，意示出此地气候湿润。草亭外置一几，陈古瓶、古书，一童子正在旁边煮茶，另一童子则步入小亭奉茶。顺着煮茶童子的方向而上，一条小桥曲折通向山根，转为山脚小路，逶迤而上，进入画面中景，掩映在竹木间的山斋，斋中长案置古琴卷册，案后设四出头官帽椅，显示出主人弹琴读画的清雅品味。经由山斋侧后方的板桥渡河，远景群峰层叠耸立，对岸高瀑垂流，取景深邃，令人有幽然尘外之想。此画虽取法董源，但取意却近乎明人，画上题诗"茗碗月团新破，竹炉活火初燃。门外全无酒债，山中惟有茶烟。"为明代陆治《烹茶图》上题诗。陆画已不存，诗见载于《式古堂画考》等。张大千从来都是在积极的入世态度中，为自己、为他人"建造桃源"者，其绘《煮茶图》，意图亦在于造古人之境，取古人之意，慰今人之情怀。

茶事艺文

253

第二章 茶与书法

书法是中国最古老的艺术门类之一，起源于汉字。在书写应用汉字的过程中，逐渐产生了书法艺术。

"茶"字书法，渗透到了古代书法作品中的各个角落，从字体看，包括楷书、行书、草书、篆书、隶书等所有书体；从年代看，自西汉、东汉、魏晋，到唐、宋、元、明、清；从作者看，几乎涵盖了书法史上所有书法大家；从来源看，有汉简木牍、摩崖石刻、急就章、信札书简、碑铭题记、庙堂巨制等；从艺术审美看，这些书法或端庄古朴，或灵动飘逸，或行云流水，或浑厚苍劲。从某种程度上说，有书法的地方，就有"茶"字。

一、唐代茶书法

唐代书法，在真、行、草、篆、隶各体书中都出现了影响深远的书法家，其中以真书、草书的影响最甚。唐代书法遗存不多，有关茶的书法更少，怀素《苦笋帖》和王敷《茶酒论》是其中的代表。

1.《苦笋帖》（唐代·怀素）

怀素，俗姓钱，法名藏真，湖南长沙人，以草书著称。其用笔圆转流畅。

《苦笋帖》(绢本)，草书，2行，14字："苦笋及茗异常佳，乃可迳来，怀素上。"锋正字圆，神采飞动，有"奔蛇走虺"、"骤雨旋风"之势。

《苦笋帖》**唐代**·怀素

2.《茶酒论》（唐代·王敷）

《茶酒论》 唐代·王敷

《茶酒论》以对话的方式和拟人手法，广征博引，以茶、酒之口各述己长，攻击彼短，意在承功，压倒对方。不相上下之际，水出面劝解，结束了茶与酒双方的争斗，指出："茶不得水，作何形貌？酒不得水，作甚形容？米曲干吃，损人肠胃，茶片干吃，只粝破喉咙。只有相互合作、相辅相成，才能酒店发富，茶坊不穷"，更好地发挥效果。

《茶酒论》辩诘十分幽默有趣，茶与酒的争论使人明白两者的长与短。茶酒相比，茶更宁静、淡泊，酒更热烈、豪放，二者体现着人们不同的品格性情和价值追求。

二、宋、元茶书法

尚意之风为宋代书法的时代特征，禅宗"心即是佛"、"心即是法"的思想影响了宋人的书法观念。诗人、词人的加入，又为书法注入了抒情意味。宋代苏轼、黄庭坚、米芾、蔡襄书法"宋四家"以及元代赵孟頫等都与茶文化有着不解之缘，为后世留下了许多经典的茶文化书法佳作。元代书法追求复古，赵孟頫、鲜于枢等起了带头作用，并得到了帝王的支持。

1.《赐茶帖》（宋代·赵令畤）

赵令畤，字德麟，生年不详，卒于宋绍兴四年(1134)。

《赐茶帖》为行书、57字9行信札。观其用笔结体，平实而不失灵性，颇有东坡风韵。释文："令畤顿首：辱惠翰，伏承久雨起居佳胜。蒙饷梨栗，愧荷。比拜上恩赐茶，分一饼可奉尊堂。馀冀为时自爱。不宣。令畤顿首，仲仪兵曹宣教。八月廿七日。"

《赐茶帖》 宋代·赵令畤

赐茶一事为宋朝制度，有宋一代，凡受茶之惠者，无不欢欣鼓舞，珍爱有加，或藏之秘箧，或分享朋友，或孝敬慈严，或品题自怡。赵令畤因佳友"梨栗"之报，以茶为礼，将上赐之茶旋即奉献"仲仪"及其父母，故知其交谊之深，亦更知上茶奉于高堂，实为宋人之孝道。而"馀冀为时自爱"一语，则将惜茶爱茶之情袒露无遗。

2.《致通理当世屯田尺牍》（宋代·蔡襄）

蔡襄（1012—1067），字君谟，福建仙游人。工真、行、草、隶书，又能飞白书，尝以散笔作草书，称为"散草"或"飞草"。世人评蔡襄行书第一，小楷第二，草书第三。与苏轼、黄庭坚、米芾，共称"宋四家"。

此尺牍为皇祐三年初夏四月蔡襄离开杭州当日写给冯京的信札，释文："襄得足下书，极思咏之怀。在杭留两月，今方得出关。历赏剧醉，不可胜计，亦一春之盛事也。知官下与郡侯情意相通，此固可乐。唐侯言：王白今岁为游闽所胜，大可怪也。初夏时景清和，愿君侯自寿为佳。襄顿首。通理当世屯田足下。大饼极珍物，青瓯微粗，临行匆匆致意，不周悉。"临行道别信之外，并附赠一大龙团茶和越窑青瓷茶瓯，两件礼物在当时都极为名贵。尤其大龙团茶，此时应为贡品。

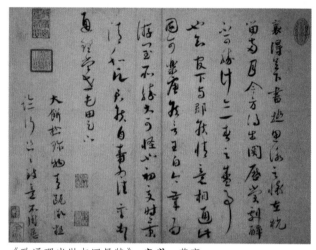

《致通理当世屯田尺牍》　**宋代·蔡襄**

3.《扈从帖》（又称公谨帖）（宋代·蔡襄）

此帖为纸本行书，行笔潇洒飘逸，是蔡襄行书中不可多得的佳作。释文："襄拜：

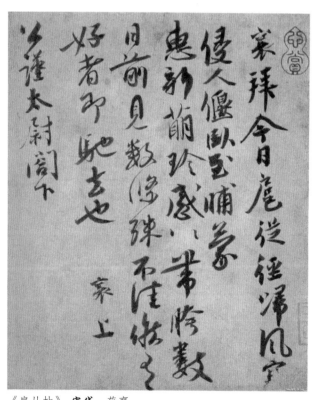

《扈从帖》　**宋代·蔡襄**

今日屺从迳归，风寒侵入，偃卧全晡。蒙惠新萌，珍感珍感!带胯数日前见数条，殊不佳。候有好者，即驰去也。襄上。公谨太尉阁下。"

4.《茶录》（宋代·蔡襄）

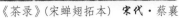

《茶录》（宋蝉翅拓本）　**宋代·蔡襄**

蔡襄是著名的茶叶鉴别专家。曾任福建转运使，负责监制北苑贡茶，创制了小团茶，闻名于当世。所著《茶录》是论述宋代茶文化的名著。书分上、下二篇，上篇论茶，分色、香、味、藏茶、炙茶、碾茶、罗茶等十条；下篇论茶器，分茶焙、茶笼、砧椎、茶碾、茶罗等九条。全书皆说所谓烹试之法。

5.《暑热帖》（精茶帖）（宋代·蔡襄）

此帖楷、行、草兼备，用笔精到，温文尔雅。释文："襄启：暑热，不及通谒，所苦想已平复。日夕风日酷烦，无处可避，人生缰锁如此，可叹可叹！精茶数片，不一一。襄上，公谨左右。牯犀作子一副，可直几何？欲托一观，卖者要百五十千。"

6.《一夜帖》（宋代·苏轼）

苏轼，字子瞻，号东坡居士，眉山(今四川)人。此件书法，遒劲茂丽，神采动人，为苏轼小品佳作。该帖

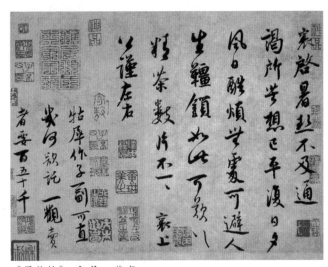

《暑热帖》　**宋代·蔡襄**

是苏轼谪居黄州时写给好友陈季常的信札。推测文意，事情始末大致如此："王君"有一幅黄居寀画的龙，被陈季常借来欣赏，苏轼又从季常手中借得，转而又被曹光州从苏轼手中借去摹榻。现在王君找季常索要此画，季常马上写信催苏东坡归还，东坡找了一夜没找到，才想起是被友人曹光州借走了。东坡怕辗转外借的事被王君知道了要翻悔急索，只好给季常出主意，让他"细说

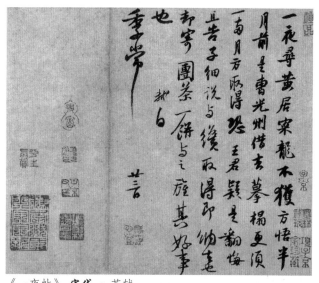

《一夜帖》 **宋代·苏轼**

与"王君："怎么刚拿到手就要收回呢？"又搭上一饼名贵的好茶龙团凤饼，让季常送给王君表示感谢。实为希望王君过些日子再要。

团茶为唐、宋时代盛行的茶叶，进奉朝廷的小龙团贡茶，是相当珍贵的，欧阳修在朝为官二十余年，才获赐四人共分一饼。苏轼所处的北宋中晚期正是团茶做得最精致的时期，有大小龙团、凤团、密云龙等饼茶。赠送友人的虽是大小龙团茶，但仍然是很珍贵的礼品。

7.《新岁展庆帖》（宋代·苏轼）

该帖亦称《新岁未获展庆帖》，是苏东坡写给好友陈季常的一通手札。在苏东坡的眼里，茶具不仅是烹茶的器皿，也是一种艺术品。当他得知季常家有一副茶臼时，便赶快修书去借来，让工匠依样制造，以饱眼福。帖中记录："……此中有一铸铜匠，欲借所收建州木茶臼子并椎，试令依样造看。兼适有闽中人便，或令看过，因往彼买一副也。乞暂付去人，专爱护，便纳上……"

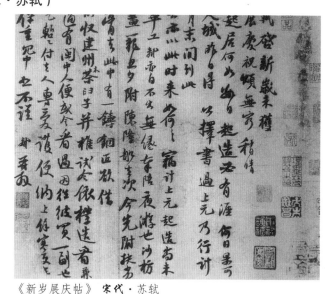

《新岁展庆帖》 **宋代·苏轼**

8.《啜茶帖》（宋代·苏轼）

该帖书于元丰三年（1080），行书，曾编入《苏氏一门十一帖》。内容是通音问，

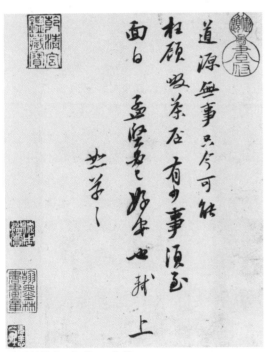

《次辩才韵诗帖》　宋代·苏轼

《啜茶帖》　宋代·苏轼

谈啜茶，说起居，落笔似漫不经心，而整体布白自然错落，丰秀雅逸。释文："道源无事，只今可能枉顾啜茶否，有少事须至面白，孟坚必已好安也。轼上，恕草草。"

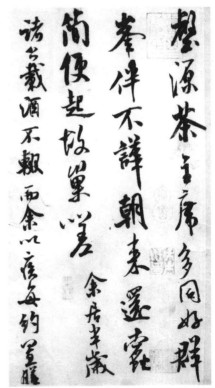

《苕溪诗帖》（局部）　宋代·米芾

9.《苕溪诗帖》（宋代·米芾）

米芾(1051－1107)，集书画家、鉴赏家、收藏家于一身，收藏宏富，涉猎甚广。《苕溪诗帖》是米芾的一件代表作。诗中记述了他受到朋友的热情款待，每天酒肴不断。一次米芾因身体不适，便以茶代酒，事后作了这首诗，诗曰："半岁依修竹，三时看好花。懒倾惠泉酒，点尽壑源茶。主席多同好，群峰伴不哗。朝来还蠹简，便起故巢嗟。"

10.《道林诗帖》（宋代·米芾）

此帖为米芾自书诗帖，诗曰：
"楼阁明丹垩，杉松振老髯。僧迎
方拥帚，茶细旋探檐。"诗中描写
的是：在郁郁葱葱的松林之中有
一座寺院，僧人一见客人到来，便
"拥帚"、置茗相迎接。"拥帚"
亦称"拥彗"，扫地之意。古人迎
候尊贵，唯恐尘埃触及客人，常拥
帚以示敬意。"茶细旋探檐"，意
为从屋檐上挂着的茶笼中取出细美
的茶叶。"探檐"一词指明了寺院
僧人以茶请客的同时，也记录了宋

《道林诗帖》**宋代**·米芾

代茶叶贮存的特定方式。蔡襄的《茶录》中曾有"茶不入焙者宜密封，裹以箬，笼盛之
置高处，不近湿气"的论述。米芾的诗正是这个论述的注脚。

11.《方圆庵记》（宋代·米芾）

宋元丰六年（1083）四月九日，杭州南山僧官守一法师到龙井寿圣院辩才住所方
圆庵拜会辩才，二人讲经说法，谈古论经，十分投机。为此，守一写了《龙井山方圆
庵记》一文，以示纪念。此碑由米芾书，原石刻于北宋元丰六年（1083）。书法腴润秀

《方圆庵记》**宋代**·米芾

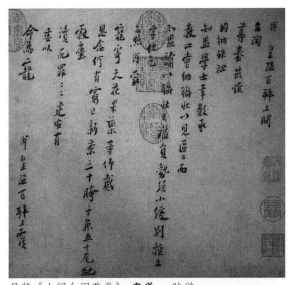

尺牍《上问台阁尊眷》 **宋代·陆游**

逸，乃米芾集古字时期的佳作。

12.尺牍《上问台阁尊眷》（宋代·陆游）

陆游是南宋著名诗人，不仅深谙品茶，而且懂得鉴赏茶具。他曾作诗："水品茶经常在手，前身疑是竟陵翁"，自喻为陆羽的化身。他还爱好建窑兔毫盏，其茶诗中也多次出现兔毫盏。

此信为答谢回赠友人新茶三十胯，子鱼五十尾。宋人形容团茶圆形称"饼"，其他造型称"胯"，如方形——方胯，花形——花胯。陆游能一次送人三十胯茶，可见其不是贡茶而是民间所用；"新茶三十胯"也可看出陆游对茶之喜好。

13.《国宾山长帖卷》（元代·赵孟頫）

赵孟頫此帖释文："孟頫顿首……名印当刻去奉送。承别纸惠画绢。茶牙……手书再拜复国宾山长友爱足下。赵孟頫谨封。老妇附承堂上安人动履。"

14.《天冠山题咏诗帖》（清人钱泳刻本）（元代·赵孟頫）

天冠山在江西省贵溪市城南，因有三座山峰品峙而立，又称三峰山。赵孟頫曾在此立碑，并撰文书丹，即为天冠山二十四景撰写的诗帖，遍写贵溪风光。此帖为清人钱泳刻本，书法以婉媚胜，故为人们所爱好。其中有句："寒月泉：我尝游惠山，泉味胜牛乳。梦想寒月泉，携茶就泉煮。"在赵孟頫书法作品中，这也是不可多见的有关煮茶的描述。

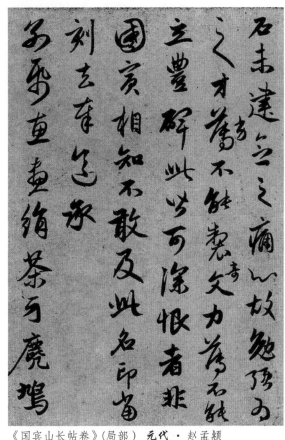

《国宾山长帖卷》（局部） **元代·赵孟頫**

三、明代茶书法

　　明代历朝皇帝和外藩诸王大都爱好书法，因此丛帖汇刻之风尤甚。明代书法在晋、唐、宋、元帖学基础上鲜明地突出书者的个性，产生了一大批集大成者。文徵明、唐寅、徐渭等明代书法大家都有不少脍炙人口的茶文化书法作品。

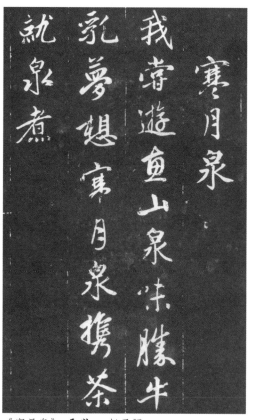

《寒月泉》 元代·赵孟頫

1.《行书七言诗》（明代·文徵明）

　　文徵明，长洲（江苏苏州）人，因世居衡山，号"衡山居士"。文氏书法，上法宋元，远追魏晋，博采众长，自成一家。这篇行书自书七言律诗，法度谨严而意态生动，笔法多用中锋，线条苍劲有力，结体张弛有致，带有黄庭坚的笔法。释文："故人踏雪到山家，解带高堂玩物华。偃蹇青松埋短绿，依稀明月浸寒沙。朱帘卷玉天开画，石鼎烹璃晚试茶。莫笑野人贫活计，一痕生意在梅花。"

2.《落花诗》（明代·唐寅）

　　唐寅书法主要学赵孟頫，更受李北海影响，俊逸挺秀，妩媚多姿，行笔圆熟而洒脱。唐寅一生爱茶，与茶结下不解之缘，曾写过不少茶诗，这首《落花诗》

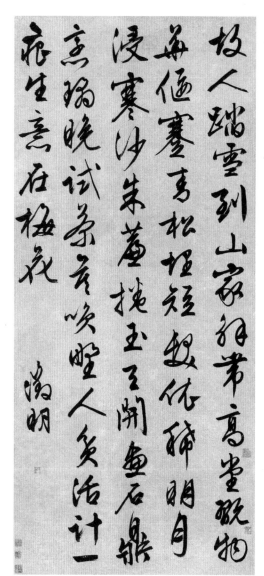

《行书七言诗》（立轴） 明代·文徵明

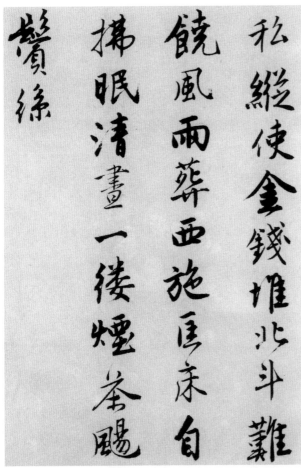

《落花诗》（局部） **明代·唐寅**

《七言律诗》 **明代·唐寅**

（节选）写道："时节蚕忙擘黑时，花枝堪赋比红儿。看来寒食春无主，飞过邻家蝶有私。纵使金钱堆北斗，难饶风雨葬西施。匡床自拂眠清昼，一缕烟茶飐鬓丝。"

3.《七言律诗》（明代·唐寅）

此幅七言律诗为正德元年（1506）所写，诗为"千金良夜万金花，占尽东风有几家。门里主人能好事，手中杯酒不须赊。碧纱笼罩层层翠，紫竹支持叠叠霞。新乐调成胡蝶曲，低檐将散蜜蜂衙。清明争插西河柳，谷雨初来阳羡茶。二美四难俱备足，晨鸡欢笑到昏鸦。"偏好品茶的唐寅，身处江苏吴县，得以在谷雨前即尝到附近新鲜的阳羡茶。阳羡茶在唐代即负盛名，是主要贡茶之一。

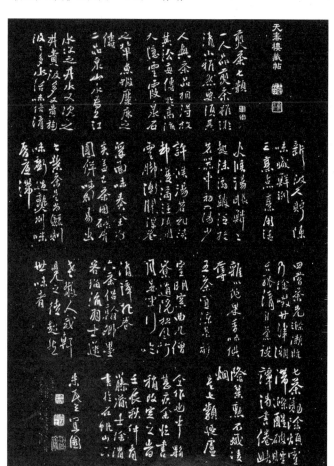

《煎茶七类》(局部) **明代·徐渭**

《煎茶七类》(局部) **明代·徐渭**

碑拓《煎茶七类》 **明代·徐渭**

徐渭像

4.《煎茶七类》(明代·徐渭)

徐渭(1521-1593),山阴(今浙江绍兴)人,是明代杰出的书画家和文学家。徐渭一生狂放不羁,孤傲淡泊,于茶一事颇有贡献,曾依陆羽之范例,撰《茶经》一卷。草书《煎茶七类》,

《早起非真健诗》 清代·傅山

则是其书艺与茶道理想相结合的一幅杰作。

《煎茶七类》的书法笔画挺劲而腴润，布局潇洒而又不失严谨。文中着重论述了"人品"与"茶品"的关系，认为茶是清高之物，唯有文人雅士、超凡脱俗的隐逸高僧及云游之士，在松风竹月、僧寮道院中品著啜饮，才算是人品同茶品相得，才能体悟茶道之真趣。

四、清代茶书法

明清之交，书法界人才辈出。清代傅山、金农等，有茶文化书法作品传世。

1.《早起非真健诗》（清代·傅山）

傅山，山西阳曲（今山西太原市郊）人。长于书画，精鉴赏，并开清代金石学之源。傅山的草书在王铎草书的基础上加以发挥，逐渐形成自己的风格。此件草书为其代表风格。释文："早起非真健，研头枕似权。空心微乞酒，不寐总仇茶。脆妒经霜枣，凉怜带月瓜。掀窗试眼镜，破句入楞枷。傅山。"

2.《玉川子嗜茶帖》（清代·金农）

金农（1687-1763），扬州八怪的核心人物，在诗、书、画、印以及琴曲、鉴赏、收藏方面都称得上是大家。金农从小研习书文，但天性散淡，其书法作品较扬州八怪中的其他人来说数量非常少。从此幅隶书中堂中可见其对茶的见解："玉川子嗜茶，见其所赋茶歌，刘松年画此，所谓破屋数间，一婢赤脚举扇向火。竹炉之汤未熟，长须之奴复负大瓢出汲。玉川子方倚案而坐，侧耳松风，以候七碗之入口，而谓妙于画者矣。茶未易烹也，予尝见《茶经》、《水品》，又尝受其法于高人，始知人之烹茶率皆漫浪，而真知其味者不多见也。呜呼，安得如玉川子者与之谈斯事哉！稽留山民金农。"

另有《述茶》一轴，内容为："采英于山，著经于羽；菸烈馥芳,涤清神宇。"

茶事艺文

265

《玉川子嗜茶帖》 清代·金农

《述茶》 清代·金农

第三章 茶与诗词、楹联

中国茶诗年代久远，最迟在西晋已出现。历代著名诗人、文学家大多写过茶诗，从西晋到当代，茶诗作者约870多人，茶诗达3 500余篇。茶诗体裁有古诗、律诗、绝句、宫词、联句、竹枝词、新体诗歌以及宝塔诗、回文诗等趣味诗；题材涉及名茶、茶人、饮茶、名泉、茶具、采茶、茶园等，特别是赞扬茶的破睡、疗疾、解渴、清脑、涤烦之功更是数不胜数。

中国最早的茶诗是西晋左思的《娇女》诗：

吾家有娇女，皎皎颇白皙。

小字为纨素，口齿自清历。

有姐字惠芳，眉目粲如画。

驰骛翔园林，果下皆生摘。

贪华风雨中，倏忽数百适。

心为茶荈剧，吹嘘对鼎䥶。

脂腻漫白袖，烟熏染阿锡。

衣被皆重池，难与沉水碧。

一、唐代茶诗

在中国文学史上，唐以诗称冠，而唐代又是茶文化兴起的重要时期，茶诗也得以蓬勃发展，许多著名诗人都有咏茶之作。据对《全唐诗》的统计，唐、五代写过茶诗的诗人和文学家有130余人，写有茶诗550余篇，诗体有古诗、律诗、绝句等，内容涉及茶圣陆羽、名茶、煎茶、饮茶、茶具、采茶、茶园及其他诸多方面。

皎然　生卒年不详。字清昼，吴兴人，唐代诗僧。其诗清丽闲淡，多为赠答送别、山水游赏之作。

《寻陆鸿渐不遇》

移家虽带郭，野径入桑麻。

近种篱边菊，秋来未著花。

扣门无犬吠，欲去问西家。

报到山中去，归来每日斜。

《九日与陆处士羽饮茶》

九日山僧院，东篱菊也黄。

俗人多泛酒，谁解助茶香。

9月9日是重阳节，从唐时起，就有在重阳节登高赋诗、插茱萸或相聚饮酒之风俗。陆羽于肃宗上元初（760）在吴兴苕溪结庐隐居时，同皎然结成"缁素忘年交"，情谊笃深，生死不渝。此诗作于陆羽隐居妙喜寺期间。皎然在重阳节同陆羽一起品茗、赏菊、赋诗。

李白（701-762） 字太白，号青莲居士，有"诗仙"之称。唐代伟大的浪漫主义诗人。李白作品中不乏茶诗佳作。

《答族侄僧中孚赠玉泉山仙人掌茶》

常闻玉泉山，山洞多乳窟。

仙鼠白如鸦，倒悬清溪月。

茗生此石中，玉泉流不歇。

根柯洒芳津，采服润肌骨。

丛老卷绿叶，枝枝相接连。

曝成仙人掌，似拍洪崖肩。

举世未见之，其名定谁传。

宗英乃禅伯，投赠有佳篇。

清镜烛无盐，顾惭西子妍。

朝坐有余兴，长吟播诸天。

此诗约作于天宝中。李白因在长安遭权贵谗毁，抱负不得施展而"赐金还山"，离开长安作第二次漫游。后在金陵与族侄僧人中孚相遇，蒙其赠诗与仙人掌茶，诗人以此诗为谢。在唐代的诗歌中，这是早期的咏茶诗作。

卢仝（约775-835） 其诗多反映民间疾苦，好饮茶，为茶歌。著有《茶谱》，被世人尊称为"茶仙"。他的《走笔谢孟谏议寄新茶》至今仍被广为传颂。

《走笔谢孟谏议寄新茶》

日高丈五睡正浓，将军打门惊周公。

口云谏议送书信，白绢斜封三道印。

开缄宛见谏议面，手阅月团三百片。

天子未尝阳羡茶，百草不敢先开花。

仁风暗结珠玉非，先春抽出黄金芽。

摘鲜焙芳旋封裹，至精至好且不奢。

至尊之余合王公，何事便到山人家？

柴门反关无俗客，纱帽笼头自煎吃。

碧云引风吹不断，白花浮光凝碗面。

一碗喉吻润，二碗破孤闷。

三碗搜枯肠，唯有文字五千卷。

四碗发轻汗，平生不平事，尽向毛孔散。

五碗肌骨清，六碗通仙灵。

七碗吃不得也，唯觉两腋习习清风生。

蓬莱山在何处？玉川子乘此清风欲归去。

山上群仙司下土，地位清高隔风雨，

安得知百万亿苍生命，堕在巅崖受辛苦。

便从谏议问苍生，到头还得苏息否？

　　诗人睡梦正酣，时任常州刺史的孟简派人给他送来了300片唐贡山出产的贡茶，这首诗就是卢仝在品尝了天子及王公大臣才能享用的"阳羡茶"之后，写给孟刺史的致谢诗。在卢仝看来，饮茶之功用不仅仅是止渴生津，还是高级的精神享受：提神醒脑、启迪心智、致清导和，其快感竟如登仙境，一碗润了喉，二碗提了神，三碗来了文思，四碗宽了心胸，五碗轻了肌骨，六碗只觉手眼神通，七碗竟飘飘欲仙……

　　白居易（772-846）　字乐天，号香山居士，下邽（今陕西渭南东北）人，在中国文学史上负有盛名且影响深远。白居易一生酷爱饮茶，早起要饮茶，饭后要饮茶，写诗文要饮茶，晚年尤甚，几乎与茶相伴终生。

《闻贾常州崔湖州茶山境会想羡欢宴因寄诗》

　　遥闻境会茶山夜，珠翠歌钟俱绕身。

　　盘下中分两州界，灯前合作一家春。

　　青娥递舞应争妙，紫笋齐尝各斗新。

　　自叹花时北窗下，蒲黄酒对病眠人。

　　唐代官府为了确保贡茶能按时、保质保量地送到京城，常在产茶区举行"境会"。每逢此时，达官贵人云集，盛况空前。白居易只能"自叹花时北窗下"，"因寄诗"深表遗憾。诗中把盛会的境况和作者的心情描绘得淋漓尽致，是一首情景交融的佳作。

　　杜牧（803—853）　字牧之，号樊川居士，京兆万年（今陕西西安）人。

《茶山》

　　山实东南秀，茶称瑞草魁。

　　剖符虽俗吏，修贡亦仙才。

　　溪尽停蛮棹，旗张卓翠苔。

　　柳村穿窈窕，松径度喧虺。

　　等级云峰峻，宽平洞府开。

　　拂天闻笑语，特地见楼台。

　　泉嫩黄金涌，芽香紫璧裁。

　　拜章期沃日，轻骑若奔雷。

　　舞袖岚侵润，歌声谷答回。

　　磬声藏叶鸟，云艳照潭梅。

　　好是全家到，兼为奉诏来。

　　树荫香作帐，花径落成堆。

　　景物残三月，登临怆一怀。

重游难自克，俯首入尘埃。

茶山在唐湖州顾渚山，地处太湖西岸，盛产紫笋茶，陆羽《茶经》称其为茶中上品。按唐制每年春三月采制第一批春茶时，湖、常二州刺史都要奉诏赴茶山督办修贡事宜。这首《茶山》诗，即是诗人在湖州刺史任内所作。

元稹（779-831） 字微之，河南河内人。

《一字至七字诗·茶》

茶，

香叶，嫩芽，

慕诗客，爱僧家。

碾雕白玉，罗织红纱。

铫煎黄蕊色，碗转曲尘花。

夜后邀陪明月，晨前命对朝霞。

洗尽古今人不倦，将至醉后岂堪夸。

此茶诗的体裁不但在茶诗中颇为少见，就是在其他诗中也不可多得。

齐己 唐代僧人，俗姓胡，名得生，字迩沩，晚年自号衡岳沙门。酷爱山水名胜，遍游终南、华山和江南各地。以诗名于时，留下大量诗作。

《谢中上人寄茶》

春山谷雨前，并手摘芳烟。

绿嫩难盈笼，清和易晚天。

且招临院客，试煮落花泉。

地远相劳寄，无来又隔年。

联句诗是旧时做诗的一种方式，几个人共作一首诗，但需意思连贯，相连成章。在唐代茶诗中，有一首题为《五言月夜啜茶联句》，是由六位作者共同做成的。他们是：著名书法家颜真卿、嘉兴(今属浙江省)县尉陆士修、深州陆泽(今河北深县)人张荐、庐州刺史李萼、崔万(生平不详)、昼(即僧皎然)。诗曰：

泛花邀坐客，代饮引情言(士修)。

醒酒宜华席，留僧想独园(荐)。

不须攀月桂，何假树庭萱(萼)。

御史秋风劲，尚书北斗尊(崔万)。

流华净肌骨，疏瀹涤心原(真卿)。

不似春醪醉，何辞绿菽繁(昼)。

素瓷传静夜，芳气满闲轩(士修)。

这首啜茶联句总共七句。作者们为了别出心裁，用了许多与啜茶有关的代名词。如陆士修用"代饮"比喻以饮茶代饮酒；张荐用"华席"借指茶宴；颜真卿用"流华"借指饮茶。用联句来咏茶，这在茶诗中是少见的。

在数以千计的茶诗中，皮日休和陆龟蒙的唱和诗可谓别具一格。皮日休，襄阳(今湖北襄樊市)人，曾任翰林学士；陆龟蒙，长洲(今江苏吴县)人，曾任苏湖两都从事。两人都有爱茶雅好，经常作文和诗，因此人称"皮陆"。他们写有《茶中杂咏》唱和诗各十首，内容包括《茶坞》、《茶人》、《茶笋》、《茶籝》、《茶舍》、《茶灶》、《茶焙》、《茶鼎》、《茶瓯》和《煮茶》，对茶的史料、茶乡风情、茶农疾苦直至茶具和煮茶都有具体的描述，可谓一份珍贵的茶叶文献。兹录二位诗人茶诗各一首：

《谢山泉》陆龟蒙

决决春泉出洞霞，石坛封寄野人家。

草堂尽日留僧坐，自向前溪摘名芽。

《茶坞》皮日休

闲寻尧氏山，遂入深深坞。

种舜已成园，栽葭宁记亩!

石洼泉似掬，岩罅云如缕。

好是初夏时，白花满烟雨。

二、宋代茶诗

宋代茶叶生产空前发展，饮茶之风更加盛行，几乎所有的诗人都写过咏茶的诗词。据不完全统计，宋代茶诗作者260余人，现存茶诗逾1 200篇，诗体、内容则与唐代相似。

梅尧臣（1002-1060） 字圣俞，宣城（今属安徽）人。梅尧臣毕生致力于诗歌创作，留下了不少脍炙人口的茶诗。

《会善寺》

杳霭随龙节，萦纡历宝山。

琉璃开净界，薜荔启禅关。

煮茗石泉上，清吟云壑间。

峰端生片雨，稍促画轮还。

曾几（1084-1166） 字吉甫，自号茶山居士，赣州（今属江西）人。

《李相公饷建溪新茗奉寄》

一书说尽故人情，闽岭春风入户庭。

碾处曾看眉上白，分时为见眼中青。

饭羹正昼成空洞，枕簟通宵失杳冥。

无奈笔端尘俗在，更呼活火发铜瓶。

苏轼 北宋著名文学家、书画家，与唐代的韩愈、柳宗元和宋代的欧阳修、苏洵、苏辙、王安石、曾巩合称唐宋八大家。

《咏茶》

武夷溪边粟粒芽，前丁后蔡相宠加。

争新买宠各出意，今年斗品充贡茶。

吾君所乏岂此物，致养口体何陋耶？

洛阳相君忠孝家，可怜亦进姚黄花。

回文诗中的字句回环往复，读之都成篇章，而且意义相同。用回文写茶诗，也算是苏氏的一绝。在题名为《记梦回文二首并叙》诗的叙中，苏轼写道："十二月十五日，大雪始晴，梦人以雪水烹小团茶，使美人歌以饮余，梦中为作回文诗，觉而记其一句云：乱点余花睡碧衫，意用飞燕唾花故事也。乃续之，为二绝句云。"序中记载了大雪初晴后的一个梦境。在梦中人们以洁白的雪水烹煮小团茶，并有美丽的女子唱着动人的歌，苏轼就在这种美妙的情景中细细地品茶。梦中他写下了回文诗，梦醒之后朦胧间只记得起其中的一句，于是续写了两首绝句：

其一

酡颜玉碗捧纤纤，乱点余花吐碧衫。

歌咽水云凝静院，梦惊松雪落空岩。

其二

空花落尽酒倾缸，日上山融雪涨江。

红焙浅瓯新火活，龙团小碾斗晴窗。

这是两首通体回文诗。又可倒读出下面两首，极为别致。

其一

岩空落雪松惊梦，院静凝云水咽歌。

衫碧吐花余点乱，纤纤捧碗玉颜酡。

其二

窗晴斗碾小团龙，活火新瓯浅焙红。

江涨雪融山上日，缸倾酒尽落花空。

黄庭坚（1045-1105） 字鲁直，洪州分宁(今江西修水)人，北宋诗人、书法家。

元祐二年(1087) 黄庭坚写下了情深意切的《双井茶送子瞻》诗。诗中写道：

人间风日不到处，天上玉堂森宝书。

想见东坡旧居士，挥毫百斛泻明珠。

我家江南摘云腴，落硙霏霏雪不如。

为君唤起黄州梦，独载扁舟向五湖。

苏东坡品尝双井茶后，赞不绝口，即回赠一首《鲁直以诗馈双井茶次韵为谢》，诗曰：

江夏无双种奇茗，汝阴六一夸新收。

磨成不敢付僮仆，自看雪汤生玑珠。

列仙之儒瘠不腴，只有病渴同相如。

明年我欲东南去，画舫何妨宿太湖。

　　陆游（1125–1210）　字务观，号放翁，越州山阴(今浙江绍兴)人。陆游一生嗜茶，恰好又与陆羽同姓，故其同僚周必大赠诗云："今有云孙持使节，好因贡焙祀茶人"，称他是陆羽的"云孙"(第九代孙)。尽管陆游未必是陆羽的后裔，但他却非常崇拜这位同姓茶圣，多次在诗中直抒胸臆。陆游自言"六十年间万首诗"，其《剑南诗稿》存诗9 300多首，而其中涉及茶事的诗作有320多首，茶诗之多为历代诗人之冠。

　　　　《午坐戏咏》
　　贮药葫芦二寸黄，煎茶橄榄一瓯香。
　　午窗坐稳摩痴腹，始觉龟堂白日长。

　　　　《杂兴》（之三）
　　暮年常苦睡为祟，好事新分安乐茶。
　　更得小瓢吾事足，山家风味似僧家。
　　陆游的茶诗中还有许多佳句，美不胜收，现列举如下：
　　数声茶饭斋初散，一片溪云雨欲来。
　　玉川七碗何须尔，铜碾声中睡已无。
　　清泉浴罢西窗静，更觉茶瓯气味长。
　　昼眠初起报茶熟，宿酒半醒闻雨来。
　　快日明窗闲试墨，寒泉古鼎自煎茶。
　　　嫩汤茶乳白，软火地炉红。

　　范仲淹（989–1052）　北宋中期的政治家、军事家和文学家。字希文，吴县（今江苏苏州）人。他所作的《和章岷从事斗茶歌》说的是文人雅士以及朝廷命官采取的一种高雅的品茗方式，主要是斗水品、茶品(以及诗品)和煮茶技艺的高低。这种方式在宋代文士茗饮活动中颇具代表性。从他的诗可以看出，宋代武夷茶已是茶中极品、也是斗茶用品，该诗写出了宋代武夷山斗茶的盛况。

　　　　《和章岷从事斗茶歌》
　　年年春自东南来，建溪先暖冰微开。
　　溪边奇茗冠天下，武夷仙人从古栽。
　　新雷昨夜发何处，家家嬉笑穿云去。
　　露芽错落一番荣，缀玉含珠散嘉树。
　　终朝采掇未盈襜，唯求精粹不敢贪。
　　研膏焙乳有雅制，方中圭兮圆中蟾。
　　北苑将期献天子，林下雄豪先斗美。
　　鼎磨云外首山铜，瓶携江上中泠水。

黄金碾畔绿尘飞，碧玉瓯心翠涛起。

斗余味兮轻醍醐，斗余香兮薄兰芷。

其间品第胡能欺，十目视而十手指。

胜若登仙不可攀，输同降将无穷耻。

吁嗟天产石上英，论功不愧阶前蓂。

众人之浊我可清，千日之醉我可醒。

屈原试与招魂魄，刘伶却得闻雷霆。

卢仝敢不歌，陆羽须作经。

森然万象中，焉知无茶星。

商山丈人休茹芝，首阳先生休采薇。

长安酒价减千万，成都药市无光辉。

不如仙山一啜好，泠然便欲乘风飞。

君莫羡花间女郎只斗草，赢得珠玑满斗归。

三、金、元茶诗

金代的茶诗有80余篇，内容主要是煎茶、饮茶和茶坊，诗体主要为古诗、律诗、绝句等。元代的茶诗以反映饮茶的意境和感受的居多。

虞集　元代文学家，字伯生，祖籍仁寿（今属四川）。

《游龙井》

杖藜入南山，却立赏奇秀。

所怀玉局翁，来往绚履旧。

空余松在涧，仍作琴筑奏。

徘徊龙井上，云气起晴昼。

入门避沾洒，脱屐乱苔甃。

阳岗扣云石，阴房绝遗构。

澄公爱客至，取水挹幽窦。

坐我薝卜中，余香不闻嗅。

但见瓢中清，翠影落群岫。

烹煎黄金芽，不取谷雨后。

同来二三子，三咽不忍嗽。

讲堂集群彦，千蹬坐吟究。

浪浪杂飞雨，沉沉度清漏。

今我怀幼学，胡为裹章绶。

此诗对龙井茶的采摘时间、品质特点和文人品饮情态都做了生动的描绘。据说，虞集是历史上最早描写龙井茶的诗人。

四、明代茶诗

明代统治者一度对文人实行高压政策，在此情况下，不少文人的才华无处施展，只能以琴棋书画表述志向，而饮茶就和这些雅事很好地融合在一起了。在这些诗人中，突出的代表是号称"吴中四才子"的唐伯虎、祝枝山、文徵明、徐祯卿等。

明代茶诗除涉及紫笋、阳羡、建茶等传统名茶外，以咏龙井茶为最多。

文徵明 自幼习经籍诗文，喜爱书画，其茶诗清新绮丽，自树一帜。

《咏慧山泉》

少时阅茶经，水品谓能记。

如何百里间，慧泉曾未试。

空余裹茗兴，十载劳梦寐。

秋风吹扁舟，晓及山前寺。

始寻琴筑声，旋见珠颗泌。

龙唇雪溃薄，月沼玉淳泗。

乳腹信坡言，园方亦随地。

不论味如何，清彻已云异。

俯窥鉴须眉，下掬走童稚。

高情殊未已，纷然各携器。

昔闻李卫公，千里曾驿致。

好奇虽自笃，那可辨真伪？

吾来良已晚，手致不烦使。

袖中有先春，活火还手炽。

吾生不饮酒，亦自得茗醉。

虽非古易牙，其理可寻譬。

向来所曾尝，虎阜出其次。

行当酌中泠，一验逋翁智。

唐寅 在文学上亦富有成就。工诗文，其诗多记游、题画、感怀之作，以表达狂放和孤傲的心境以及对世态炎凉的感慨，以俚语俗语入诗，通俗易懂，语浅意隽。

《事茗图》

日长何所事，茗碗自赍持。

料得南窗下，清风满鬓丝。

高启（1336-1374） 长洲（今江苏苏州）人。元末曾隐居吴淞江畔的青丘，因自号青丘子。

《采茶词》

雷过溪山碧云暖，幽丛半吐枪旗短。

银钗女儿相应歌，筐中采得谁最多？

归来清香犹在手，高品先将呈太守。

竹炉新焙未得尝，笼盛贩与湖南商。

山家不解种禾黍，衣食年年在春雨。

高启的《采茶词》描写了茶农把茶叶进贡后，其余全部卖给商人，自己却舍不得尝新的苦楚，表现了诗人对人民生活极大的同情与关怀。

明代还有许多出色的茶诗，兹录一二首：

《龙井试茶》 童汉臣

水汲龙脑液，茶烹雀舌春。

因之消酪酊，兼以玩嶙峋。

一吸赵州意，能苏陆羽神。

林间抱新趣，世味总休冷。

《龙井试茶》 高应宽

茶新香更细，鼎小煮尤佳。

若不烹松火，疑餐一片霞。

《龙井试茶》 王寅

昔尝顾渚茗，凿得金沙泉。

旧游怀莫置，幽事复依然。

绿染龙波上，香搴谷雨前。

况于山寺里，藉此可谈禅。

五、清代茶诗

清代有140余人写过550余篇茶诗，最多者为厉鹗，有80多篇。诗体、内容均与前代相似。乾隆皇帝有多篇咏龙井茶诗。皇帝写茶诗，这在中国茶文化史上是少见的。

《山居》 爱新觉罗·玄烨

迎熏避暑驻山庄，四顾重重丘壑长。

雨后雏莺歌密树，风前练雀舞斜廊。

静观得趣无非景，佳兴涵虚可致凉。

烹茗汲泉清意味，个中谁解有真香。

乾隆皇帝六下江南，曾五次为杭州西湖龙井茶作诗，最有名的便是这首《观采茶作歌》：

火前嫩，火后老，惟有骑火品最好。

西湖龙井旧擅名，适来试一观其道。

村男接踵下层椒，倾筐雀舌还鹰爪。
地炉文火续续添，干釜柔风旋旋炒。
慢炒细焙有次第，辛苦工夫殊不少。
王肃酪奴惜不知，陆羽茶经太精讨。
我虽贡茗未求佳，防微犹恐开奇巧。

乾隆皇帝还有《次文徵明〈茶具十咏〉韵》，分别吟咏了茶坞、茶人、茶笋、茶篇、茶舍、茶灶、茶焙、茶鼎、茶瓯和煮茶。

文学家曹雪芹的如下茶诗也值得玩味：

《四时即事之二、三》曹雪芹

（二）夏夜即事

倦绣佳人幽梦长，金笼鹦鹉唤茶汤。
窗明麝月开宫镜，室霭檀云品御香。
琥珀杯倾荷露滑，玻璃槛纳柳风凉。
水亭处处齐纨动，帘卷朱楼罢晚妆。

（三）秋夜即事

绛云轩里绝喧哗，桂魄流光浸茜纱。
苔锁石纹容睡鹤，井飘桐露湿栖鸦。
抱衾婢至舒金凤，倚槛人归落翠花。
静夜不眠因酒渴，沉烟重拨索烹茶。

《龙井山新茶》汪士慎

野老亲携竹箬笼，龙山茗味出幽丛。
采时绿带缫丝雨，剪时香飘解箨风。
久嗜自应癯似鹤，苦吟休笑冷于虫。
一瓯雪乳光浮动，映得樱桃满树红。

六、现代茶诗

当代茶诗诗体仍以旧体诗为主，如古诗、律诗、绝句、回文诗等，也有新体诗及汉俳；题材为名茶、茶神陆羽、饮茶、名泉、采茶、茶园等。

《和柳亚子先生》 毛泽东

饮茶粤海未能忘，索句渝州叶正黄。
三十一年还旧国，落花时节读华章。
牢骚太盛防肠断，风物长宜放眼量。
莫道昆明池水浅，观鱼胜过富春江。

《咏茶诗》（之一）朱德
　　品庐山云雾茶
庐山云雾茶，味浓性泼辣，
若得长时饮，延年益寿法。

《元旦口占用柳亚子怀人韵》董必武
共庆新年笑语华，红岩士女赠梅花。
举杯互敬屠苏酒，散席分尝胜利茶。
只有精忠能报国，更无乐土可为家。
陪都歌舞迎佳节，遥称延安景物华。

《访梅家坞》陈毅
会谈及公社，相约访梅家。
青山四面合，绿树几坡斜。
溪水鸣琴瑟，人民乐岁华。
嘉宾咸喜悦，细看摘新茶。

《虎跑泉品龙井茶》郭沫若
虎跑泉犹在，客来茶甚甘。
名传天下口，影对水成三。
饱览湖山美，豪游意兴酣。
春风吹送我，岭外又江南。

《茶诗入禅》（二首）赵朴初
　　（一）吃茶（五绝）
七碗受至味，一壶得真趣。
空持百千偈，不如吃茶去。
　　诗中，赵朴初化用唐代诗人卢仝的"七碗茶"诗意，引用唐代高僧从谂禅师"吃茶去"的禅林法语，自然贴切、生动明了，是体现茶禅一味、茶禅相通的佳作。
　　（二）中国——茶的故乡
东瀛玉露甘清香，楞伽紫茸南方良。
茶经昔读今茶史，欲唤天涯认故乡。
　　赵朴初在诗后加注："日本宇治产玉露茶甚佳，斯里兰卡（古称楞伽）产红茶有名于世。"这首诗从赞颂日本名茶宇治玉露茶、斯里兰卡紫茸茶入手，道出了中国茶对人类文明的巨大贡献："欲唤天涯认故乡"。

《诗赞"屯绿"、"祁红"》老舍

春风春日采新茶，生产徽州天下夸。

屯绿祁红好姊妹，淡妆浓抹总无瑕。

《品茶句》 鲁迅

色清而味甘，

微香而小苦。

《品饮香茶》 庄晚芳

八六老翁无所求，茶禅一味寻仙游。

人生道上难言尽，品饮香茗可息愁。

七、古今茶楹联欣赏

茶联，是我国楹联宝库中的一枝奇葩。它字数多少不限，但要求对偶工整，平仄协调，是诗词形式的演变。在我国，凡与茶有关的场所，如茶馆、茶楼、茶室、茶叶店、茶座的门庭或石柱上，茶道、茶艺、茶礼表演的厅堂墙壁上，甚至在茶人的起居室内，常可见以茶事为内容的茶联。

1.茶叶店门联

松涛烹雪醒诗梦；竹院浮烟荡俗尘。

尘滤一时净；清风两腋生。

采向雨前，烹直竹里；经翻陆羽，歌记卢仝。

泉香好解相如渴；火候闲平东坡诗。

龙井泉多奇味；武夷茶发异香。

九曲夷山采雀舌；一溪活水煮龙团。

春共山中采；香宜竹里煎。

雀舌未经三月雨；龙芽新占一枝春。

竹粉含新意；松风寄逸情。

2.茶馆、茶社、茶楼联

泉从石出情宜洌；茶自峰生味更圆。

南峰紫笋来仙品；北苑春芽快客谈。

诗写梅花月；茶煎谷雨春。

一杯春露暂留客；两腋清风几欲仙。

小天地，大场合，让我一席；论英雄，谈古今，喝它几杯。

独携天上小团月，来试人间第二泉。

此处有家乡风月；举杯是故土人情。

佳肴无肉亦可佳；雅淡离我尚难雅。

细品清香趣更清；屡尝浓醏情愈浓。

茶香高山云雾质；水甜幽泉霜雪魂。

来不招去不辞礼仪不拘；烟自奉茶自酌悠然自得。

客至心常热；人走茶不凉。

欲把西湖比西子，从来佳茗似佳人。

陶潜善饮，易牙善烹，饮烹有度；陶侃惜分，夏禹惜寸，分寸无遗。

3.名人撰茶联

花笺茗碗香千载，云影波光活一楼。（清人何绍基题成都望江楼）

拣茶为款同心友，筑室因藏善本书。（清名士张廷济撰）

天下几人闲，问杯茗待谁，消磨半日？洞中一佛大，有池荷招我，来证三生！（新加坡一客厅联，为新加坡诗人兼书法家潘受题）

买丝客去休浇酒；煳饼人来且吃茶。（阮元任云贵总督时为云南金山寺亭柱撰）

品泉茶三口白水；竹仙寺两个山人。（清代文人胡简志为潜江竹仙寺茶楼撰）

济人茶水行方便；悟道庵门洗俗尘（明代汉阳周杏村为侏儒嵊庵撰）

来为利，去为名，百年岁月无多，到此且留片刻；西有湖，东有畈，八里程途尚远，劝君更尽一杯。（清秀才夏伯渠为新州龙王墩茶亭撰）

斗酒恣欢，方向骚人正妙述；杯茶泛碧，庵前过客暂停车。（民初浠水范寿康为斗方山茶庵撰）

鹿鸣饮宴，迎我佳客；阁下请坐，喝杯清茶。（清文人肖楚称为孝感一茶楼撰）

扫来竹叶烹茶叶；劈碎松根煮菜根。（清人郑板桥撰）

茶对联

第四章　茶与其他艺术

一、茶与戏曲

　　采茶戏是戏曲剧种之一，是世界上唯一由茶事发展而来的戏曲剧种，也是全国各地采茶、花灯等民间歌舞小戏的统称。采茶戏起源于茶农采茶时所唱的采茶歌，历经采

茶小曲、采茶歌联唱、采茶灯等阶段，与民间舞蹈相结合，形成载歌载舞的采茶戏，流行于江西、湖南、湖北、安徽、福建、广东、广西一带。采茶戏的主奏乐器一般为二胡。根据流行地区的不同，有江西采茶戏、闽西采茶戏、湖北阳新采茶戏、黄梅采茶戏、蕲春采茶戏、粤北采茶戏、桂南采茶戏

采茶舞

等，均各具特色。它们形成的时间，大致都在清代中期至清代末年这一阶段。在江西的一些地方，至今还保留有"采茶剧团"。

　　茶对戏曲的影响，不仅直接产生了采茶戏这个剧种，更为重要的是还与演出环境、戏曲内容等有着直接关系。

　　就演出环境而言，过去弹唱、相声、大鼓、评话等曲艺大多在茶馆演出，所以早期的戏院或剧场，演戏是为娱乐茶客和吸引茶客服务的。明清以来，戏曲剧场通称为"茶楼"，也叫"茶园"。当时剧场以卖茶点为主，演出为辅，座位只收茶钱而不售戏票，观众一边茶话，一边听曲，故称"茶楼"。北京最早的营业性茶楼为"查家茶楼"，清代称为"查家楼"，简称"查楼"，后改为"广和楼"，系明代巨室查姓所建。上海早期剧场也以茶园命名，如"丹桂茶园"、"天仙茶园"等。成都于1905年建成的"悦来茶园"也是剧场。由此可知，现代的剧场是由早年的茶园演变而来。现在的专业剧场，是辛亥革命前后才出现的，当时还特地名之为"新式剧场"或"戏园"、"戏馆"。这"园"字和"馆"字，就出自茶园和茶馆。所以，有人形象地称："戏曲是我国用茶汁浇灌起来的一门艺术。"

　　黄梅戏，戏曲剧种之一，旧称"黄梅调"，源于湖北黄梅一带的采茶歌。

　　与茶有关的剧目也不少。如昆剧传统剧目《茶访》，一作《茶坊》，是南戏《寻

茶事艺文

281

江西采茶戏(丰子恺漫画) **现代**

亲记》中的一出。赣南采茶戏新中国成立后发掘整理了《九龙山摘茶》（后改名《茶童歌》）。此外，还有粤北采茶戏传统剧目《九龙茶灯》、皖南花鼓戏在新中国成立后整理并演出的《当茶园》、老舍的话剧《茶馆》等。

就演出内容而言，我国戏曲史上许多名戏、名剧，或有茶事的内容、场景，或以茶事为全剧背景和题材。如20世纪20年代初，我国著名剧作家田汉创作的《环球璘与蔷薇》中，就有不少煮水、取茶、泡茶和斟茶等场面，使全剧更接近生活，也更具真实感。20世纪50年代以后，随着我国戏剧事业的进一步繁荣，戏剧中的茶事内容，不仅在舞台上常常可见，而且出现了如《茶馆》、《喜鹊岭茶歌》等一类以茶文化现象、茶事冲突为背景和内容的话剧与电影。《茶馆》是我国著名作家老舍的力作，全剧以旧时北京裕泰茶馆为场地，通过茶馆在三个不同时代的兴衰及剧中人物的遭遇，揭露了旧中国的腐败和黑暗。这部话剧在国内久演不衰。在日本，还创作了《吟公主》这样以茶道为主要线索的电影。《吟公主》讲的是日本茶道宗师千利休反对权贵丰臣秀吉黩武扩张，最后以身殉道的故事。其主要宣传的，即是要人们热爱和平、尊长敬友和清心寡欲、"和敬清寂"的茶道精神。

二、茶与音乐、舞蹈

茶歌、茶舞和茶诗词一样，都是在茶叶生产、饮用等实践过程中派生出来的茶文化现象。从现存的茶史资料来看，茶叶成为歌咏的内容，最早见于西晋孙楚的《出歌》，其称"姜桂茶荈出巴蜀"，其中"茶荈"指的就是茶。唐代皎然《茶歌》、卢仝《走笔谢孟谏议寄新茶》、刘禹锡《西山兰若试茶歌》等，传说至少在宋代时已被谱成乐曲广为传唱。

茶歌的第二种来源，是由谣而歌，即民谣经音乐人的整理配曲再返回民间。如明清时杭州富阳一带流传的《贡茶鲥鱼歌》，其歌词曰："富阳山之茶，富阳江之鱼，茶香破我家，鱼肥卖我儿。采茶妇，捕鱼夫，官府拷掠无完肤。皇天本圣仁，此地一何辜？

戏剧陶俑   戏剧陶俑

鱼兮不出别县，茶兮不出别都，富阳山何日摧？富阳江何日枯？山摧茶已死，江枯鱼亦无，山不摧江不枯，吾民何以苏！"歌词通过一连串的问句，唱出了富阳地区百姓因采办贡茶和捕捉贡鱼遭受的侵扰和痛苦。

另一种茶歌，则完全是茶农和茶工自己创作的民歌或山歌，如清代流传在江西采茶劳工中的歌：

> 清明过了谷雨边，背起包袱走福建。
> 想起福建无走头，三更半夜爬上楼。
> 三捆稻草搭张铺，两根杉木做枕头。
> 想起崇安真可怜，半碗腌菜半碗盐。
> 茶叶下山出江西，吃碗青茶赛过鸡。
> 采茶可怜真可怜，三夜没有两夜眠。
> 茶树底下冷饭吃，灯火旁边算工钱。
> 武夷山上九条龙，十个包头九个穷。
> 年轻穷了靠双手，老来穷了背竹筒。

江西、福建、浙江、湖南、湖北、四川各省的方志中，都有不少茶歌的记载。这些茶歌，开始未形成统一的曲调，后来则孕育产生出了专门的"采茶调"，以致采茶调和山歌、盘歌、五更调、川江号子等并列，发展成为我国南方的一种传统民歌形式。当然，采茶调变成民歌的一种形式后，其歌唱的内容，就不一定限于茶事或与茶事有关的范围了。

现代出现的一些以茶为内容的流行歌曲，则大都是以茶为引子或衬托来表达某种情调或情谊。当代茶歌创作踊跃，涌现出许多脍炙人口的精彩茶歌，如《采茶舞曲》、《挑担茶叶上北京》等。

关于茶舞蹈，由于史籍中有关茶叶舞蹈的具体记载不多，现在所能知的，只是流行于我国南方各省的"茶灯"或"采茶灯"。它一般是舞者左手提茶篮，右手持扇，载歌载舞，内容多表现采茶的劳动生活。壮族也有这种舞蹈形式，称"壮采茶"或"唱采茶"。

除汉族的《茶灯》民间舞蹈外，我国有些少数民族盛行的盘舞、打歌，往往也以敬茶和饮茶的茶事为内容，也可以看作茶事舞蹈。如彝族打歌时，客人坐下后，由打歌的老老少少恭敬地在大锣和唢呐的伴奏下，手端茶盘或酒盘，边舞边走，把茶、酒献给每位客人，然后再边舞边退。云南白族打歌，也和彝族极其相像，人们手中端着茶或酒，在领歌者的带领下，唱着白族语调，弯着膝，绕着火塘转圈，载歌载舞。

闽西民间小调《采茶灯》(陈田鹤编曲，金帆配词)

《采茶灯》的曲调来自闽西地区的民间小调，是一首享誉国内外的歌舞曲，旋律活泼、明快，适宜边唱边舞的采茶动作，以轻松愉快的歌声，表达了采茶姑娘对茶叶丰收的喜悦。歌词如下：

> 百花开放好春光，采茶姑娘满山岗。
> 手提篮儿将茶采，片片采来片片香，
> 采到东来采到西，采茶姑娘笑眯眯。
> 过去采茶为别人，如今采茶为自己。
> 茶树发芽青又青，一棵嫩芽一颗心。
> 轻轻摘来轻采采，片片采来片片新。
> 采满一筐又一筐，山前山后歌声响。
> 今年茶山好收成，家家户户喜洋洋。

《请茶歌》歌词：

> 同志哥
> 请喝一杯茶呀请喝一杯茶
> 井冈山的茶叶甜又香啊甜又香啊
> 当年领袖毛委员啊
> 带领红军井冈啊
> 茶叶本是红军种
> 风里生来雨里长
> 茶树林中战歌响啊
> 军民同心打豺狼罗

喝了红色故乡茶

同志哥

革命传统你永不忘啊前人开路后人走啊

前人栽茶后人尝啊

革命种子发新芽

年年生来处处长

井冈茶香飘四海啊

棵棵茶树向太阳向太阳罗

喝了红色故乡茶革命意志坚如钢啊

啊革命意志你坚如钢

三、茶与邮票

1878年上海工部局书信馆在汉口设立代办所。1893年汉口工部局接收该代办所，自行设立商埠邮局，并开始发行邮票。《第一次普通邮票》是该局发行的第一套邮票，邮

清代汉口书信馆第四次茶担图邮票5全

清代汉口书信馆第二次普通邮票

清代汉口书信馆第四次茶担图邮票

票图案有2种，均为"担茶人"，分5次印刷，每次纸张和印色各异。汉口是清代茶叶之路的起点，是湖南、湖北、河南、安徽、江西等省的茶市中心，每年茶叶出口80万担，占全国出口的40%～60%。"担茶人"邮票反映了汉口茶市的一个侧面。

1994年5月5日，我国邮政配合在宜兴举行的"中国陶瓷艺术节"，发行了《宜兴紫砂陶》特种邮票一套4枚，中国集邮总公司同时发行一套4枚极限明信片。邮票分别选取明代以来代表不同时期作品的4把紫砂名壶为主图，由王虎鸣设计。此为一套以紫砂名壶为题材的纪念邮票，共4枚，画面分别选取明时大彬的三足圆壶、清初陈鸣远的四足方壶、清邵大亨的八卦束竹壶和当代顾景舟的提璧壶。为烘托画面的艺术氛围，在浅灰的底色上打

清代发行的"茶担"邮票

出中式信笺的线椎，精选梅尧臣、欧阳修、汪森、汪文伯吟咏紫砂壶的名句，以行草书录。画面熔雕塑、诗词、书法、金石诸艺于一炉，古朴雅致。

我国近年发行的"宜兴紫砂陶"邮票

1997年，原国家邮电部发行《茶》特种邮票一套4枚，第一枚为"茶树"。邮票上的这株茶树位于云南澜沧拉祜族自治县富东乡邦崴村，高11.8米，树围约9米，树龄已逾千年，充分证明了"茶树原产于中国"，"饮茶源于中国"这一论点。第二枚"茶圣"，主图是竖立于杭州中国茶叶博物馆院内的陆羽铜像；第三枚"茶器"，是陕西法门寺出土的唐僖宗供奉的鎏金银茶碾等茶具；第四枚"茶会"，是明代画家文徵明创作的《惠山茶会图》（局部）。

我国的台湾地区也多次发行有关中国古代茶具的邮票，如1993年发行《古代珐琅器邮票》中的"乾隆花鸟壶杯盘"和"乾隆菊花把壶"。1989年发行的《宜兴紫砂茶壶》

我国近年发行的"茶"邮票

套票，分别为宜兴紫砂茶壶、曼生十八式黄泥壶、束柴三友壶和梨皮朱泥壶。1991年还发行有《故宫名壶》邮票一套5枚，分别为明代青花壶和莹白壶、清代的山水壶、灵芝方壶和加彩方壶。

我国香港和澳门发行的茶具邮票融入了当地的饮茶习俗和地方茶文化色彩。2001年，香港邮政发行的《香港茗艺》邮票一套4枚，介绍了丰富多彩的茶文化，分别为泡功夫茶、调港式奶茶、港式饮茶特色和茗艺之乐。这套邮票还能发出浓浓的茉莉花茶香味，是首套香味茶邮票。

1996年我国澳门发行《中国传统茶楼》邮票一套4枚（方连），小型张1枚，将茶楼内的特色饮食和茶客神态描绘得惟妙惟肖，展现了昔日港、澳等地的茶楼风光。2000年，澳门还发行有《茶艺》套票和小型张。该套票展示了喝茶（龙井）、饮茶（寿眉）、叹茶（红茶）和泡茶（普洱）特色，小型张"乌龙茶艺"的主图为醉茶轩茶馆，内有一副楹联"引茶会友，把盏谈心"，主题鲜明，寓意深远。

四、茶与谚语

所谓"谚语"，东汉许慎《说文解字》载："谚：传言也"，指群众中交口相传的一种易讲、易记而又富含哲理的俗语。茶叶谚语，按照内容或性质来分，有茶叶饮用和茶叶生产两类。也就是说，茶谚主要来源于茶叶饮用和生产实践，是一种关于二者的概括或表述，并通过谚语的形式，采取口传心记的办法来保存和流传。茶谚最迟于唐代正式出现，陆羽《茶经》云："茶之否臧，存于口诀"。现代茶谚内容涉及茶树种植、茶园管理、茶叶采摘、茶叶制造及茶叶饮用等诸多方面。如：

壶中日月，养性延年。

夏季宜饮绿，冬季宜饮红，春秋两季宜饮花。

冬饮可御寒，夏饮去暑烦。

饮茶有益，消食解腻。

好茶一杯，精神百倍。

茶水喝足，百病可除。

淡茶温饮，清香养人。

茶事艺文

287

苦茶久饮，明目清心。

不喝隔夜茶，不喝过量酒。

午茶助精神，晚茶导不眠。

吃饭勿过饱，喝茶勿过浓。

烫茶伤人，姜茶治痢，糖茶和胃。

药为各病之药，茶为万病之药。

古今茶谚欣赏：

茶树种植谚语

千茶万桐，一世不穷。

千茶万桑，万事兴旺。

向阳好种茶，背阳好插杉。

桑栽厚土扎根牢，茶种酸土呵呵笑。

高山出名茶。

槐树不开花，种茶不还家。

茶园管理谚语

三年不挖，茶树摘花。

若要春茶好，春山开得早。

若要茶树好，铺草不可少。

若要茶树败，一季甘薯一季麦。

茶地晒得白，抵过小猪吃大麦。

茶树本是神仙草，只要肥多采不了。

一担春茶百担肥。

宁愿少施一次肥，不要多养一次草。

有收无收在于水，多收少收在于肥。

茶叶采摘谚语

头茶不采，二茶不发。

头茶荒，二茶光。

立夏茶，夜夜老，小满过后茶变草。

会采年年采，不会一年光。

春茶一担，夏茶一头。

惊蛰过，茶脱壳。

做天难做四月天。

茶叶制作谚语

小锅脚，对锅腰，大锅帽。

抛闷结合，多抛少闷。

高温杀青，先高后低。

嫩叶老杀，老叶嫩杀。

茶叶贮藏谚语

贮藏好，无价宝。

茶是草，箬是宝。

茶叶饮用谚语

扬子江中水，蒙山顶上茶。

龙井茶，虎跑水。

宁可一日无粮，不可一日无茶。

早茶一盅，一天威风。

春茶苦，夏茶涩，要好喝，秋白露。

茶叶贸易谚语

新茶到在先，捧得高似天；

若要迟一脚，丢在山半边。

还有一些地方茶谚透露出浓厚的地方种茶、采茶、制茶和饮茶特色，有些甚至还要用地方方言来读诵，才能体会其地方文化特色。现收集部分地方茶谚如下：

浙江一带

千杉万松，一生不空；千茶万桐，一世不穷。

清明时节近，采茶忙又勤。

早采三天是个宝，迟采三天变成草。

春茶留一丫，夏茶发一把。

客来敬茶

好茶敬上宾，次茶等常客。

客从远方来，多以茶相待。

清茶一杯，亲密无间。

早茶晚酒黎明亮。（深圳）

茶好客自来。（深圳）

头苦二甜三回味。（云南白族三道茶）

贵客进屋三杯茶。（侗族）

白天皮包水，晚上水包皮。（江南一带茶馆）

安溪茶谚大多以闽南方言传诵，保留着浓厚的地方特色和乡土气息

种茶是根本，胜过铸金银。

山中种茶树，不愁吃穿住。

家有千株茶，三年成富家。

茶叶是枝花，全靠肥当家。

读书读五经，采茶采三芯。

作田看气候，制茶看火候。

品茶评茶讲学问，看色闻香比喉韵。

第六篇 茶俗话聊

中国茶俗源远流长又博大精深，具体而深刻地体现了中华民族的文化精神。《中国茶叶大辞典》中对茶俗这样定义：茶俗是在长期社会生活中，逐渐形成的以茶为主题或以茶为媒体的风俗、习惯、礼仪，是一定社会政治、经济、文化形态下的产物，随着社会形态的演变而消长变化。中国茶俗形式多样，其既是茶文化的外在表现形式，又是中华文化源远流长、极富内涵的体现。

第一章　不同地域民族的茶俗

我国是一个多民族国家，由于各民族的地理环境不同，历史文化有别，生活习惯有差异，就是同一民族也有"千里不同风，百里不同俗"的现象，但是在饮茶、嗜茶方面却有共同的爱好。在数千年的流传和演变中，中华茶俗形成了明显的特征——礼仪性。

"客来敬茶"就是礼仪性的最简单的表现。以茶待客是中国人最常见的习俗。这种习俗最早可以追溯到南北朝时期。之后，随着茶文化的兴盛，这种茶礼也就相沿成习，流传至今。

在汉族地区这种礼仪性更为突出。朱德裳《三十年见闻录》中记载：一个新上任的县令于炎夏之时前去拜谒巡抚大人，按礼节不能带扇子。这位县太爷却手执折扇进了巡

客来敬茶　引自《品茶说茶》

客来敬茶　引自《品茶说茶》

抚衙门，并且挥扇不止。巡抚见他如此无礼，就借请他脱帽宽衣之机把茶杯端了起来。左右侍者见状，立即高呼"送客"。县令一听，连忙一手拿着帽子，一手抓着衣服，很狼狈地退了出去。这个故事其实反映了清代官场上盛行一时的风俗——"端茶送客"。在清代官场，尤其是上司召见下属，如果话不投机，或者正事已办完，下属没有离开的意思，上司就双手端起茶杯，侍从看到立即齐呼："送客"，这时客人就不得不起身告辞。所以，端茶送客其实就是下逐客令。

当然，清代官场上的客来上茶，坐久了也是可以喝的，但须上司举手称"请茶"，并且上司先饮时，下属才能端茶品饮。这个习俗曾蔓延至一些士绅贵族家中，清代以后逐渐消失了。

"以茶当酒"这个习俗也在中国大部分地区存在。以茶当酒首见于魏晋时期。当时士大夫崇尚清谈，茶是当时统治阶级宴席和聚会时"倍清谈"、"助诗兴"的必备饮料。《三国志·吴志》记载，孙皓嗣位后，常举宴狂饮，每次宴会以七升为限。韦曜酒量不大，孙皓初识曜时特别照顾，"常为裁减，或密赐茶荈以当酒"。之后，以茶当酒渐成风气。

不同的地区有着自身独特的茶俗文化，不同的民族也有着五彩缤纷的饮茶习俗。

一、不同地域的茶俗

1.北方地区的茶俗

大碗茶 喝大碗茶的习俗，在我国北方最为流行，北京的大碗茶更是闻名遐迩。这种喝茶的方式比较粗犷，摆设也很简便，一张桌子，几张条木凳，若干只粗瓷大碗便可，因此它常以茶摊或茶亭的形式出现，主要为过往客人解渴小憩提供方便。

北京大碗茶茶担 **民国初**

镇巴烤茶 镇巴县位于陕西省南端，当地的居民一年四季都喝烤茶，如果家里来了客人，便邀请客人在火塘边坐下，火塘上面挂着的竹篮里放有当地产的晒青茶，火塘上方挂着鼎锅用来煮水。主人把晒青茶放入搪瓷杯子里，把杯子放在火上烘烤，边烤边摇，让茶受热均匀；一直等到有焦香味溢出，用鼎锅内的沸水冲入茶杯，再放火塘边煨一会儿后，主人会吹去茶面的泡沫后再敬给客人。这种烤茶，茶味醇厚、微苦、焦香，回味甘美。

酽茶 酽茶其实就是沏得很浓的茶，茶叶放得特别多，茶汤又浓又苦，因此而得名。这种酽茶流行于山西地区，当地人主要用黄大茶，投茶量几乎占茶壶容量的一半。这个茶俗和当地的水质不好有一定的关系，山西古县也流传这样的民谣"喝了古县水，粗了脖子细了腰，要想治好病，得喝浓茶水。"当地人饮用酽茶来改善水质对身体的影响。

三道茶 益阳当地自古就有"三道茶"招待贵宾的习俗。客人到家，女主人会给客人敬上一盏煎茶水，这就是第一道茶，意在为客人洗尘；之后让贵客落座八仙桌旁，摆好茶点，然后女主人上第二道茶。第二道茶比较讲究，茶具都是用家里最好的，每个茶碗都放有三个煮鸡蛋，荔枝或桂圆，用红糖水浸泡，有的人家加一点自酿的糯米甜酒，使蛋茶端在手里洋溢着扑鼻的酒香；第三道茶就是擂茶，这道茶具有充饥的作用。

2.江南一带的茶俗

熏豆茶 江南一带，流行熏豆茶。江南盛产鱼、米、瓜、果、豆荚，每年农历"秋分"过后，"寒露"前后，毛豆饱满而未老的时候，人们便选青毛豆，做成熏豆。熏豆茶的茶汤绿中呈黄，嫩茶的清香和熏豆的鲜味混为一体。根据不同的口味可以加不同的辅料。喜爱清爽口味的，可加一些橄榄、金橘饼；喜好吃辣的，可加些榨菜丝、辣笋干丝；喜欢甜食的，可加一些葡萄干、蜜枣。在南浔区的大部分地方，几乎家家户户熏制烘豆，制成熏豆茶，且把熏豆茶作为招待亲友及婚礼宴席的首选饮品。

咸茶 浙江省德清县流行一种风味咸茶，这种咸茶冲泡很简单。先将细嫩的茶叶放在茶碗中，用沸水冲泡；再用竹筷夹着腌过的橙子皮或橘子皮拌野芝麻放入茶汤，再放一些烘青豆或笋干等其他作料，就可以趁热品尝了；边喝边冲，最后连茶叶带作料都吃掉。当地还流行着这样一句话"橙子芝麻茶，吃了讲胡话"，意思是咸茶有明显的兴奋提神作用，尤其在冬、春季之交，夜特别长，人们晚上吃了咸茶，顿消白天疲劳，精神饱满。

琴鱼茶 安徽泾县古镇琴溪桥一带盛产一种罕见的小鱼，名为琴鱼。琴鱼长不满6厘米，口生龙须，重唇四鳃，鳍乍尾曲，嘴宽体奇，龙首鹭目，味极鲜美，并有解毒养身之功。相传秦代隐士琴高公，在泾县山上炼丹，药渣倒入河中即变成琴鱼，为此，欧阳修曾写过《和梅公议琴鱼》一诗："琴高一去不复见，神仙虽有亦何为。溪鳞佳味自可爱，何必虚名务好奇。"

每年的清明节前后是捕琴鱼的季节。当地人一般不将琴鱼作食用，而多将其精制成"琴鱼茶"。琴鱼先要做成鱼干，把洗净的琴鱼放在清水中，然后放入茶叶、八角、精盐和白糖，等水开时即速捞出沥干，再用炭火烘干便成鱼干了。饮用时将琴鱼放入玻璃杯中，冲入开水，鱼干上下团游，栩栩如生，似活鱼跃入杯中，加之茶香清馨，入口清香醇和。喝罢茶汤，再将琴鱼干放入口中细细品尝，鲜、香、咸、甘味兼而有之，令人回味无穷。

3.湖南地区的茶俗

芝麻茶 湖南岳阳、湘阴、汨罗等地区流行一种姜盐豆子芝麻茶，这种茶又被叫做六合茶，是用茶叶、姜、盐、豆子和芝麻冲开水配成的一道香茶，因此而得名。这种茶还有一个名字叫"岳飞茶"。传说南宋绍兴年间，岳飞带兵来到湘阴，岳飞部队中的将领大多是江南人，来到中原，水土不服，军中疫病流行，士气低落。岳飞颇通医道，他嘱咐部下把生姜、黄豆、芝麻和茶叶等熬汤，送给军士服用，军士们很快恢复了战斗力。此后，百姓纷纷效仿，姜盐豆子芝麻茶便在当地流传，遂成习俗，人称"岳飞茶"。

姜盐豆子芝麻茶的制法是将炒黄豆、擂生姜、食盐、芝麻、茶叶放在一起，用沸水冲泡。沏姜盐豆子芝麻茶少不了擂姜钵。擂姜钵内壁密布纵向或横向细齿状的条纹。将鲜姜在擂姜钵内壁上用力磨擦，搓出细细的姜末，再把姜末冲进茶水里。沏茶放入姜盐的量要适度，要以鲜美爽口为宜。沏茶用的豆子要先炒熟，炒好的豆粒，嚼起来要清香干脆。沏茶用的芝麻，一般选用质地上乘、口感好的白芝麻。家中来客人时，主人沏一罐滚烫滚烫、清香可口的姜盐豆子芝麻茶来招待。

吃这种茶得有技巧。茶沏好后，先把茶罐里的茶筛在茶碗里。湘阴人说筛茶，"筛"字用得非常贴切。筛茶，得抓住茶罐的把手，像筛稻谷一样，水平方向地旋转晃动茶罐，使罐里的茶叶、豆粒、姜末、芝麻均匀地悬浮在茶水中，倾斜茶罐，茶叶、豆粒、姜末、芝麻和茶水一同倒在茶碗里。人们吃茶时，也要轻轻地晃动茶碗，使碗底的茶叶、豆粒等物漂浮起来，才能够将碗里的姜盐豆子芝麻茶吃干净。

擂茶 擂茶也被称为"三生汤"。主要原料是生茶叶、生米仁、生姜，研磨之后加水煮饮。湖南、湖北、江西、福建、广西等省区都非常流行。地区不同，有不同的擂茶。

配料和工具

钝姜

泡好的姜盐豆子芝麻茶

分茶

桃江擂茶流行于湖南桃江一带，历史悠久。传说很久以前，有位男子奄奄一息，满身疮疮，躺卧不醒。一老者见此场景，解开自己的包袱，取出瓦钵，抓出几把东西放在钵内，研磨之后，倒入桃江溪水，水成乳色。老者将汤水灌入男子口中，另一半洒遍男子全身。过了一会，男子便能坐起，而老者已经离开，留下了包袱和钵、杵。男子打开包袱，里面是芝麻、花生、绿豆、生姜和茶叶。后人称这种神奇的汤水为擂茶。从此以后，擂茶在当地流行起来。

湖南常德的桃花源也有自己风味的擂茶，所用原料除大米、生姜、茶叶之外，还要加入茱萸，然后用水泡湿，放进食盐。讲究的还要放黄豆、芝麻、花生、陈皮、甘草等。将这些原料放入擂钵，用木杵擂研成糊糊状，冲入沸水，即成擂茶。制作擂茶的器具也有讲究，擂钵要用上好的陶土烧制，擂杆要用山苍子木制成。山苍子木有一股淡淡的清香，用来研制擂茶，冲泡出来别有风味。喝擂茶时的辅助食品叫"搭茶"，比如油炸锅巴、油炸花生米、炒蚕豆、炒米花、红薯片、香板栗、腌刀豆、辣萝卜、甜酥果等，酸、甜、咸、辣、香，五味俱全。桃花源擂茶和桃江擂茶的区别在于，前者口味是咸的，后者口味是甜的。

湖南安化一带也流行擂茶。安化的擂茶与桃花源擂茶和桃江擂茶区别较大。安化

安化擂茶的原料之一白芝麻

擂钵内放入新鲜茶叶、生花生，擂杆研磨

在擂钵内加入白芝麻

用清澈泉水煮烧而成的擂茶

擂茶主要材料是茶叶，再按一定比例加入大米、黄豆、花生、芝麻、甘草、菊花、艾叶等，放进擂钵，用茶枝做成擂杆，加少许水细细地研碎，磨成泥状后倒进茶钵里备用；然后加入沸水，拌和均匀，即可饮用。安化擂茶茶汤很稠，稀中带硬，有喝的也有吃的，可当饭食。

4.广东地区的茶俗

屈指代跪 广东地区流行一种"谢茶礼",也叫"屈指代跪"。就是在别人给你倒茶时,喝茶人要把右手食指、中指并拢,自然弯曲,以两手指尖轻轻敲击桌面,人们形象地称其为"屈指代跪"。现在一般的茶人都已习惯这个习俗,不仅限于广东地区。这种茶俗相传起源于清代乾隆年间。乾隆皇帝曾经多次来江南游玩,有一次在广东一茶馆喝茶,他一时兴起,抓起茶壶给臣子们倒水,这可把大家惊坏了,按当时规矩,无论皇帝给的什么东西都属于赏赐,接受者要跪下谢恩,但在公共场合,臣子们又不能暴露身份,怎么办?情急之下,一个人想出了主意,就是屈指代跪,大家也都跟着学,渐渐地竟成了一种茶俗。

揭盖添茶水 如果到广东的茶楼喝茶,当饮完一壶茶水后,用不着呼唤服务员前来添加茶水,只要将茶壶盖揭起放置在壶口与把手之间的位置上,使茶壶口呈半揭半盖状,服务员看见后便会及时前来添茶加水。关于广东"揭盖添茶水"这一茶俗的来历也有一个传说:晚清广州街头有一个恶霸,一天来到石磐茶楼饮茶,设下了一个敲诈勒索的骗

广东早茶 引自《中国——茶的故乡》

局:他将一只小鸟放入茶壶,盖上壶盖,等待堂倌前来揭盖冲茶。当堂倌前来冲茶揭开茶壶盖时,小鸟腾地冲天飞走。这时恶霸把堂倌痛骂一顿,然后向茶楼老板索赔了一大笔钱财。此后老板为避免此类事件再次发生,订下一条规矩:请顾客需添水时先自行揭开壶盖,伙计才前来添加茶水。此事后来广为流传,并逐渐发展成为广东的一大茶俗。

5.江西地区的茶俗

赣南擂茶 江西赣南擂茶是赣南独特的茶饮料。擂茶的主要原料为芝麻,再按一定的比例配上花生、黄豆、茶叶、生姜、茴香、八角、茶油、食盐、薄荷,放在客家人特有的擂钵中捣碎。平日将擂好的茶泥放在擂钵里或大盆里,等要喝时,把滚烫的开水往里一冲,用擂杵搅拌稍许便成了擂茶。此时,一股清香随着袅袅升腾的热气充满屋宇。呷上一口,有茶叶的甘味,有芝麻、花生、黄豆的混合香味,也有生姜的辣味。

菊花豆子茶 修水位于江西西北部,宋代时便出产著名的"双井茶"。修水产茶也产菊,被称为修水"两件宝"。修水储存菊花的方式也较独特,其他地方大都是将菊花晒干,而修水则是保鲜储藏。一般先摘下菊花,去蒂后分离出花瓣,洗净加上盐后装坛密封。经过冬季后,盐水渗透,就可以拿出来吃了。如果家里来了客人,主人就挑一点菊花,拌上萝卜、盐、姜丝、炒芝麻、炒小黄豆,加上烘青细茶,开水一冲,奇香无比,满室芬芳。客人喝过几轮之后,就把茶和作料都吃掉,既暖胃又充饥。菊花具有清凉明目的功效,萝卜又有通气的功效,生姜具有驱寒的作用,所以修水的菊花豆子茶还

有很好的保健作用。

6.四川的茶俗

在中国汉民族居住的大部分地区，都有喝盖碗茶的习俗，但是最有代表性的地区应该是中国西南部的四川。盖碗，又称为"三件套"，因为它由托、碗和盖组成。茶托，又叫茶船，即承受茶碗的茶托子。加茶盖有利于尽快泡出茶香，又可以刮去浮沫，便于欣赏茶汤和闻茶香。茶盖倒置，又是一个晾茶、饮茶的便利容器。置身于四川茶馆之中，常可看见年轻的父母以此方法向小儿喂茶，对子女从小就以巴蜀特有的茶风进行文化熏陶。

四川人使用茶盖还有其特殊的讲究：品茶之时，茶盖置于桌面，表示茶杯已空，茶博士会很快过来将水续满；茶客临时离去，将茶盖扣置于竹椅之上，表示人未走远，少时即归，自然不会有人来占座位，跑堂也会将茶具、小吃代为看管。四川人喝盖碗茶，大都是喝沱茶或花茶。

龙门阵 引自《四川茶铺》

争付茶钱 引自《四川茶铺》

7.福建地区的茶俗

七分茶 福建南部是著名的侨乡，茶和米是当地最重要的两样农产品，那里茶和米具有同样重要的地位，所以当地人称茶为茶米。福建盛产乌龙茶，闽南侨乡人也常用乌龙茶招待客人。当地人斟茶，不会过满，一般茶水冲至七分，以免客人烫手，所以当地人常说"七分茶水，三分人情"，因而当地的茶也被称为"七分茶"。

将乐擂茶 将乐县位于福建省西北部，擂茶、龙池砚、西山纸是著名的"将乐三绝"。将乐擂茶用的是绿茶，掺上白芝麻、花生仁等，放在擂钵里研碎；再把研过的碎泥筛滤过，投入壶里，冲入沸水，闷上三五分钟就可以饮用。将乐擂茶茶色乳白，香气四溢。改变擂茶的原料，可以做出不同的口味，如在夏天会加一些金银花和淡竹叶，冬季则加入陈皮等。

8.云南地区的茶俗

普洱酒茶 普洱酒茶主要流行于云南南北的边境地区，其原料是糯米，经过特殊加工后制成米酒，又用清茶泡出茶汁，再把茶汁和酒水兑在一起制成普洱酒茶。佤族、拉祜族、傣族等少数民族常用普洱酒茶来庆祝节日。

九道茶　主要流行于中国西南地区，以云南昆明一带最为流行。泡九道茶一般以普洱茶最为常见，多用于家庭接待宾客，所以又称迎客茶，因饮茶有九道程序(见下图)，故又名"九道茶"。

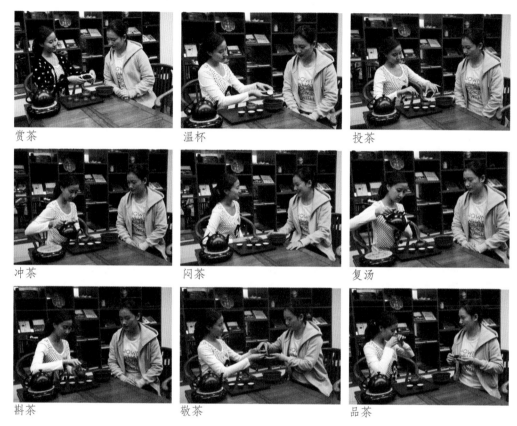

赏茶　　　　　　　　　温杯　　　　　　　　　投茶

冲茶　　　　　　　　　闷茶　　　　　　　　　复汤

斟茶　　　　　　　　　敬茶　　　　　　　　　品茶

9.台湾地区的茶俗

台湾饮茶风俗深受福建的影响，同时也形成了自己的特色。台湾人喜爱功夫茶，浓浓的功夫茶饮过量也会"醉茶"，所以都会配有一些茶点，在当地喝有茶点的功夫茶称之为"全茶"，没有茶点的则称为"半茶"。

台湾苗栗客家特产柚子茶。做柚子茶的习俗并非台湾各地的客家家庭都有，其中盛产柚子的苗栗客家，将每年丰收后吃不完的柚子制作成酸甜清香、风味扑鼻的柚子茶。柚子茶的味道酸、苦、涩俱全，所以传统的喝法，必须加上适量的糖、蜂蜜调味。现在人们也将柚子茶加上枸杞、桂圆、菊花、冰糖，用盖碗一起冲泡。

10.港澳地区的茶俗

香港人很早就有饮茶的习惯，现在的香港人更是离不开茶，春、夏、秋、冬，家家户户都在喝茶。年轻男女约会，商人洽谈生意，街坊邻舍、同事同学相聚，饮茶都是最传统而体面的交际方式。

澳门在17世纪初就是我国出口茶叶的重要口岸。茶叶的销售促进了饮茶在澳门的发展，现在饮茶已经成为澳门市民的休闲活动之一。逢年过节，澳门人一般到酒店"饮茶"，不仅喝茶，也吃点心和小菜。讲究一点的，从早上开始，早茶、午茶、下午茶，到晚上宵夜，一天就要饮四次茶。最普遍的还是中午茶和下午茶。午茶一般在酒楼，吃一点点心、小菜，喝茶聊天。只是中午时间一般不长，大多数还是以快餐果腹。下午茶基本上在茶餐厅和咖啡室，这类小馆遍布澳门大小巷陌。

二、不同民族的茶俗

1.白族茶俗

白族自古就有饮茶的习俗。一般家庭都备有茶具，家里来了客人，先敬茶，用完茶后才吃饭。

雷响茶 雷响茶是白族农村中最常见的饮茶方式。把陶罐放在火塘上烤热，然后放上一把茶叶，边烤边抖，让茶叶受热均匀，等到茶叶散发出香味后，冲入一些开水，这时罐内会发出雷鸣似的响声，雷响茶由此得名。白族人认为这是吉祥的象征，客人见此也会特别开心。冲入开水茶汤便会涌起丰富的泡沫，泡沫下沉之后，再加一些开水对入茶中，这样雷响茶就做好了。雷响茶茶汁苦涩，但回味无穷。

三道茶 白族著名的"三道茶"是在传统烤茶的基础上创新和规范的一种礼茶。"三道茶"不仅仅是一种饮茶方式，还与白族歌舞、曲艺有机地结合在一起，成为独特的表演形式。第一道茶为"清苦之茶"，寓意做人的哲理："要立业，先要吃苦"；第二道茶为"甜茶"；第三道茶为"回味茶"，告诫人们凡事要多"回味"，切记"先苦后甜"的哲理。

备茶

敬茶　（2幅图引自《中国——茶的故乡》）

2.佤族茶俗

烧茶　烧茶是佤族流传久远
的一种饮茶风俗，烧茶冲泡的方
法很别致。通常先用茶壶将水煮
开，与此同时，另选一块清洁的
薄铁板，上放适量茶叶，移到烧
水的火塘边烘烤。为使茶叶受热
均匀，还得轻轻抖动铁板，待茶
叶发出清香，叶色转黄时，随即
将茶叶倾入开水壶中进行煮茶，
约3分钟后，即可将茶置入茶碗中
饮用。

佤族采茶　引自《吃茶的民族》

苦茶　佤族也喜欢喝苦茶。有的苦茶熬得很浓，几乎成了茶膏。苦茶虽然味苦，但
喝后有清凉之感。对于处在气候炎热地区的佤族，具有很好的解渴作用。

3.基诺族茶俗

凉拌茶　基诺山是基诺族的发祥地和主要聚居地，也是六大茶山之一。基诺族栽培
利用茶树的历史已有千年，至今还保留有古朴、原始的茶俗。如在基诺山的一些基诺族
寨子里还保留着吃凉拌茶的习俗。他们将刚采收来的鲜嫩茶叶揉软搓细，放在大碗中加

凉拌茶原料

制作凉拌茶

吃凉拌茶

用茶壶煮茶

冲茶

饮茶

（以上6幅图引自《中国——茶的故乡》）

上清泉水，再按个人的口味放入黄果叶、酸笋、酸蚂蚁、大蒜、辣椒、盐等配料拌匀，静置几分钟，凉拌茶就做成了。当地人将这种凉拌茶称为"拉拨批皮"。

在民俗茶艺表演中，基诺族的凉拌茶在原有的基础上有所改进，通常是先用土锅烧一锅开水，再将茶树一芽二叶鲜叶放入开水中稍烫片刻，随后将茶叶捞入小盆中，放入食盐、辣椒、味精等作料，拌匀后即可用小碟子盛茶请客人品尝。

4.布朗族茶俗

布朗族有着悠久的饮茶历史，其茶文化广泛浸融和发展到他们物质生活与精神生活的各个层面。茶叶是布朗族重要的经济作物。茶园集中在寨子周围，生长的茶树分属各个个体农户所有，并且茶树可以世代继承，也可以给女儿作为陪嫁，或在村寨范围内赠送

布朗族做竹筒茶

刨开土地找到埋藏的竹筒　　取出竹筒　　　　　　　揭开封口的笋皮

或出卖给其他人。竹筒茶、酸茶和锅帽茶都是布朗族所特有的饮茶习俗。

竹筒茶 将夏天采集的茶叶炒熟后，置入竹筒内，然后用芭蕉叶封口保存。饮用时再将竹筒放在火上烘烤，直到把竹筒烤至焦黄后剖开竹筒，再用开水冲泡。这样的茶汤在浓烈的茶香中还有种竹子的清香味。

酸茶 将鲜茶炒熟，置放到潮湿处，待发酵后放入竹筒，封口埋入土中，1个月后取出饮

品尝酸茶 以上8幅图引自《吃茶的民族》

用。许多妇女还把酸茶放入口中细嚼，可以助消化和生津解渴。村民还常把酸茶做馈赠亲友的礼品。

锅帽茶　人们在铁锅中投入茶叶和几块燃着的木炭，然后上下抖动铁锅，让茶叶和木炭不停地均匀翻滚。等到有烟冒出，可以闻到浓郁的茶香味时，再把茶叶和木炭一起倒出。用筷子快速地把木炭拣出去，再把茶叶倒回锅里，加水煮几分钟即可。这是一种比较独特的做法。

5.德昂族茶俗

德昂族是云南省特有的少数民族，主要分布在云南省德宏州。茶是德昂人的命脉，德昂族把茶当作他们的图腾，称自己是茶的子孙。德昂族一般居住于山区或半山区，村村寨寨无一例外地都种茶，随处都可看到一片片郁郁葱葱的茶林。有的村寨周围，至今还能看到几百年树龄的老茶树，它们被称为"茶王"，备受人们的珍视和保护，寨中人以能拥有"茶王"而感到自豪。

把洗净的茶叶揉制后晒干　引自《阿昌族德昂族云南少数民族图库》

水茶是德昂族传统的菜肴，他们将鲜嫩茶叶经日晒萎凋后，拌上盐装入小竹篓中再一层层压紧，大约1周后水茶就做成了。这种茶清香可口，带有咸味，能解渴消乏。当地人多将其直接放在嘴里嚼着吃。

6.拉祜族茶俗

拉祜族居住的地区盛产茶叶，拉祜人擅长种茶，也喜欢饮茶。"不得茶喝头会疼"是拉祜族人常说的一句话。拉祜人的饮茶方法也很独特：把茶叶放入陶制小茶罐中，用文火焙烤，等到有焦香味儿出来的时候，注入滚烫的开水，茶在罐中沸腾翻滚，再煨煮几分钟后倒出饮用，这种茶被称为"烤茶"。如

将新鲜的茶叶洗净晾干　引自《阿昌族德昂族云南少数民族图库》

装茶

烤茶

注水

向浓茶汁中对水

敬茶 以上5幅图引自《中国——茶的故乡》

果家里来了客人，拉祜人必会用烤茶来招待。按习惯，头道茶一般不给客人，而是主人自己喝，以示茶中无毒，请客人放心饮用；第二道茶清香四溢，茶味正浓，给客人品饮。

7.傣族茶俗

傣族喝的竹筒茶和其他民族的竹筒茶不太一样，他们将毛茶放在竹筒中，分层压实，再将竹筒放在火塘边烘烤。在烘烤的时候，不停翻滚竹筒，使筒内茶叶受热均匀，等到竹筒色泽由绿转黄时，可停止烘烤。用刀劈开竹筒，就可以看到形似长筒的竹筒香茶。饮用的时候取适量竹筒茶，置于碗中，用刚沸腾的开水冲泡，静置几分钟后可饮用。

8.哈尼族茶俗

哈尼族主要分布在滇南地区。哈尼族人居住的南糯山，是饮誉中外的普洱茶主产地之一。茶在哈尼族生活中有着重要的地位。土锅茶是哈尼族的特色饮料之一。土锅茶的制作也很简便，用土锅将水烧开，在沸水中加入适量鲜茶叶，待锅中茶水再次煮沸3～5

分钟后，将茶水倾入用竹制的茶盅内，就可以饮用了。土锅茶汤色绿黄、清香润喉、回味无穷，哈尼族人常用其招待客人。平日，哈尼族一家人也聚在火塘旁，边喝茶边叙家常，以享天伦之乐。

哈尼族也喝竹筒茶，制作方式和傣族的竹筒茶有所不同。他们将泉水放入竹筒中煮，等到水沸腾时，将新鲜的茶叶塞入竹筒内，再用芭蕉叶把竹筒封口；煮10分钟左右，把竹筒拨出火塘，竹筒茶就做好了。这种竹筒茶，味道比较清淡，茶汤颜色清翠，赏心悦目。

清洗采摘后的茶叶

火塘上的竹筒茶

制作竹筒茶

哈尼族人常用竹筒冲泡普洱茶毛茶

9.苗族茶俗

在湖南西部苗寨流行着一种万花茶。制作万花茶的工序很复杂，要将橘子皮、冬瓜皮等切成或雕成各种形状，并反复晾晒。每次饮用时，只取几片放进杯子里，再用沸水冲泡，各种形状的"干皮"在水中漂浮沉落，十分好看。喝到口里顿时会觉得清醇爽口，芳香甜美，颇具开胃生津的作用。

苗族的油茶是颇具特色的，当地人有"一日不喝油茶汤，满桌酒菜都不香"的说法。苗家油茶的做法与侗族油茶不同。他们将油、食盐、生姜和茶叶倒入锅内一起炒，

备茶

注水

饮茶

炒作料

将茶汤放入有作料的茶碗中

再加入清水煮沸。饮用的时候，，把茶水倒入放有玉米、黄豆、花生、米花、糯米饭的碗里，再放一些葱花、蒜叶、胡椒粉和山胡椒为作料。夏、秋两季，可用豆角，冬季可用红薯丁等泡油茶。喝茶的时候主人会给客人一根筷子，如果不再喝了，就把筷子架在茶碗上。否则，主人会一直陪你喝下去。

10.藏族茶俗

藏族地区干燥、寒冷、缺氧，食物以牛、羊肉和糌粑等油腻物品为主，缺少蔬

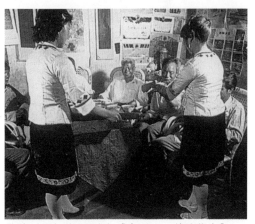
敬茶　以上6幅图引自《中国——茶的故乡》

菜。茶中富含茶碱、单宁酸、维生素，具有清热、润燥、解毒、利尿等功能，正好弥补藏族饮食中的不足，可防治消化不良等病症，起到健身防病的作用。

酥油茶原料

酥油茶 是每个藏族人必不可少的食品。人们常说,没有喝过酥油茶,就不算到过西藏高原。制作酥油茶时,先将茶叶或砖茶加水熬成浓汁,把茶水倒入木桶,再放入酥油和食盐,用力上下来回抽搅几十下,搅得油茶交融,再倒进锅里加热,便成喷香可口的酥油茶了。

藏族人常用酥油茶待客,他们喝酥油茶还有一套规矩。主人会热情地给客人倒上满满一碗酥油茶,可刚倒下的酥油

在酥油茶桶中抽打原料

倒入打制好的酥油茶

饮酥油茶

敬酥油茶 以上5幅图引自《中国——茶的故乡》

(以上5幅图引自《中国——茶的故乡》)

茶，客人一般不能马上喝，要先和主人聊天。等主人再次提酥油茶壶站到客人跟前时，客人便可以端起碗来，先在酥油碗里轻轻地吹一圈，将浮在茶上的油花吹开，然后呷上一口，并赞美道："这酥油茶打得真好，油和茶分都分不开。"客人把碗放回桌上，主人再给添满。就这样，边喝边添，不能一口喝完，热情的主人，总是要将客人的茶碗添满。假如你不想再喝，就不要动它；假如喝了一半，不想再喝了，主人把碗添满，就摆着。客人准备告辞时，可以连着多喝几口，但不能喝干，碗里要留点漂油花的茶底。这样，才符合藏族的习惯和礼貌。

奶茶 奶茶也是藏民喜爱的一种饮料。清茶熬好后，将适量的鲜奶倒入茶锅内，搅拌均匀，就制成了奶茶，有些还加上盐、核桃、花椒、曲拉（干奶酪）等。这种茶奶香浓郁，口味独特。

11.维吾尔族茶俗

维吾尔族喜欢喝砖茶，在饮茶习惯上又因所处的地域不同而有差别。

奶茶 天山以北（北疆）的维吾尔族多喝奶茶。维吾尔族奶茶的做法是将茶叶放入壶里，等壶里的开水煮沸后，放入鲜牛奶或已经熬好的带奶皮的牛奶，再加入适量的盐。

香茶 天山以南的维吾尔族平常爱喝香茶。他们认为，香茶有养胃提神的作用，是一

维吾尔族人饮茶

种营养价值极高的饮料。南疆维吾尔族煮香茶时，使用的是铜制的长颈茶壶，而喝茶用的是小茶碗，这与北疆维吾尔族煮奶茶使用的茶具是不一样的。南疆维吾尔族老乡喝香茶，习惯于一日三次，与早、中、晚三餐同时进行，通常是一边吃馕，一边喝茶。

12.回族茶俗

三炮台 盖碗茶，流行于许多民族，但回族的盖碗茶却与众不同，它不只是茶，茶中还有其他饮品。在回族家中做客，以茶礼为重，主人请客人上炕入座，接着敬上一碗盖碗茶，因其包括茶盖、茶碗、茶托三部分，故在回族地区又被称为三炮台、三炮台碗子。茶碗内除放茶叶外，还要放入冰糖、桂圆、大枣等，味道甘甜，香气四溢。客人一边饮茶，主人一边斟茶，别有情趣。这种盖碗茶，除在甘肃、宁夏、青海等地的回族中盛行外，在当地的汉族、东乡族、保安族

回族人饮茶 引自《中国——茶的故乡》

等民族中也很盛行，成为待客的重要茶俗。

罐罐茶 住在宁夏南部和甘肃东部六盘山一带的回族，除了与汉族相同的盖碗茶、八宝茶习俗以外，还与回族杂居的苗族、彝族、羌族一样有喝罐罐茶的习俗。清晨起来第一件事就是熬罐罐茶。喝罐罐茶以喝清茶为主，少数也有用油炒或在茶中加入花椒、核桃仁、食盐之类。喝罐罐茶还是当地迎宾接客不可缺少的礼俗。倘若亲朋进门，他们就会一同围坐在火塘边，一边熬煮罐罐茶，一边烘烤马铃薯、麦饼之类，如此边喝茶、边嚼香食，趣味横生。

第二章　不同阶层的饮茶习俗

不同阶层的人们有不同的饮茶习俗，品茶也有自己鲜明的特点。帝王饮茶意在享受，文人饮茶意在托物寄怀，僧道饮茶意在参禅悟道，而平民百姓饮茶注重的是消渴解乏。

一、宫廷饮茶

茶宴 唐代宫廷中常常举办茶宴。每年的清明节，宫中都会举行规模盛大的"清明宴"，用当年的顾渚紫笋来宴请群臣。于李郢的《茶山贡焙歌》就提到了"清明宴"："十日王程路四千，到时须及清明宴。"清明茶宴使用的茶来自于各地贡茶，贡茶院为一年一度的清明茶宴专门开辟了千里传递的贡茶路，并称之为"急程茶"。

宋代宫廷也常常举行茶宴，君王有曲宴点茶畅饮之例。宋太宗造龙凤茶，以别庶饮。在延福宫举行的茶宴中，宋徽宗亲自注汤、点茶。

清代茶宴则是历代茶宴之盛。乾隆时期，每年正月初二至初十便选择吉日在重华宫举行茶宴，由乾隆亲自主持，其主要内容：一是由皇帝命题定韵，由出席者赋诗联句；二是饮茶；三是诗品优胜者，可以得到御茶及珍物的赏赐。清宫的这种品茗与诗会相结合的茶宴活动，规模虽小，但在乾隆年间持续了半个世纪之久，称为重华宫茶宴联句，传为清宫韵事。

赐茶 历代帝王不仅举办茶宴，而且还把茶叶作为礼品赐给群臣。南朝梁刘孝绰《谢晋安王饷米等启》中讲到："传诏李孟孙宣教旨，垂赐米、酒、瓜、笋、菹、脯、酢、茗八种。"可见，南朝时就已有赐茶的习俗了。

唐代，帝王以茶分赐臣僚的例子很多，刘禹锡曾写《为武中丞谢赐新茶表》："臣某言，中使窦某，至奉宣旨赐臣新茶一斤者。"皇帝赐茶给武中丞，武中丞请著名诗人刘禹锡代为谢恩。这种由皇帝遣官宦专赐，臣下得茶后上表申谢的颁赐茶叶之风，在唐代后期至宋代的很长时期里，成为上层社会一种流行的礼节。

到了宋代，赐茶已经是一项很重要的活动。赐茶包括皇帝向大臣们赐茶，朝廷向外国来使赐茶，宫廷游观活动中的赐茶，皇帝向国子监的监官、学官及太学生赐茶，还有在宫廷中的婚丧礼仪中也有赐茶的内容。欧阳修在《龙茶录·后序》中就提到："茶为物之至精，而小团又其精者。录叙所谓上品龙茶者是也。盖自君谟始造而岁贡焉。仁宗尤所珍惜。虽辅相之臣，未尝辄赐。惟南郊大礼，致斋之夕，中书、枢密院各四人共赐一饼。"

在清代宫廷著名的"千叟宴"里，赐茶更是一项重要内容。宴会之前，皇帝会给殿内及东西檐下的王公大臣赐茶，其余的赴宴者则不赏。在宴会之后，皇帝再向一部分老臣、王公、显贵赐御茶及所用过的茶具。酒菜大家都可以享用，而"赐茶"只有部分的王公大臣才能享用，可见"赐茶"成了地位、受宠、身份的象征。

宫廷茶具黄地红龙茶盏 **清代**

黄地绿龙茶盏 **清代**

二、文人饮茶

自从饮茶习俗出现以来，茶便与文人结下了不解之缘。汉代，有扬雄、司马相如、王褒等文人饮茶的记载。到了两晋南北朝，随着玄学的兴起，当时的文人士大夫逃避现实，终日清谈，品茗赋诗，茶成为不可或缺之物。同时，文人雅士们还把茶事纳入文学作品之中，张载《登成都楼》、左思《娇女诗》、孙楚《出歌》、王微《杂诗》之中都留下了关于茶的优美诗句。

到了唐代，陆羽的《茶经》构筑了一个完备的茶文化体系，极大地推动了茶饮风习的普及和饮茶艺术化过程。许多达官贵人、文人雅士嗜茶成癖，乐此不疲。唐代宰相李德裕、吏部尚书颜真卿、湖州刺史李季卿等，皆是当时有名的酷爱饮茶之人。在诗人当中，醉心于茶事，有茶诗传世者，约有百余人。其中如李白、白居易、皮日休、陆龟蒙、杜牧、刘禹锡、柳宗元、温庭筠等大诗人，皆有饮茶佳作传世。尤其是诗人卢仝的一曲脍炙人口的《走笔谢孟谏议寄新茶》，用夸张的手法，把饮茶的感受描绘得淋漓尽致，堪称千古绝唱，对饮茶风习的普及推广，起到了引导和推动作用。

"茶兴于唐，而盛于宋。"宋代文人士大夫对品饮艺术的追求，较唐人有过之而无不及。茶所体现出的宁静淡泊、深邃雅致的特性，与宋代文人追求的悠远意境和内省雅致的心理极为相契。

在宋代的文人士大夫中，制新茶、饮佳茗、吟茶诗、作茶赋、著茶书，成为生活中的一项重要内容。北宋大臣丁谓、蔡襄先后任福建转运使，他们别出心裁，精心造茶入贡，分别创制出了大小龙凤团茶。大文豪苏轼，精于煮茶、品茶，对茶史、茶典故、茶之功用都颇有研究，创作出不少脍炙人口的茶诗词。南宋著名女词人李清照曾与其夫赵明诚饮茶作押，猜典故以较胜负，素来被传为美谈。宋代涌现了众多的茶文学作品，其中所蕴含着的文人茶情，尽在不言中。

明清时期，是中国茶文化蓬勃发展的时期，散茶勃兴，团饼茶退出历史舞台，品茗风尚也为之一变，简便的散茶瀹饮法取代了唐宋时期繁琐的煎茶法。明代文人茶事活动的特点是，人们已不再注重饮茶的程序和形式，而是把日常生活中的饮茶活动当做一种艺术审美过程和人格修养方式，使普普通通的饮茶包含了深邃的精神内容，展现出了无比丰富的文化内涵和时代特征。在明代文人的心目中，饮茶不是一种单纯的生活需要，而是"林下一家生活，傲然玩世之事"，又是"云海餐霞服日之士"的共乐之事。通过品茶等一系列的修养活动，可以"扩心志之大"，"副内炼之功"，"有裨于修养之道"。明初朱权等著名茶人的出现，为整个明代文人茶事的繁荣定下了基调。之后的陆树声、许次纾、罗廪、喻政、陈继儒等人又写下了多部茶学著作。

入清以后，明代简约、雅致的茶风，仍然在文人雅士之间流传，一直延续到清末。

无论哪一个朝代，都有无数的文人墨客投身于茶事活动，他们热衷茶事、精研茶艺，从而产生了一桩桩品茗佳话，演绎出无数深沉隽永的文人茶情。同时，文人饮茶所产生的一系列文化现象实际上更是一种生活的艺术，它贯穿了中国文化的基本精神，显示了中国文人所特有的人生哲学和审美理想，更多地表现出饮茶的精神内容，集中反映了茶文化"雅"的一面。历代文人参与品茶、精研茶艺、探究茶道，极大地丰富了中国的茶文化体系，规范着茶文化的发展方向，对中国茶文化的发展产生了积极而深远的影响。

三、僧道饮茶

道教与茶结缘由来已久，道士很早就对茶的保健功效有了认识，他们将茶当成修炼时的辅助手段。南朝梁代丹阳士大夫、道教领袖陶弘景在《杂录》中说："苦茶轻身换

道士饮茶 引自《图说中国茶文化》

道士采茶 引自《图说中国茶文化》

骨，昔丹丘子、黄山君服之。"是说汉代道人丹丘子、黄山君服了茶后才得道成仙的。道教推崇茶，《说郛》中记载了这样一则故事："馀姚人虞洪，入山采茗，遇一道士，牵三青牛，引洪至瀑布山，曰：'予丹丘子也，闻子善具饮，常思见惠。山中有大茗，可以相给，祈子他日有瓯牺之馀，祈相遗也。'因具奠祀，后常令家人入山，获大茗焉。"道教名士钟情于茶，道教把茶叶视作"灵芝草"，将茶作为养生之道。温庭筠的《西陵道士茶歌》

道士采茶 引自《图说中国茶文化》

就传神地描述了道士煎茶饮茶的情景："乳窦溅溅通石脉，绿尘愁草春江色。涧花入井水味香，山月当人松影直。仙翁白扇霜鸟翎，拂坛夜读《黄庭经》。疏香皓齿有余味，更觉鹤心通杳冥。"

佛教在中国兴起以后，由于坐禅需要，与茶结下不解之缘，并为茶文化在中国和全世界传播做出了重要贡献，其核心是"茶禅一味"的理念。

唐代封演所著《封氏闻见记》曰："南人好饮之，北人初不多饮。开元中，泰山灵岩寺有降魔师大兴禅教。学禅，务于不寐，又不夕食，皆许其饮茶。人自怀挟，到处煮饮。从此转相仿效，遂成风俗。自邹、齐、沧、棣渐至京邑城市，多开店铺，煎茶卖之，不问道俗，投钱取饮其茶。"佛教认为，茶有三德：一为提神，夜不能寐，有益静思；二是帮助消化，整日打坐，容易积食，喝茶可以助消化；三是使人不思淫欲。

在一般寺院中，常备有"寺院茶"，并且将最好的茶叶用来供佛。寺院茶执依照佛教规制，每日在佛前、祖前、灵前供奉茶汤，这种习惯一直流传至今。一些虔诚的佛教徒，也常以茶为供品，向寺院佛祖献茶，这在我国寺院中时有所见，特别是在西藏寺院中最为常见。

僧人采茶 引自《图说中国茶文化》

僧人采茶归来 引自《图说中国茶文化》

茶俗话聊

311

在宋代，不少皇帝敕建禅寺，遇朝廷钦赐袈裟、锡杖时的庆典或祈祷会时，往往会举行盛大的茶宴，以款待宾客，当时以"径山茶宴"最负盛名。径山茶宴在长期的实践过程中形成了一套固定、讲究的仪式。举办茶宴时，众佛门子弟围坐"茶堂"，先由主持亲自调沏香茗"佛茶"，以示敬意，称为"沏茶"；然后由寺僧们依次将香茗一一奉献给赴宴来宾，为"献茶"；赴宴者接过茶后必先打开茶碗盖闻香，再举碗观赏茶汤色泽，尔后才启口在"啧啧"的赞叹声中品味。茶过三巡后，即开始评品茶香、茶色，并盛赞主人道德品行，最后才是论佛诵经、谈事叙宜。

四、民间饮茶

日常世俗的饮茶淳朴自在，百姓用茶解渴，用茶待客，饮茶习俗千姿百态，各具特色。

客来敬茶 是中国的传统礼节，在中国流传至少已有一千年以上的历史。据史书记载，早在东晋时，中书郎王濛用"茶汤待客"、太子太傅桓温"用茶果宴客"、吴兴太守陆纳"以茶果待客"。

唐代颜真卿的"泛花邀坐客，代饮引清言"，宋代杜耒的"寒夜客来茶当酒，竹炉汤沸火初红"，清代高鹗的"晴窗分乳后，寒夜客来时"等诗句，表明我国历来有客来敬茶的风俗。实际上，客来敬茶，对客人来说，饮与不饮无关紧要，但对主人来说，敬茶是不可缺少的。

施茶 是民间常见的慈善活动。在夏、秋天气闷热时，邻近山村古道旁的山亭内都有一个大木桶盛着满桶茶水，供过路行人、商贾消暑解渴。无需掏

浙江省江山茶会碑，是民间施茶的记录 引自《品茶说茶》

茶钱，只管大着胆猛喝，直喝到人们心满意足为止。施茶是自愿之善举，每年都有好心人施茶。施送的茶中有时放有姜片、苏梗、薄荷等，具有防暑解热功效。

吃讲茶 是一种古老的民俗遗风。那时，人们遇到麻烦事，如遗产继承、债务纠纷、婚姻失和、权益侵占、人格伤辱等。为了息事宁人，又为了讨个公道，当事人双方约定在茶馆，邀请有名望的人士来裁决纠纷。通过充分说理，调解人不断劝导，理亏者赔礼道歉，财物损害者赔偿。有进有退，各归和好。吃讲茶就是民间公开场合调解纠纷的好方式。我国许多地方都有吃讲茶的习俗，由于地域差异，吃讲茶也有不同的特色。

安徽黄山茶乡叫"吃茶讲壶"。乡亲邻里，平日因小事结下疙瘩，在调停人的牵线下，双方带上茶壶，坐在一块儿喝喝茶，讲讲理，气就消了。这个"吃茶讲壶"实际是"吃茶讲理，品壶言和"的意思。

扬州人遇到纠纷，往往是矛盾双方先到茶肆，请人主持公道，主持公道的人叫"中

人"。在茶肆里，"中人"居中而坐，双方各坐两边，开始时双方茶壶的壶嘴相对，表示双方意见不合。若矛盾化解了，则由"中人"把两只茶壶的壶嘴相交，表示和好。若一方仍有异议，还可将自己的茶壶向后拉开，再行"叙理"。最终还是由"中人"评判，把双方茶壶拉到一起。若"中人"判一方理亏，则把一方的壶盖掀开反扣，以作裁定。这次"吃讲茶"的茶资，概由被翻开壶盖的一方支付。当然，对方也可表示善意，把自己的壶盖也反扣过来，茶资就由双方各付一半。

上海也有吃讲茶的习俗。但"吃讲茶"解决纷争这一方式曾被帮会和黑道利用，"吃讲茶"也叫"斩人头"，帮派间发生争执的双方事先约定在某茶楼，请双方公认的的人物居中调停，如果双方达成协议，言归于好，便当场请调停人将红、绿两种茶混在碗中，双方各持茶碗一饮而尽，以示了结。如谈判不成，则"吃讲茶"失败，调停者退出，双方以刀光剑影论是非，拼个你死我活。有不少茶肆就成为约定俗成的"吃讲茶"地点。青帮头子黄金荣开办的"聚宝茶楼"，也是"奉宪专办讲茶"的地方。

茶馆也是四川人用来调解纠纷的场所。四川有谚语说："一张桌子四只脚，说得脱来走得脱"。乡间发生纠纷，当事人就各自邀请一帮朋友到茶馆评理，邀请当地有头有脸的人物做中间人。在场的每个人都有一碗茶，调节结束后，理亏的一家就得付茶钱。

清代茶馆 引自《中国——茶的故乡》

寄茶 中国古代民间还形成了寄茶习俗。唐代诗人卢仝收到在朝廷做官的孟谏议寄来的新茶时，写下了流芳百世的《走笔谢孟谏议寄新茶》一诗，"开缄宛见谏议面，手阅月团三百片"。诗人卢纶在《新茶咏寄上西川相公二十三舅大夫二十舅》诗中写道："三献蓬莱始一尝，日调金鼎闻芳香。贮之玉合方半饼，寄与阿连题数行。"玉盒装的名茶，诗人仅留一半，另一半寄给远在京城做官的二位妻舅，足见茶已远远超出了本身固有的物质功能，它已载着深情厚谊在亲友间来回传递。所以，这种"寄茶习俗"一旦形成便很快被百姓接受，且世代相传，直至今日。每当新茶上市，各地人们总要选购一些具有地方特色的名茶寄给远方的亲朋好友。

清代，在民间帮会中盛行着"茶碗阵"。"茶碗阵"是一种暗语，由茶杯、茶壶等按不同方式排列组合表达一定意思的交接办法，有的专家学者认为"茶碗阵"是在闽南功夫茶的基础上发展而来的。

第三章　茶俗文化

茶俗文化已经融入到人们的日常生活中，涉及社会的经济、政治、信仰等各个层面。茶俗是民族文化的积淀，也是人们心态的折射。

一、婚嫁茶俗

茶礼是我国古代婚礼中一种隆重的礼节。茶与婚姻结缘可追溯到唐太宗贞观十五年，文成公主入藏时，丰厚的嫁妆中就有茶叶，至今已有一千三百多年。唐时，饮茶之风甚盛，茶叶成为婚庆中不可少的礼品。宋时，由原来女子结婚的嫁妆礼品演变为男子向女子求婚的聘礼。至元、明时期，"茶礼"几乎为婚姻的代名词。明代许次纾《茶疏》提到："茶不移本，植必子生。古人婚结婚必以茶为礼，取其不移志之意也。"古人

广东新娘敬茶　引自《中国——茶的故乡》

认为茶树只能从种子萌芽成株，不能移植，否则就会枯死，因此把茶看作是一种至性不移的象征。所以，民间男女订婚以茶为礼，女方接受男方聘礼，叫"下茶"或"茶定"，有的叫"受茶"，并有"一家不吃两家茶"的谚语。同时，还把整个婚姻的礼仪总称为"三茶六礼"。"三茶"，就是订婚时的"下茶"、结婚时的"定茶"、同房时的"合茶"。

潮汕地区的婚礼上，新娘要向家族中上辈亲属及姻亲敬茶，俗称食新娘茶。新娘端着茶敬给在座的亲戚朋友，都要恭恭敬敬地说一声："请喝茶"。如果是敬长辈则要下跪，被敬者要饮茶两杯，喝完后要垫茶金，俗称"赏面钱"。新娘收到"赏面钱"后也要用布料等物回礼。

湖南盛产茶叶，婚俗中的茶礼特别多，而且别致，各地的叫法也不同。衡阳、邵阳、娄底等地称为"合合茶"，长沙一带叫"吃抬茶"，湘西有些地方叫"吃鸡蛋茶"，岳阳等地叫"闹茶"等。湘南衡阳一带的"合合茶"就是在闹洞房时，让一对新人同坐一条板凳，相互把左腿放在对方右腿上面，新郎用左手搭在新娘肩上，新娘则以右手搭在新郎肩上，空下的两只手，以拇指与食指共同合为正方形，由他人取茶杯放于其中，斟满茶后，闹洞房的人们依次上去品尝。"合合茶"蕴含着对新婚夫妇日后生活的祝福。长沙一带的"吃抬茶"则是一对新人共抬茶盘，上面摆满茶杯，新婚夫妇走到闹洞房的人面前，恭请饮用。但这些人需分别说出赞语方能饮茶，说不出就吃不上茶。

在西藏，茶更是婚庆中不可缺少的礼品。藏民把茶叶作为重要的聘礼，在婚礼中茶叶更不可缺少。藏族的婚礼中，新娘到夫家门前，先喝三口酥油茶后下马，脚要踩在撒

有青稞和茶叶的地上。新郎母亲提着一桶牛奶欢迎新娘。新娘用左手中指浸奶水，向天弹洒几点，表示感谢神灵后，由新郎给新娘献上哈达，方能迎新娘进门。新婚满三个月或六个月后，新娘得偕同新郎返回自己家中住一段时间，由喇嘛择定吉日，并通知女方家做好迎接准备。回门的当天，新婚夫妇与父母一同带上丰盛的礼品前往。女方家要在宅院门前画好"永仲"，摆设各种谷物、茶叶等生活用品迎接。父母在家等候，派强佐在宅院外迎接入室内，两家父母互献哈达，敬酥油茶和"切玛"，并相互祝贺。

蒙古族人订婚时，男方须向女方送五道礼：第一道礼是由媒人送去一桶奶子酒；第二道礼是请三个男人送去五壶奶子酒；第三道礼是由男家的妇女上女方家拜年，带的礼品是馍馍和手绢，手绢里包着茶叶、糖果和葡萄干；第四道礼是茶叶一包、白哈达一条和皮带一根；第五道礼是砖茶、糖果和酒。蒙古族人认为茶叶象征婚姻的美满和谐。

蒙古族人喝奶茶庆祝

广西三江一带的侗族青年男女在恋爱时要"坐夜"，即双方相识后，约定小伙子去女家做客，进行对歌，再进入倾诉衷情的对歌和交谈。对歌的时候，姑娘会用打油茶招待小伙子。这个打油茶共有四道：第一碗放筷子两双，以探男方有无对象；第二碗有碗无筷，试探男方智能如何；第三碗放一根筷子，试问男方是否钟情于女方；第四碗放一双筷子，表称心如意，双双对对。每献一碗茶就对一次歌，歌对得顺，茶献得勤，恋情倍增。

贵州侗族地区的男女青年相好定情并征得男女双方家长同意后，就择定吉日，男方带上一包糖和细茶亲自登门。女方父母将糖摆列桌上，将细茶泡好，请寨上族中长辈和亲戚朋友一起来吃，表示自家女儿已经订婚。如有人再来提亲，女方父母就直言相告："我家的妹子已经吃过细茶了。"

云南德昂族用茶来求婚，德昂语称"登用"。但是这个婚俗只在女方父母拒绝男方求婚，而姑娘本人又愿意嫁给男方时才会发生。小伙子征得姑娘同意后，在约定的时间、地点把姑娘接走。此时，男方必须将一包干茶悄悄挂在女方家门口，表示姑娘已离家。两天后，男方请媒人再带一包茶叶、一串芭蕉和两条咸鱼到姑娘家提亲。如果女方家收下礼物，即表示同意这门婚事，如果退回礼物就说明坚决反对，男方只得将姑娘送回。德昂族成亲时，女方陪嫁除自用衣物外，还要陪嫁几棵茶树种到男方家。茶树必须是姑娘亲自培育的，表示爱情永恒。如果离婚，则将茶树归还女方家。

白族婚礼十分隆重，婚礼的活动一般分为"踩棚"、"正喜"、"散客"三个阶

白族婚宴 引自《白族》(云南少数民族图库)

段。男方在接新娘的前一天晚上举行"闹棚",即邀请亲戚朋友来家聚会,喝雷响茶、吃糖果。同时,请人唱以板凳为道具的简单而又热闹的"板凳戏",以表喜庆。"正喜"阶段,新郎新娘就要拜礼,新娘要依次先后敬苦茶、甜茶、泡酒,蕴含人生苦尽甘来的意思。

景颇族新郎新娘在结婚之日的午夜,会被寨内的青年拉到楼下的石臼前,石臼内放着茶叶、鸡蛋、姜、蒜等,青年人起哄让新婚夫妇同持一根木棒春捣石臼,连续捣十下才能停止。春茶的意义在于表示新婚夫妇共同生活、幸福美满。

佤族中有"串姑娘"的习俗,佤族的未婚青年男子夜晚到佤族未婚姑娘家中去,坐在姑娘家火塘边与姑娘谈情说爱。这时,姑娘就要煮茶、敬茶给佤族小伙子喝。在佤族的习俗中,女人一般是不能煮茶敬给客人的,只有在佤族小伙子"串姑娘"的时候,才由佤族姑娘亲自煮茶给客人。送订婚礼"都帕"时,礼品中必须有茶叶。送结婚礼"结拉"时,礼品中也要有一斤茶叶。举行婚礼"汝戛包"时,请来吃酒祝贺的人要送礼物,礼物中一定要有一碗米、一包茶叶、一块盐巴,礼物只能是单数。佤族特别重视茶礼,有些老人甚至认为没有"结拉"茶礼,就不能结婚。

佤族妇女

新疆塔吉克族青年结婚一周后,新郎须在好友的陪同下,带着油馕去向岳父母请安,称为"问安礼"。岳父家则杀鸡、炖肉款待女婿和客人。女婿告辞时,岳父母回赠的礼品,一般是一个精美的茶叶袋、十个鸡蛋、一条腰带。塔吉克人喜欢饮茶,茶是富裕的象征,岳父母赠送茶叶袋,表示祝愿女婿家兴旺发达。

畲族新娘过门时,男方要带四位轿夫到女家,一进门,女家便将五大碗茶叠为三层:一碗作底,中间码三碗,上面再压一碗,形似宝塔。敬茶须干净利落,接茶时则须一定的技巧,先用牙齿咬住最上面的茶碗,再用右手手指夹住中间的三碗,最后左手端住最底下的茶,然后,分送给四位轿夫,让他们一口气喝完。

畲族新娘敬茶 引自《中国——茶的故乡》

畲族新娘装扮 引自《中国少数民族文化史图典》

畲族新娘敬茶 引自《图说中国茶文化》

傣族有一种独特的茶食叫茶叶泡饭。在云南一些地区，茶叶泡饭是姑娘表达爱意的方式。据说，每当寨子里过节亲人聚会时，寨中的姑娘们总是习惯在客人中寻找自己喜欢的小伙子，找到意中人后，她们就泡一碗茶叶泡饭给他吃。茶叶泡饭傣语叫"毫梭腊"，它同"跟妹谈心"的傣语谐音。如果小伙子接受了姑娘的茶叶泡饭，就意味着他愿意和她进一步发展。如果小伙子不吃姑娘送的茶叶泡饭，姑娘知道他不喜欢自己，就会自觉地离开。如果小伙子只吃一位姑娘的茶叶泡饭，夜晚姑娘就会把他带到家里谈情说爱。

贵州侗族的男女婚姻由父母决定后，如姑娘本人不愿意，可以用退茶的方式退婚。姑娘会悄悄包好一包茶叶，选择一个适当的机会

傣族婚礼

茶俗话聊

亲自送到男家，对男方的父母讲："舅舅、舅娘，我没有福分来服侍两位老人家，你们去另找一个好媳妇吧!"说完，把茶叶放在堂屋桌子上，离开男方家。只要姑娘没被男方抓住，出了大门，退婚就算结束了。如果被抓住，男方可以立马成婚。姑娘自己退婚固然会被娘家责备，但是手续完成，父母也只得按程序把聘礼退回。退婚要有胆量、有智谋，成功者会受到村里妇女的称赞和崇敬。

苗族青年男女

端茶礼是苗家人吃结婚喜酒中的一道礼节，其目的是让新娘认识新郎家的一些长辈和亲戚，以便日后好称呼。在正酒开席之前，新郎携新娘来到客厅，这时司仪高声道：新娘敬茶，各位归坐。新郎向新娘介绍长辈，新娘叫过长辈后，从盘中取来茶杯双手递上。接茶人这时要递一个红包给新娘作见面礼。一般新娘不好意思接红包，长辈们就将红包放在茶盘里，并说上一两句祝福的吉祥话。一对新人就这样把家中的长辈都敬一遍，让新娘正式见过新郎家中的亲戚长辈。

滇西凤庆县有一种"离婚茶"的习俗。男女双方谁先提出离婚由谁负责摆茶席，请亲朋好友旁观，主持人会泡好茶，递给即将离婚的男女，让他们在众亲人面前喝下。如果这第一杯茶男女双方都不喝完，只象征性地品味一下，那么，他们的婚姻生活还有余地，还可以在长辈们的劝导下重新和好；如果双方喝得干脆，则说明要继续生活下去的可能性已经很小了。第二杯还是要离婚的双方喝，这是泡了米花的甜茶。这样的茶据说是长辈念了七十二遍的祝福咒语，能让人回心转意，只会想对方的好，不会计较对方的坏。据说这第二杯茶曾让无数即将分道扬镳者言归于好，从此和和睦睦，不计前嫌。可是如果这样的茶还是被男女双方喝得见了杯底的话，那么就只有继续第三杯。这第三杯是祝福的茶，在座的亲朋好友都要喝，不苦不甜，并且很淡。这杯茶的寓意就是：从今以后，离婚了的双方各奔前程，说不上是会苦还是甜。因为，离婚没有赢家，先提出离的一方不一定会好过，被人背弃的一方说不定因此找到真正的知音。

二、祭丧茶俗

我国以茶为祭，起于南北朝时。南北朝时齐武帝萧赜永明十一年（493）遗诏说："我灵上慎勿以牲为祭，唯设饼、茶饮、干饭、酒脯而已，天下贵贱，咸同此制。"齐武帝萧赜提倡以茶为祭，把民间的礼俗，吸收到统治阶级的丧礼中，并鼓励和推广了这种制度。民间关于用茶供神敬佛祭祖的传说也很多，《神异记》中就有关于余姚人虞洪用茶祭祀神仙丹丘子的传说。古人用茶祭祀，一般有三种形式：在茶碗、茶盏中注以茶水；不煮泡只放干茶；不放茶，久置茶壶、茶盅作为象征。

浙江一带有三茶六酒供祖宗的习俗。每年年底有些人家都会用大红缎子的桌围布置供桌，供品就是三碗茶、六碗酒和三牲。在祭祀的仪式上，十六只铜碗里装着米、盐、茶叶等生活必需品以及各种蔬菜瓜果。十六碗的内容并无规定，只为讨个好口彩。

诸葛亮是云南茶区多民族共同尊奉的"茶祖"。每年农历七月二十三日诸葛亮生日那天，西双版纳古六大茶山一带的茶商都要组织当地各民族群众举行"茶祖会"，用猪、羊、酒、茶等祭品祭拜茶祖诸葛亮，祭拜属于"武侯遗种"的古茶树，祈求茶叶丰

墓道前手持茶壶、茶杯的石像

以茶祭祀 引自《图说中国茶文化》

以茶祭祀 引自《图说中国茶文化》

茶叶祭祖 引自《吃茶的民族》

祭拜茶祖 引自《书影茶韵》

收、茶山繁荣、茶农平安。

畲族在举行葬礼时，让逝者右手执一茶树枝。相传茶枝是神龙的化身，能趋利避害，使黑暗变光明。

湖南地区有为亡者做茶枕的习俗。茶枕一般为三角形，用白布做成，里面装满了粗茶。随死者放入棺木。茶枕象征死者爱茶，并可消除臭味，还寄托了亲人希望死者有茶可喝的愿望。

纳西族人即将去世时，其子女将包有少量茶叶、碎银和米粒的小红包放入病者口内，等病人死后，取出红布包，挂于死者胸前，寄托家人的哀思。丧礼一般在吊唁当天五更鸡叫时分进行，当地称为"鸡鸣祭"。家人备好点心、米粥供于灵前。子女用茶罐泡茶，再倒入茶盅祭祀亡灵。"鸡鸣祭"是家人对逝者的怀念。

鄂西土家族祭祀先祖和神灵要有茶，烧这种茶的小陶罐叫"敬茶罐儿"。凡祭祀活动，必将"敬茶"倒于杯中，祭后恭敬地泼在神龛前地上，以示敬意。土家人视茶为神物，抓茶叶必先洗手，非祭祀泼茶不能泼在地上，以免得罪茶神。

湖北大冶地区每年七月半的鬼节，腊月二十四的祭灶神，都要烧纸祭茶，这已经成为一种仪式。大冶的茗山茶场还有祭告茶神仪式，早、中、晚三道祭，在一年三季采茶前。传说茶神穿得破旧，非常害羞，所以人们在祭时不能笑。如果发笑，茶神以为讥笑自己，就会离开，茶叶就不茂盛。白天在屋外祭时，要躲在外人看不到的地方，晚上在屋内祭时，要熄灭灯火。

福建福安一带采用土葬，棺木入土前在坟穴里铺一红毯，将茶叶、麦豆、芝麻以及钱币等物撒在毯上，再由家人捡起来放入布袋，谓之"龙籽袋"。带回家挂在楼梁或木仓内长期保存，作为死者留给家里的财富，象征以后日子吉祥、幸福。

每逢农历初一和十五，安溪农村还有向佛祖、观音菩萨、地方神灵敬奉清茶的传统习俗。这天清晨人们要赶早，在太阳还没出来之前，到山泉或是水井里打清水，起火烹煮，泡上三杯浓香醇厚的铁观音等上好茶水，在神位前敬奉，求佛祖和神灵保佑家人出入平安、家业兴旺。

基诺族以茶祭鼓。大鼓是基诺族祖先躲避洪水的器物，是基诺族崇拜的神器。每年新年节(特懋克节)都要举行祭鼓仪式，祈求祖先保佑六畜兴旺、五谷丰登。祭鼓仪式由巫师主持，茶叶是主要的祭品。

茶叶是爱尼族（哈尼族的一个支系）进行各种祭祀活动的重要祭品之一，爱尼族崇拜祖先，每户都供有爱尼族共同的祖宗"阿培明燕"的神位，建盖竹楼的时候就定好中心柱为神位，神位旁只能由家族中最年长者睡。每年秋收时爱尼族寨子都过"新米节"，用稻谷、米酒、新鲜茶叶、瓜果来祭祖，祭祖仪式结束后方可食用当年的新米和瓜果。爱尼族相信万物有灵，无论到哪里，吃饭前滴三滴茶水或三滴酒，以表示对众神的崇敬，以祈求平安无事。

哈尼族寨子出丧时，主人家首先会烧好一大锅茶水，主动到家帮忙的男女，首先会从

哈尼族丧葬用茶 引自《哈尼族 云南少数民族图库》

哈尼族祭祀用茶 引自《书影茶韵》

大锅茶水中舀出一盅，滴下三滴后饮下，表示对各路鬼神的尊敬，以避免恶鬼缠身或幽灵附体，因为传说中茶是可驱鬼的。

三、年节喜庆茶俗

在浙江杭州一带，每到立夏那天，家家户户煮新茶，配以各色果品，送亲戚朋友。明代田汝成的《西湖游览志余》中记载："立夏之日，人家各烹新茶，配以诸色细果，馈送亲戚比邻，谓之'七家茶'。富室竞侈，果皆雕刻，饰以金箔，而香汤名目，若茉莉、林檎、蔷薇、桂蕊、丁檀、苏杏，盛以哥、汝瓷瓯，仅供一啜而已。"

哈尼族丧葬用茶 引自《哈尼族》(云南少数民族图库)

江苏地区也有"求七家茶"的习俗。据《中华全国风俗志》记载，吴地风俗，立夏之日要用隔年炭烹茶以饮，但茶叶却要从左邻右舍相互求取，也称之为"七家茶"。

在闽西、粤东的客家地区，在正月出门或快过年的时候有"送茶料"的习俗。"茶料"就是茶点，主要有橘饼、冬瓜条、陈皮等。人们用纸把茶点包好，再贴一小块红纸表示喜庆。亲戚中有年纪大的长辈，人们一定要送"茶料"。人们在正月里走亲访友都要准备好"茶料"。

在绍兴卖茶的茶楼、茶室、茶店，到了大年初一，经常来光顾的老茶客总会得到"元宝茶"的优惠。所谓"元宝茶"，就是在茶缸中添加一颗"金橘"或"青橄榄"，象征新年"元宝进门，发财致富"。

鄂东一带还有"元宵茶"的习俗。当地人把香菜叶切碎，拌上炒熟的碎绿豆、芝麻，用盐腌上几日，正月的时候就用沸水冲泡来招待客人。

"年头三盅茶，官府药店无交家。"这是福建福安当地的一句俗话。意思是年头喝下三杯茶，那么这一年会事事顺心，官府和疾病都与自己无关。在过年的时候，福安的老百姓喜用"糖茶"来招待亲戚朋友，春节的时候叫"做年茶"，初一出门叫"出行茶"。糖茶的原料是冰糖、红枣、花生仁和茶叶。

客家人有答礼茶的习俗。客家人群体观念很强，一家有事，乡里乡亲都会伸手相助，各家各户之间礼尚往来，亲密无间。凡接受帮助的，或被祝贺的，户主总要寻找一个适当的机会，邀请有关人员到家里来，请他们喝茶作为答谢。久而久之形成了特有的客家答礼茶文化。在客家族的日常生活中，需要答礼的项目很多，如婴儿满月、老人做寿、小孩上学、子女入仕、病人康复、儿子结婚、女儿出嫁等，都要设茶答礼。通常是以"擂茶"形式答礼，才算答厚礼。

四川宜宾茶俗充满浓浓的人情味。在宜宾过年过节先摆茶，摆好茶还要配上各色茶点。在宜宾娘家父母过大寿时，出嫁的女儿要回家为父母烧茶，以表孝心。

在贵州黔东侗家人的生活中豆茶有着不可替代的重要地位。每逢节日或者寨上哪家有什么红白喜事，都要请客吃豆茶。侗族的豆茶又分为清豆茶、红豆茶、白豆茶三种，在不同的场合要吃不同的豆茶。清豆茶是在节日吃的。节日里，不同寨子的人们约定一个地方放上大铁锅，开始煮清豆茶。煮豆茶的材料，哪个寨子举办就由哪个寨子出。茶煮好后，煮茶的老人舀给大家吃。凡是来参加节日吃茶的人，不管是哪个寨子的人，都可以吃。红豆茶是儿女结婚时吃的，用猪肉汤煮，有猪肉味；白豆茶是老人过世时吃的，用牛肉汤煮，有牛肉香味。吃红豆茶的时候，新郎新娘站在门口迎接客人。他们在每碗豆茶里都撒上一层米花，一双筷子架在碗上，双手向客人献茶。客人接了豆茶后，要向新郎新娘说一些吉祥如意的话。吃白豆茶的礼节也和吃红豆茶的一样，一般是逝者的儿女在门口向客人敬豆茶。客人吃完茶，便把封好的茶礼钱压在茶碗底下，然后坐着等主人来收碗，再把茶礼钱送给主人。

而在江浙一带，在端午节有吃"五黄"(黄鳝、黄鱼、黄瓜、咸鸭蛋、雄黄酒)的习俗，民谣有"喝了雄黄酒，百病都远走"的说法。但是饮雄黄酒后会燥热难当，必须喝浓茶以解之。所以，一般家里在端午节除了准备"五黄"，还要泡一茶缸浓茶供家人饮用。端午茶由此而成为不可缺少的时令茶，相沿成习。

在湖州一带，正月里客人上门，主人便先泡上一碗橄榄茶。因为把橄榄对称剖开后就像元宝，所以又称为"元宝茶"，意为新年招财进宝。长辈们吃了元宝茶，就要包红包给这家的小孩子，叫敬元宝茶。有的家里也用糖茶替代，奉送时还说上一句："甜一甜！"意味来年甜甜蜜蜜。

四、以茶避邪保平安

浙江农村在盖房时盛行"建房茶"。"建房茶"就是在盖房子上梁时要撒茶叶，以求吉利。

孩子是家中的宝贝，可是孩子容易生病、受伤害，人们认为茶叶具有驱邪禳解的作用。为了让孩子免除灾难，民间有不少与此有关的茶俗。许多地方都有"洗三"的习俗。"洗三"是中国古代诞生礼中非常重要的一个仪式。在婴儿出生后第三日，会集亲友为婴儿祝吉，同时举行沐浴仪式，这就是"洗三"，也叫做"三朝洗儿"。在江苏如东，"洗三"用的水一般都是茶水，而且是绿茶的水。当地人认为，用茶水洗头，孩子的头皮长大后会变成青色，可以减少头皮屑，而且还具有平肝的作用。而在湖州一带的孩子剃满月头，要用茶汤，当地人称为"茶浴开面"，意为长命富贵。闽南地区孩子满月的时候会请剃头师傅到家里给孩子剃满月头。理发师常常蘸了茶水后轻轻揉孩子的头，因为婴儿头皮比较细嫩，囟门还未坚硬，这样既可除去发垢又可清胎毒。在江西等地旧时还有一种乡风，孩子出生后，家长就用白米七粒、茶叶七片（意思就是吃饭、喝茶），分装成小红纸包散发给亲友和四乡八邻，亲友邻里收下红包后，要用铜钱回礼。家长就用这笔钱，给孩子打制"百家保锁"。

福建福安人在砌厨房灶台时，在灶桥底下会埋上一个小陶瓮。这个陶瓮中装着茶叶、谷子、麦子、豆、芝麻、竹钉和钱七样东西，称为"七宝瓮"。"七宝瓮"是五谷丰登、家族兴旺的象征，民间认为家有"七宝瓮"，将来的生活必会顺心如意。

第四章　茶叶的生产经营习俗

我国人民发现和利用茶叶的历史悠久，从采食野生的茶叶到人工种植茶树，茶农们总结了许多有益的经验。有些地区还保留着古老的制茶方法，有些地区流传着茶事农谚。无论是茶叶的种植栽培习俗、采摘习俗、制作加工习俗，还是茶叶的经营销售习俗、贮藏包装习俗等，都是茶农世代相传长期积累的智慧结晶。

一、茶叶的种植栽培习俗

德昂族认为茶是万物之灵。德昂族人素有"古老的茶农"之称。有德昂族的地方就有茶，德昂人每迁居到一个新地方，第一件事就是种上茶树。所以，德昂族寨子的屋前山后都种有茶树。

武夷山茶乡有"喊山"的习俗。古时每年的惊蛰那天，当地的县令就要跪拜神灵念祭文。仪式结束后鸣金击鼓，台上同声喊道："茶发芽。"而茶农则齐聚台下，也跟着齐喊"茶发芽！"、"茶发芽！"对于这种祭祀场景，宋人赵汝砺在《北苑别录》中称其是："……春虫震蛰，千夫雷动，一时之盛，诚为伟观。"欧阳修在《尝新茶呈圣俞》中说："年穷腊尽春欲动，蛰雷未起驱龙蛇。夜闻击鼓满山谷，千人助叫声喊呀。万木寒凝睡不醒，唯有此树先萌芽。乃知此为最灵物，宜其独得天地之英华。"文中描述了宋朝嘉祐年间建州建安北苑御用茶园开茶仪式的情形。有人认为，"喊山"是用来唤醒沉睡的茶树；也有人认为，是采茶时节采茶男女人数众多，非有号令，无法一致作息，所以就用锣鼓作为作息号令。

福建建安茶区还有鼓噪壮阳的习俗。在《宋史·方偕传》中记载："方偕知建安县，县产茶，每岁先社日，调民数千，鼓噪山旁，以达阳气。偕以为害民，奏罢之。"说明当时建安有鼓噪茶山壮阳的习俗。有几千民众参加，一起同声鼓噪，希望茶树能苗壮成长。

在福建安溪民间还有"对月"的习俗。"对月"就是婚后一个月，新娘要返回娘家见父母。待返回夫家时，娘家要有一件"带青"的礼物让新娘带回，以示吉利。茶乡往往精选茶苗让女儿带回栽种。乌龙茶中的又一极品"黄棪"，便是当年"对月"时新娘从娘家带回培植的特种名茶。

江浙一带茶农最害怕天旱和虫灾。如果遇到天旱和虫灾，必须用猪头三牲祭祀龙王菩萨和孟姜菩萨，有些地方还要抬着龙王的神位，一路敲锣打鼓，去茶山上兜一圈，叫做"出神"，目的是为了求雨、消除虫灾。

二、茶叶的采摘习俗

无论哪个茶叶产区对茶叶的采摘都十分讲究。宋代茶师就专门训练了一批担任采茶工作的采茶工，于每天五更前击鼓集合工人于茶山上，至辰时收工，这是为了控制茶叶质量，防止有人为增斤两而摘取不合格的茶芽。同时，又教导茶工采茶宜用指尖折断，不能用手掌搓揉而令茶芽易于受损。采茶在天明前开工，至旭日东升后便不适宜再采。古人认为天明之前未受日照，茶芽肥厚滋润；天明之后受日照，茶芽的膏腴会被消耗，茶汤亦无鲜明的色泽。

西湖龙井茶的采摘也颇讲究。在龙井茶乡还有"女采茶，男炒茶"的习俗。女子心灵手巧适合采茶，男子身强体壮适合炒茶。

湖南关于采茶也有许多讲究，当地人常说："雨天有存叶，晴天有鲜叶"，意思就是茶叶在雨天采摘不好，应该在晴天采摘。"三年老不了爷，一个隔夜老了茶"意思就是采茶叶要趁早，茶叶过了一夜就会变老。

少女在采茶 （福鼎市茶叶协会提供）

在湖北，进入采茶时节，茶乡的男女老少齐出动，即使嫁出去的女儿此时都要回娘家帮忙采茶。采茶的妇女会边采茶边喊着"穿号子"来活跃气氛，"穿号子"是湖北特有的山歌。

在江西修水，茶农们把采茶的要诀概括为"采得快，采得好，留余叶，不拣脚"。在婺源，当地有"春茶甜，夏茶苦，秋茶味道赛过酒"的说法。

在安徽，茶叶生产是当地的头等大事。到了采茶季节当地就有"假忙除夕夜，真忙采茶叶"的谚语。安徽采茶多为女子，"下田会栽秧，上山能采茶"是安徽茶区人评价女性是否能干的一条重要标准。

三峡地区茶农在采茶的时候有"蓄顶"的习俗，当地人称为"阳茶蕻子"。就是将茶树顶部生长最旺盛的茶芽留着不采，这样可使茶树越长越高，因为当地人认为"不能压树头"。

畲族妇女采茶 引自《中国少数民族文化史图典》

三、茶叶的制作加工习俗

茶叶世代相传的制作技艺充满了神秘与传奇色彩，复杂多变的制作程序更是令人叹为观止，各地制作茶叶也有自己丰富的习俗。

湖南宁乡县一代流行一种烟熏茶。据说，当年有一茶农，刚过谷雨，他采下了很多茶叶，但没有遇到好天气，于是，他将鲜叶揉捻摊放在竹筛子上，用枫球子生火将其熏干，这样茶叶就有一种特殊的烟味，深得当地人民的喜欢，于是就流传开来。现在人们制烟熏茶的方法虽有一些改进，但基本工艺大同小异。

武夷岩茶的制作兼有红茶和绿茶的制作工艺，形成了一套独特的工序，即萎凋、做青、摇青、发酵、初炒等。发酵是在阴暗封闭的架子间里进行的，在发酵的时候如果遇到倒春寒，人们就要在屋内放上炭火增温。这时候，只有制茶师才能够进入房间查看情况，称之为"探青"，其他人一律不能进入。做青是形成岩茶韵味与"绿叶红镶边"的过程，当地人把做青技巧归纳为"看天做青，看青做青，走水还阳"。"看天做青，看青做青"就是选择恰当的天气来做鲜叶。炒青也是讲究手艺的，"双炒双揉"是祖祖辈辈传下来的手艺，也是岩茶制作的关键工序。然后，还要经过低温久烘，这个烘焙的过程全凭制茶人的感官判断，通过视觉与手感，不停调整、控制烘焙中各时段的温度。难怪清代梁章钜感叹"武夷焙法实甲天下"。

贵州许多少数民族至今还保留着原始的制茶工艺。像布依族茶农，将茶树新梢采回，经炒揉再理直，用棕榈树叶将茶捆扎成火炬状的小捆，然后晒干或挂于灶上干燥，最后用红绒线扎成别致的"娘娘茶"、"把把茶"，因茶叶形如毛笔头，故又称"状元笔茶"。盘县彝族茶农，将茶炒揉后，捏成团饼状，用棕片挂于灶上烘干，叫"苦茶"。

安徽西部地区盛产茶，茶叶生产是当地的重要农事。俗谚"假忙除夕夜，真忙采茶叶"应当是对茶乡人采茶忙碌景象的高度概括。皖西地区的采茶季节，一般在清明以

茶俗话聊

后的农历三月。清明至立夏者为头茶，又称春茶；立夏之后为二茶，又称夏茶，也有称为紫茶者；最后为秋茶，也称三茶、秋露白。春、夏茶之间出的茶叶叫"混子茶"，俗语云"尖对尖，中间六十天"。皖西茶乡的茶农常把春茶后期茶树上所有单片、鱼叶、梗桩摘除干净，叫"翻棵"，因为当地有"春茶不采净，夏茶不发芽"的说法。皖西茶乡一般不采秋茶，俗语有"春茶苦、夏茶涩，秋茶好喝摘不得"和"卖儿卖女，不摘三水，采了秋露白，来年没茶摘"的说法。如果采摘了秋茶，就会影响到来年的茶叶产量和质量。皖西山区新开辟的茶山一般要三年才能开园采摘，叫做"破庄"；老茶山每年开始采摘时，称为"开山"。旧时"开山"时节，主人家还要奖励请来的摘茶"尖子手"，常常会奖励大钱一串。

四、茶叶的经营销售习俗

饮茶的习俗逐渐普及，由原来的自产自销发展到经营贸易。汉代就有"武阳买茶"的记载。唐代长安出现了专卖茶水的茶肆。而在茶叶销售这个环节中，茶行、茶庄、茶号或及茶栈专门从事经营活动。"茶号"相当于今天的茶叶精加工厂，从农民手中收购毛茶，进行精制后运销。"茶行"类似牙行，代茶号进行买卖，从中收取佣金。"茶庄"其实就是零售商店，以经营内销茶为主。"茶栈"一般设在外销口岸，如上海、广州等地，主要是向茶号贷放茶银，介绍茶号出售茶叶，从中收取手续费。

吴裕泰茶庄 引自《中国店铺招幌》

恒通号茶庄 引自《中国店铺招幌》

怡和祥茶号一元纸币 中国茶叶博物馆馆藏

怡和祥茶号五元纸币 中国茶叶博物馆馆藏

茶号股票

汪裕泰茶号发票

许协龙茶号发票

旧时毛尖茶的招幌
引自《中国店铺招幌》

徽商经营茶叶非常有名，茶业也是徽商四大行业之一。清代是徽州茶商的鼎盛时期，乾隆年间，徽商在北京设有茶行七家、茶庄千家以上，在天津、上海开茶庄也不下百家。茶叶经营日盛，由大城市延伸到小城镇，江、浙等一些小镇也有了徽商开的茶店。当时，内销茶花色品种甚多，有松萝、六方、毛峰，后又有各种花茶，所以有"茶叶卖到老，名字记不牢"之说。茶号属于季节性经营，徽州茶商多半兼营其他行业，或开钱庄、布店、南货店等，在茶季来临的时候再经营茶叶。

婺源茶号在婺源的茶叶交易中起重要的作用。婺源民风淳朴，在婺源清华镇洪村洪氏宗祠，就有一块清道光四年刻制的"公议茶规"青石碑，其内容堪称我国古代诚信经营的典范。该石碑以"合村公议"名义，对村中茶叶经营行为进行了规范，目的在于激励茶农、茶商诚信经营，共同维护洪村茶市的良好声誉。

每当茶叶上市，产茶区附近会形成临时的茶市。茶市有约定的日子，如三日一集，五日一集。河南紫阳茶市通常是三日一集，农历三六九为集日，当地人称为"逢场"，茶农们带着自家的茶叶来赶集，来自各地的茶商在此收购茶叶。过了茶季，茶市就散了。

五、茶叶的贮藏包装习俗

茶叶极易吸潮变质，一些珍贵的名茶变化尤为明显，因此人们一开始就非常重视茶

编制竹篾篓

百两茶

天尖茶

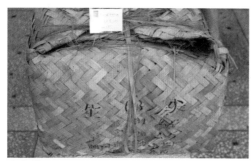

生尖茶

贡尖茶

叶的贮藏。唐代，用瓷瓶贮茶，也称"茶罂"。常为鼓腹平底，瓶颈为长方形、平口。这种茶罂一般装散茶或末茶。唐代还以丝质的茶囊贮茶，讲究者还在茶囊中缝制夹层，以更有利于贮存。

宋代赵希鹄在《调燮类编》中谈到："藏茶之法，十斤一瓶，每年烧稻草灰入大桶，茶瓶坐桶中，以灰四面填桶瓶上，覆灰筑实。每用，拨灰开瓶，取茶些少，仍覆上灰，再无蒸灰。"说明宋代已经用草木灰储茶，因其可以防止茶叶受潮。

明代人贮茶主要用瓷质或陶质的茶罂，也有用竹叶编制成"竹篓"，又称"建城"的器皿来贮茶。竹篓中可贮较多的茶。在同一篓中贮藏不同品种的茶叶，则称为"品司"。

明代还发明了将茶叶和竹叶同时相伴存放的贮茶方法。因竹叶既有清香，又能隔离潮气，有利于存放。更讲究的储藏是先将干竹叶编成圆形的竹片，放几层竹片在陶茶罂底部，竹片上放上茶叶后，再放数层竹叶片，最后取宣纸折叠成六七层，用火烘干后扎于罂口，上方再压上一块方形厚白木板，以充分隔离潮气。

话说中国茶

我国各地的贮茶方式各有特色。广东的竹壳茶就是用整片竹箨（竹壳）包扎成五个连珠葫芦状，底部贴上红纸标签，在广州市中药店悬挂出售，颇为引人注目，是广东民间凉茶之一。

旧时皖西茶乡销售黄大茶习用竹篓包装。因篓编花纹成箱状，名"花箱"装头。春茶两箱一连，两连箱再包以大篾包，包内衬以笋壳编成，俗称"虎皮"。

六堡茶也是用竹篓包装。六堡茶需要

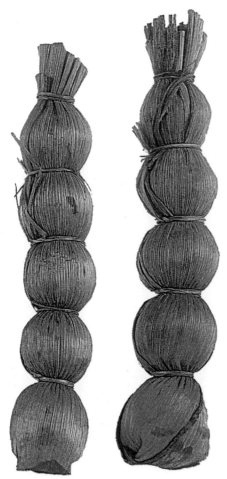

广西笋壳茶 引自《品茶说茶》

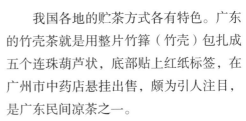

民国茶叶罐

民国茶叶罐

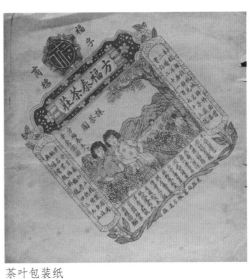

茶叶包装纸

经过晾置陈化，这是制作过程中的重要环节，不可或缺。所以，传统的竹篓包装，有利于茶叶贮存时内含物质继续转化，使滋味变醇、汤色加深、陈香显露。

当时各地的茶庄茶号都有自己的包装纸。过去没有专门的纸箱纸袋，茶叶都是用店铺的包装纸进行包装，包装纸上印有本店的地址及广告词。而茶庄柜台伙计的基本功就是包茶叶，茶叶要包得平整，有棱有角，包装纸上面的广告要恰好在茶叶包的正中间，两边要露出茶叶店铺的地址或字号。

旧时茶叶包装纸

民国茶叶罐

第七篇 茶馆风情

第一章 茶馆的历史

茶馆原指卖茶、供顾客喝茶的铺子。但中国的茶馆又不仅仅是供人买茶喝茶的公共场所，更是中国茶文化的物质载体，具有深厚的文化内涵。在一千多年的茶文化历史中，茶馆主要是作为一种文化的物质形式而为人所瞩目。对于中国人来说，茶馆不亚于咖啡馆对于欧美人的重要性。

在古代，喝茶的场所通常被称为茶坊、茶肆、茶店、茶园、茶铺、茶室、茶社；还有一些不常见的称呼，如茶谷、茶台、茶棚等。茶馆出现于饮茶习俗开始普及的唐、宋时期。茶馆这个名词最早出现于明代的文献典籍中，清代则被广泛地使用。

在汉代，饮茶盛行于长江中游的一些文人士大夫之间，三国两晋时期已成为一种社会风尚。晋代史书《三国志》记载了"以茶代酒"的典故，西晋时期还出现了茶摊，即茶馆的雏形。在"茶之源、之法、之具尤备，天下益知饮茶"的唐代，随着饮茶由上层社会向民间的传播普及，新的需求——专门的公共饮茶场所即茶馆，才真正得以形成。宋代，茶馆分布突破了城市的界限，扩大到了乡镇，功能也从专卖茶水发展到兼营各种文化娱乐活动。明、清两代戏曲文艺发达，茶馆也成为进行戏曲活动的主要场所之一。在古今交融、东西汇通的近代社会，一部分茶馆成为容纳鸦片、赌博、弹子房的场所，藏污纳垢，显示出一副败落颓废的景象；另一部分茶馆则吸收了现代文明，进行了积极的改良，呈现出新的发展局面。新中国成立之后，茶馆有过短暂的复苏；特别是改革开放之后，茶馆重新焕发生机，有了新蜕变，得到了新发展。茶艺馆、茶宴馆、茶会所、音乐茶座、茶网吧等新的茶馆形式出现，增加了茶馆的功能与内涵，预示着茶馆的新生。

茶馆的历史，经历了西晋的雏形、唐代的成形、宋代的发展、明清的完善、近代的改变、新中国成立后的振兴、当代的新生几个主要的发展阶段。

一、茶馆的产生

在远古时期茶被当作药物而为人所用，茶的药效在《神农本草经》、《唐本草》、《本草纲目》等书中都有提及。在"神农尝百草，日遇七十二毒，得茶而解之"的传说中，茶作为解毒之药而为人们所用，神农开创了茶作为药用的开端。

茶由药物变为饮料由茶本身的特性决定 中医认为：茶味苦甘凉，有生津止渴、清热解毒、消食止泻、清心提神等功效。现代生物化学和医学研究也证明，在茶叶的化学成分中，有机化合物有600多种，无机矿物营养元素有10多种。可见，茶叶对人体既有营养价值，又有药用价值，具有保健药效功能，长期饮用，既能防病又能健身。

然而在很长一段时间内，饮茶的传播只限于上层社会、达官贵人之间。在西汉文学家王褒写的《僮约》一文中，记载了"武阳买茶"、"烹茶尽具"，这是关于茶叶买卖以及饮茶最早的记载。

东汉以后玄学思想蓬勃发展，魏晋名士自诩高洁、远离世俗，崇尚逍遥放达、超凡脱俗的境界，与茶高洁不污的特性恰巧吻合。所以，他们对饮茶极为推崇，士大夫饮茶成为一种时尚。魏晋南北朝时期，佛教在中国迅速发展壮大，在民间拥有大量的信众，而饮茶有助于清心寡欲、佛学禅定，促进了佛教的发展。同时，佛教也推动了饮茶的普及。

茶馆的雏形是西晋的茶摊 据南北朝时期的神话小说《广陵耆老传》记载："晋元帝时，有老妪每旦擎一器茗往市鬻之，市人竞买。自旦至暮，其器不减茗，所得钱，散路旁孤贫乞人。人或异之，执而系之于狱。夜擎所卖茗器，自牖飞去。"说明当时民间已经存在营业性的茶摊，即茶馆的雏形。

二、唐代茶馆

茶馆正式形成于唐代。据唐代封演所著《封氏闻见记》记载："自邹、齐、沧、棣渐至京邑，城市多开店铺，煎茶卖之，不问道俗，投钱取饮。"这里虽没有茶馆之名，但"煎茶卖之，投钱取饮"应指成形的茶馆。

茶馆在唐代的发展有其特殊的社会文化基础。第一，唐代的农业生产十分发达，茶叶的产量也有了很大的提高。第二，统治者对茶的生产管理极为重视。中唐时期，茶马政策开始实行；晚唐德宗年间开始征收茶税。此外，还制定了一系列有关政策保证茶的生产、买卖与流通。第三，唐代还是个城市经济繁荣、交通贸易发达的朝代，这些都为茶馆的发展提供了有利的社会条件。第四，唐代的茶馆建立在魏晋南北朝饮茶盛行的基础之上，继承、发展了魏晋南北朝的茶文化，而唐朝本身又是经济繁荣、社会稳定、风气开放的朝代，茶叶的生产较以往有了巨大的进步，饮茶风气更为炽盛。

唐代茶馆主要分布于长安、洛阳等大城市，安史之乱后，中国经济中心开始南移，茶馆也因为南方盛产茶叶而得到发展。

唐代的茶馆正处于初始阶段，它的功能比较单一、设备也很简单，具有浓郁的平民化气息。茶馆的主要功能就是卖茶、喝茶，服务对象也是普通民众。唐代后期，文人之间流行举行茶会、茶宴等活动，在晚唐，甚至出现了宫廷举办的清明茶宴，这些活动丰富了茶馆的文化内涵，拓宽、提升了茶文化的精神境界，也是茶馆发展的新方向。

三、宋代茶馆

宋王朝农业、手工业和商业的恢复与发展，使茶馆步入了一个迅速发展的新时期。原因在于：第一，茶的栽培地区遍布江浙、两湖和四川等地，在安徽一带甚至出现了专门种植茶叶的"茶户"，政府每年的茶税收入极为庞大。茶叶不仅产量大，而且品种也增多，茶叶的质量也有很大提高，为茶的普及奠定了经济基础。由于产量的剧增和质量的提高，茶叶融入普通民众的生活，成为人们生活必不可少的饮料。王安石在《茶商十二说》中就提到："茶之为民用，等于米盐，不可一日以无。"南宋吴自牧的《梦粱录》也记载"盖人家每日不可缺者，柴、米、油、盐、酱、醋、茶。"这些都说明了茶在人们日常生活中的重要性。可以说，茶馆的兴盛是茶叶产量大幅提高、需求旺盛的必然结果。第二，宋代的城市经济尤为繁荣，市内的店铺作坊随处可见，营业时间也不再受限制，不但有夜市，还有晓市。在城市里还有固定市场和定期的集市，以及娱乐场所。宋代市民经济、市民文化的发展中，茶馆是其中最为重要的内容之一，是市民生活必不可少的要素之一。

宋代茶馆兴盛的概况在《东京梦华录》、《武林旧事》、《都城纪胜》、《梦粱录》等诸多文献中都有详细的记载和描述。

《东京梦华录》记载，北宋年间的汴京，茶坊鳞次栉比，如"曹门街，北山子茶坊内有仙洞、仙桥，仕女往往夜游吃茶于彼"。马行街"约十余里，其余坊巷院落，纵横万数……各有茶坊、酒店、勾肆饮食"。朱雀门外"以南东西两教坊，余皆居民或茶坊，街心市井，至夜尤盛"。南宋年间临安地区的茶馆，无论数量或形式都比北宋时期大为增加。

《都城纪胜》记载："大茶坊张挂名人书画，在京师只熟食店挂画，所以消遣久待也，今茶坊皆然。冬天兼卖擂茶或卖盐豉汤，暑天兼卖梅花酒。"

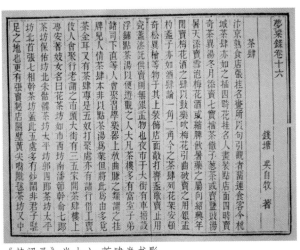

《梦粱录》卷十六 茶肆卷书影

《梦粱录》卷十六"茶肆"中载："汴京熟食店，张挂名画，所以勾引观者，留连食客，今杭城茶肆亦如之。"临安"处处各有茶坊"。除茶馆外，宋代还存在一些性质类似于茶馆的茶摊、茶担及流动提瓶卖茶人。如《梦粱录》记载杭州城内"夜市于大街，有车担设浮铺点茶汤以便游观之人"，至于"巷陌街坊，自有提茶瓶沿门点茶，或朔望日，如遇吉凶二事，点送邻里茶水，倩其往来传语耳。又有一等街司衙兵百司人，以茶水点送门面铺席，乞觅钱物，谓之'齰茶'；僧道头陀欲行题注，先以茶水沿门点送，以为进身之阶"。《东京梦华录》也载："至三更天方有提瓶卖茶者，盖都人公私营干，夜深方归。"

宋代茶馆呈现出多元化的经营特色，自身也日趋完善。茶馆的功能不再仅仅是满足人们喝茶、买茶的需要，还供应茶点，有的茶馆还兼具娱乐场所的功能，提供各式各样的娱乐活动。其中最为普遍的是弦歌，如同孟元老在《东京梦华录》中所言："按管调弦于茶坊酒肆"。还有的茶馆特意安排艺人在茶馆内说书，以此招揽顾客。除此之外，茶馆还提供棋具，供顾客进行博弈等活动。这些都突破了唐代茶馆的单一功能，茶馆已经不再仅仅是喝茶之所，而成为人们进行公共活动的主要场所。

在茶馆多元化经营的同时，茶馆的分工也在逐渐细化。在宋代，茶馆逐渐演变为特色鲜明的各种专营茶馆，有专门提供娱乐活动的娱乐性茶馆、有兼具雇工等市场交易功能的茶馆、还有专门调解纠纷的茶馆。

茶馆的经营机制也产生了变化。宋代茶馆大多实行雇工制，一方面反映了宋代商品经济的发达，另一方面也促进了茶馆本身的发展。在茶馆内，还出现了被称作"茶博士"的工作人员。不同于普通的店小二，"茶博士"是有丰富茶技艺的专业技工。"茶博士"这种职业群体的出现既是茶馆繁荣发达的产物，又对茶馆的发展和茶文化的发展做出了巨大的贡献。

茶馆设备上也有变化，宋代茶馆的设施讲究精心布置，注重营造文化氛围。宋代士大夫注重内心品格的修养，大多喜欢清净优雅的环境，很多茶馆投其所好，以奇松异柏、窗明几净的环境塑造氛围，招揽顾客。不过，因宋代茶馆的主要服务对象还是广大市民，所以依然具有浓厚的世俗趣味。

四、明代茶馆

明清两代是中国封建经济发展的顶峰，茶馆发展进入了鼎盛时期。

明代的市民阶级不断成熟壮大，商品经济发展迅速，茶馆的数量大大增加，分布更加广泛，功能也多种多样，这些都是茶馆迅速发展的体现。虽然茶馆文化几经朝代更迭，与中华文明如影随形，但"茶馆"一词真正形成还是在明代，首次出现是在明张岱《陶庵梦忆》中："崇祯癸酉，有好事者开茶馆"。从此以后，"茶馆"便成为一固定通称，这从一个侧面说明了茶馆文化日趋成熟、走向鼎盛也是始于明代。

明代茶馆较之宋代，规模进一步扩大，数量有增无减。小说《金瓶梅》向来被誉为16世纪社会风俗史卷，而其中谈到茶者多达629处，提及茶坊更是不计其数。与宋代茶馆相比较，明代茶馆的显著特征是更加精纯雅致。上流茶馆内的饮茶更加专业、讲究，对水、茶、器都提出了更高的要求。明人田艺蘅曾专门著书《煮泉小品》，以满足大众的品茶需求。而当时人们对茶品的要求，已不仅是求其知名度，还更注重茶的色、香、味、形。

明代人看重水质与水味。田艺蘅的《煮泉小品》把饮茶用水分为源泉、石流、清寒、甘香、宜茶、灵水、异泉、江水、井水、绪淡十个部分。在其他明代的著作中，茶馆用水之考究也经常可见，甚至成为名茶馆的"卖点"。如《白下琐言》一书中记载，南京的一家茶馆，用炭火煨雨水冲泡银针、龙井等名茶。

由于明代对茶的香、味有了更高要求，因此不再沿用唐代用茶釜煎茶的方法，而开始采用对香味保存有良好作用的泡茶法。茶馆采用沸水泡散茶，这一简便的饮茶方式一直沿用至今。

明代对茶及茶具的要求也有了相应的改变，对我国茶馆的演变起到了推动作用。为了更适合冲泡，明代茶馆一改前人多使用饼茶、团茶的传统，而开始兴用散茶；冲泡方法的兴起也使唐宋釜、笾等茶具不再适用。茶盏更多采用更具观赏性的白瓷或青花瓷，并日渐考究。茶壶在这时应运而生，并逐渐成为茶文化中的新宠。宜兴的紫砂茶壶也在此时成为一种时尚，受到了人们推崇。在高档的茶馆中，紫砂茶壶开始成为文人雅士们不可或缺的茶具，赏玩茶壶也成为茶馆内另一件乐事。

明代茶馆里供应茶点、茶果，不仅种类繁多，还因时因季而不断更换。柑橘、苹果、红菱、金橙、橄榄、雪藕等丰富的水果，配上饽饽、火烧、寿桃、蒸角儿、冰角儿、橡皮酥、米面枣糕、果馅饼、荷花饼、乳饼、玫瑰元宵饼、檀香饼等多样的点心，仅《金瓶梅》一书中提及的茶点就有四十余种。加之各地方的特色食品，明代茶点种类之繁多、花色之缤纷可谓茶馆中另一道独具特色的风景。

明朝末年，在茶馆日益精纯的同时，茶文化也走向了民间，街头茶摊出现了大碗茶，一张桌子，几条长凳，粗碗粗茶，正如底层人民的生活一样简单清苦，却慰藉着耕种劳作一天的人们。一碗碗大碗茶倾倒下去，给人们带来身心暂时的安顿，也正因为贴近生活而成为中华茶文化经久不衰的生命源泉。

五、清代茶馆

茶馆在中国历史上最鼎盛的时期是清王朝。康乾盛世之下，更多百姓，闲来无事，在茶馆小坐便成了常事，茶馆进一步普及。杭嘉湖地区还出现了茶担。

随着茶馆文化向社会各阶层的渗透，清代的茶馆不仅遍布城乡，规模数量为历史上罕见，还逐渐按功能、特色形成了特定的类别。如"清茶馆"、"书茶馆"、"野茶馆"、"荤茶馆"等，满足了社会各个阶层的需求，上至宫廷大内，下至市井人家，达官显贵、文人雅士、草根市民各得其所。

清茶馆特指以卖茶为主的茶馆。店堂一般布置得清净雅致，其内方桌木凳，非常清洁。小型茶壶、两个茶碗、"水沸茶舒，浓香扑鼻"，是对清茶馆十分具有代表性的描述。此时，光顾茶馆的多为文人雅士。清末时期，京城内的清茶馆更是风景独到，顾客多是悠闲老人，如清末遗老、破落户子弟，还有不少城市贫民和劳苦大众。这些人由于有起早遛弯儿的习惯，常常手提鸟笼往城外遛鸟，回城后就到茶馆喝茶休息。这时，

茶担（杭州龙井茶）引自《太平欢乐图》

清代茶馆

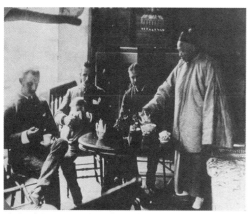

清代茶馆里外国客人在品茶

清末上海老城厢中的茶馆 引自《行业写真卷》

清末在南方茶园喝茶的茶客 引自《图说中国百年社会生活变迁》

清代品茗场景

清末上海福州路上的著名茶楼青莲阁 引自《行业写真卷》

清末上海南京路上的汪裕泰茶号 引自《行业写真卷》

清末上海南京东路上的著名茶楼仝羽春 引自《行业写真卷》

清末上海福州路上的五层茶楼 引自《行业写真卷》

清末茶行 引自《图说中国百年社会生活变迁》

1916年上海南京东路上的著名茶楼乐天茶社 引自《行业写真卷》

近代茶摊 引自《杭州老字号系列丛书－茶叶篇》　位于浙江省乌镇的仿卢阁茶馆

他们把养的百灵、黄雀、画眉、红靛、蓝靛等名鸟，或挂在棚竿，或放在桌上，脱去鸟笼上的布套，顷刻间，小鸟们各逞歌喉。诸老人则谈茶经、论鸟道、叙家常、评时事。冬天，顾客多在屋内喝茶聊天。"串套"活动(即听鸟鸣)则是馆主们为了招徕顾客群而开设的。馆主对养有好鸟的知名老人发出请帖，请他于某月某日携鸟光临。请帖一般很讲究，花笺红封，浓墨端字，同时还在街头巷尾张贴黄条。届时养鸟的老少人士都慕"鸣"而来，门庭若市。这样，不但使茶馆生意兴隆，利市百倍，而且因此名噪九城。如崇外大街路西万乐园，就曾多次举行这种活动。

　　野茶馆与清茶馆不同，多设在郊外，是路人、游人光顾的地方。茶馆内鱼龙混杂，有贩夫走卒，有骚人墨客，茶不是很讲究；低矮土房、芦席天棚、紫黑苦茶。设备虽简陋，却少了城市的嘈杂喧嚣，多了几番与自然的亲近。

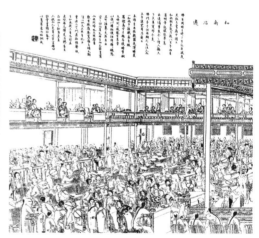

吴友如点石斋画报中的茶馆

话说中国茶

除了歇脚饮茶，还想满足口腹之欲的客人可以光顾荤茶馆。其不仅卖茶，亦卖茶点、茶食甚至备有酒类迎合顾客的口味。茶、点心饭菜合一，但所设茶食并不与普通餐馆雷同，可谓自成套路。茶点丰富多样且常带有地方特色，如杭州西湖茶室的橘饼、黑枣、煮栗子；南京鸿福园、春和园的春卷、水晶糕、烧卖、糖油馒头等，在清代的文学作品中此类描写也是俯拾即是。荤茶馆内，茶客在品茶的同时又可饱腹，一道道玲珑的茶点端上桌来，伴着茶香，更多了几分视觉的享受，此类茶馆也颇受茶客欢迎。

上海南京路上的全安茶楼

如果说荤茶馆是茶香与美食的结合，那么书茶馆就是茶香与声乐的结合。书茶馆出现在清末民初，以短评书为主。这种茶馆，上午卖清茶，下午和晚上请艺人临场说评书、弹唱，行话为"白天"、"灯晚儿"。茶客边听书，边饮茶，优哉游哉，乐乐陶陶。老北京有许多书茶馆，在这种茶馆里，饮茶只是媒介，听评书是主要内容。书茶馆直接把茶与文学相联系，既给人以历史知识，又达到消闲、娱乐的目的，老少皆宜。

明清两代戏曲文艺发达，茶馆也成为戏曲活动的主要场所之一。虽早在宋代就有戏曲艺人在酒楼茶肆中做场，但是在馆内专门搭设戏台，合二为一，成为一种戏曲茶馆，还是清代人的创意。

著名京剧大师梅兰芳先生回忆旧时的剧场时曾说："最早的戏院统称茶园，是朋友聚会喝茶谈话的地方，看戏不过是附带性质"，认为最早的戏馆是从茶馆里演变而来

民国时期北京、天津茶园戏单

的。此类茶馆的构造是"其地度中建台"、"三面环以楼"。戏曲演员演出的收入，早先是由茶馆支付的。换句话说，早期的戏院或剧场，其收入是以卖茶为主，只收茶钱，不卖戏票，演戏是为娱乐和吸引茶客服务的。所以，有人也形象地称："戏曲是我国用茶汁浇灌起来的一门艺术。"可以说我国的艺术奇葩——戏曲，最初是在茶馆中落地开花的。除了表演戏曲，茶馆里还出现了说书艺人，这也是明清茶馆的一大特色。

在这样的茶园、茶楼内，除了台上的曲艺表演，台下也是热闹非凡，别有风景——清代茶馆的服务员被称为"茶房"，茶客茶房互相之间招呼一如亲朋，绝没有主客架势。客人进茶馆，不用发话，茶房一面请教，一面抹桌凳，帮助挂衣帽。用什么茶叶，投放多少，会按来客喜好冲泡，甚至是客人嗜好水温的高低、头浇水要不要滗掉，茶房也知道。也有茶客自带茶叶，茶房便端来茶壶由客人自便。客人需什么茶点，不用吩咐，刚进门茶房就向后堂喊话，不消多久便会送过来。若是本店不经营的茶点（如茶干、瓜子等），茶房会招呼小贩过来。当年的茶馆，茶房和小贩的关系相当融洽，有了小贩叫卖，茶馆反倒能够增加人气。

除了聪明灵巧、嗓门大以外，茶馆、茶房还需要具备一套绝活，拿泡茶和续水来说，当年大多数茶馆都是使用大铜壶，茶房泡茶，手拿大铜壶在离桌面三尺左右的高处对准茶盅注水。只见壶嘴猛一向下，热气腾腾的沸水飞流直下，再向上一翘，茶盅之水刚好九成满，不多也不少，往往无一滴水洒落下来，这手绝活实在令人叹服。堂倌送点心的技术，亦令人叫绝。他们一只手能托十多只盘和碗，自掌心至肘弯，重重叠叠，在人群中穿梭往来，飞步登楼，鲜有碰撞失手等事。最精彩的是茶房给客人递毛巾，一手托着一叠热气腾腾的毛巾，一手将一张张毛巾揭起。毛巾飞旋而下，如天女散花，却绝无虚"发"，最终准确地落在每一位茶客面前。客人用罢随手抛丢，茶房或跳起或弯腰，总能准确自如地接住，有时几位客人将毛巾从四面抛来，茶房眼疾手快，繁而不乱，应接自如。台上刀枪棍棒，台下方巾飞扬，台上台下都是高超的手艺功夫，热闹的景象下显示的是茶馆行当敬业的精神与地道的景致。

茶在清代不仅是民间文化的承载，在宫廷的大雅之堂也有一席之地。饮茶之风盛行于宫廷，自有皇室的气派与茶规。"不可一日无茶"的乾隆帝曾于皇宫禁苑圆明园内修建了一家皇家茶馆——同乐园茶馆，取与民同乐之意。每逢新年，茶馆遴选最好的茶房、跑堂于馆内，吆喝招待，模仿民间景象。

六、近代茶馆

近代的中国社会古今交融、东西汇通，茶馆也随之发生很大的变化。许多茶馆不免成为容纳鸦片、赌博、弹子房的场所，但也有部分茶馆吸收现代文明，进行了积极的变革，散发出新的发展气息。

清末，封建统治阶级荒淫、腐败，社会环境变得污浊不堪，出入茶馆者三教九流，鱼龙混杂，茶馆原有的清新雅致、富有市民文化气息的特点逐渐减弱，直至消失，消极

四川茶馆中茶客们正大摆龙门阵

喝茶、养鸟是老年人惬意的一种生活方式

四川有喝早茶的习惯
（以上3幅图引自《品茶说茶》）

作用日趋明显。更多的农民走向破产，市民日益贫困，贫苦人家之女在茶馆卖唱卖身、强颜欢笑招揽顾客。除了卖茶，茶馆成了开赌场、打纸牌、搓麻将、摇单双，甚至卖笑卖身的藏垢纳污混沌不堪之地。有些黑帮头子用茶馆掩人耳目，背地里从事窝藏土匪、私运枪支、贩毒、买卖人口、绑票等罪恶勾当。不过，随着西方文化的进入和西方科技的引进，一些茶馆也借鉴融合了西式咖啡馆、酒吧的特点，一改清俭的精神风貌，更新完备茶馆的设备，走上了华贵奢侈的经营路线。电机风扇、油画、沙发被搬进了茶馆，香烟也开始在茶馆里销售，甚至出现了用汽水泡茶的怪现象。

茶博士 引自《三百六十行大观》

　　辛亥革命中的茶馆发挥着迅速传播革命消息的重要作用，茶馆的话题，往往集中在与革命有关的问题上。清朝政府对此甚有戒备，故令所有茶馆内需有"勿谈国事"的招贴，强制茶客保持沉默。但事实上，每天聚集在茶馆的人们仍有时低声议论，有时则公然大谈"国事"。

茶馆风情

茶楼闲人 引自《三十年代上海洋楼与民俗》

1932年沈阳街头的茶店 引自《图说中国百年社会生活变迁》

民国时期的茶馆和茶客 引自《图说中国百年社会生活变迁》

民国初年北方牧民在喝茶 引自《图说中国百年社会生活变迁》

　　民国时期茶庄供应的茶叶品类更丰富、服务更规范、宣传更深入，出现了很多有特色的茶店广告。

民国时期茶店系列广告

民国时期茶店系列广告

民国时期的茶庄 引自
《三百六十行大观》

近代茶食广告

近代茶店系列广告

复兴茶庄招贴广告

长发斋茶食店广告

聚鑫成茶店广告

群仙茶园票证

茶食广告

德兴盛茶食广告

茶馆风情

343

提到近代中国的茶馆，不能不提及著名剧作家老舍先生的《茶馆》。它通过"裕泰"茶馆的陈设由古朴到新式，再到简陋的变化，昭示了茶馆在各个特定历史时期的时代特征和文化特征，从而反映了近代社会的变迁。老舍以茶馆为载体，以小见大，反映社会的变革。"吃茶"使各种人物、各个社会阶层和各

茶食广告

类社会活动聚合在一起，如果没有"吃茶"一事，则茶馆中任何事情都将不复存在。可以说，正是近代"吃茶"的茶馆文化为这样一位伟大的剧作家提供了理想的创作平台。正如老舍先生自己所说：茶馆是三教九流会面之处，可以容纳各色人物。一个大茶馆就是一个小社会。这出戏虽只有三幕，可是写了五十来年的变迁。可以说，茶馆是了解中国一个历史时期风貌的理想触点。

七、现代茶馆

新中国成立之后，茶馆有过短暂的复苏，但没有明显的发展。直到改革开放之后，茶馆业才焕发生机，在一些城镇又出现了茶摊、茶街等景象。如位于浙江乌镇西栅白莲塔河对面的茶市街：一条168米的小街，是老茶馆较为集中之地，如今则汇集了许多风格不一的茶馆、茶楼、茶坊及茶叶、茶器商店，是西栅著名的茶艺一条街。茶馆大多设在水阁里，一面傍河，一面临街，自有一种闹中取静的味道。栅头上的茶馆规模都不大，二三间门面，二三十张茶桌，参参差差地排成二三行。一张长方形的板桌，配上两条狭长的长条凳，构筑起自得其乐的小天地；一把茶壶，一只茶盅，便是"喝茶"的唯一道具。过往茶客，无论生熟，尽可随意坐下，喝茶攀谈，大到国计民生，小到市井故事。扬州人常提到两件事，一件称为"皮包水"，另一件则称为"水包皮"。一件是说去浴室（当地人叫混堂）洗澡，一件就是到茶馆喝茶。可见喝茶也是一种享受。

随着时代的发展，在物质文明、精神文明得到长足发展的今天，涌现出一批旨在弘扬中国茶文化的社会团体，如中国茶叶博物馆、中国国际茶文化研究会、杭州市茶文化研究会、杭州市茶楼业协会等，推动着茶文化的传承与发展。现代茶馆继承了古代优秀的茶馆文化，同时也有了新的发展变革。茶艺馆、茶宴馆、音乐茶座、茶网吧等新的茶馆形式出现，增加了茶馆的功能与内涵，吸收了新的时代气息。现代茶馆可谓精彩纷呈，今天去茶馆品茶会友已成为国人的生活时尚。

第二章　茶馆分类

一、清茶馆

清茶馆是清代茶馆的类型之一，有别于"书茶馆"、"野茶馆"和"荤茶馆"等。它专售清茶，以品茶为主要活动，讲究茶的质量、品茶环境、品茶人的心境等。清朝初年，茶馆业兴旺，在大江南北，长城内外，大小城镇，茶馆遍布。康熙至乾隆年间，由于"太平父老清闲惯，多在酒楼茶社中"，茶馆成了上至达官贵人，下及贩夫走卒的重要生活场所。清末，北京城内的清茶馆来者多是清末遗老、破落户子弟等悠闲之人，以及城市贫民和劳苦大众。

清茶馆平时只卖清茶，小型茶壶、两个茶碗、"水沸茶舒，浓香扑鼻"，茶的品质档次要高，讲究水质，多用名泉。几乎不配茶点，即便有也是极其清淡，更不伺候酒饭。这里或独斟或对饮，讲究的是品味清茶的纯粹，所以谈话也是轻声细语。

清茶馆环境清幽，其规模大小不等，装修由简到雅，店堂一般布置方桌木凳、紫砂瓷杯、名人字画、幽兰翠竹，显得清新、舒爽、雅致。

清茶馆，一个"清"字，尽纳其神韵风情。

1.北京五福茶艺馆

"五福"取自北京人信奉的"人有五福"之说（"康宁、富贵、好德、长寿、善终"）。"五福茶艺馆"是北京首家茶艺馆。近几年相继开办了多家连锁店，遍布北京市区。

茶艺馆门额统一用黄底黑字的"五福茶艺馆"灯箱，旁有"五福茶道"的企业标志。明黄底色为古代君王专用色，体现的是雍容华贵，再配以古朴的装修风格，对联、宫灯、折扇点缀，形成了雍容、典雅、宁静、肃穆的"五福"形象。

"五福"独创"北京茶艺"。其特点是，茶具分为泡茶用具和品茶用具，茶叶为应季茶，其中乌龙茶多以真空包装，常年在5～20℃下保存，泡茶用纯净水，各种泡茶程序均有其术语，要求服

五福茶艺馆外景 引自《中国茶馆鉴赏》

茶馆风情

务员严格按程序操作并讲解，体现了几千年文明古都的文化底蕴。

五福茶艺馆不仅为人们创造了品茗的环境，传播北京茶艺，而且经营茶叶、茶具和茶文化书籍。各店汇集了全国各种名茶和上千种茶具，在此基础上，特聘宜兴工艺师现场制作各种紫砂器，以满足消费者的特殊要求，并与厂商共同开发生产"五福"的茶具产品。通过多

五福茶艺馆前厅

元化的经营，推广茶文化知识，提高人们对茶的认识，让更多的中国人了解中国是茶文化的故乡。

2.北京听壶轩茶艺馆

听壶轩茶艺馆虽居闹市，轩内却清静舒适，古朴典雅。置身茶室凭窗远眺，窗外车水马龙，高楼林立；窗内古筝轻柔，丝竹悠扬，别有一番情趣。

听壶轩内装修得古色古香，不同的包间呈现各异的风格，无论是古朴典雅的明式家具，还是亲切温馨的红木家具，或是朴素的竹制家具，都传递着宁静淡雅之气，令人仿佛置身于江南园林。客人品茶的同时还可欣赏茶道表演。轩内有江苏宜兴名家制作的紫砂壶以及名人字画，还陈列着茶文化及传统文化方面的书籍。客人可以根据自己的喜好定制个性化的茶具。设有紫砂壶专卖店，并提供台湾乌龙、福建乌龙、西湖龙井、洞庭碧螺春、黄山毛峰等名贵茶品，以及红花茶、沙棘茶、玫瑰茶、菊花茶等健康饮料和茶点小食。

北京听壶轩紫砂壶专卖店

听壶轩茶艺馆

3.杭州太极茶道苑

太极茶道苑的总部坐落于千年古街——杭州老街清河坊，讲究茶道绝活演绎、独家茶服务、雨水泡茶，丰俭由人。太极茶道是根据20世纪20～30年代的景象复原建造的，有古色古香的建筑和布置。坐在这里品茶，看身着长衫的茶博士表演高超的茶技，听着留声机里慢慢播放的小曲，能使人充分感受到清河坊街的历史气息。

太极茶道苑的房檐挂着茶幌子，门口立着"老茶馆"铜像，店堂内板凳板桌、烟熏老墙，评弹小调回荡其间；茶博士戴瓜皮小帽、着蓝布长衫，提壶续水，挥洒自如，体现出茶馆悠远的茶文化历史。

4.杭州临安闲云堂茶馆

临安闲云堂茶馆是临安第一家现代茶艺馆，目前已成为临安茶艺师最多的茶艺馆，它结合临安茶文化与典故自创了临安天目青顶茶艺，在馆内外经常表演。独具一格的是茶馆提供给客人品饮的是天目青顶有机茶，体现了现代人的健康理念和品质。

杭州同一号清茶道馆外景

同一号清茶道馆内景

5.杭州同一号清茶道馆

同一号清茶道馆采用以茶为主的清茶道馆模式，从最初的小店发展到了现在的三家分馆，分别名为少私府、七善府、见素府。三个馆名均出自老子的《道德经》，从中也反映出其经营理念。

同一号的馆主说，茶字的上面是草，下面是木，人就在草木间，于是，在同一号喝茶仿佛就沐浴在草木之间，天人合一。其特点可以用"清"、"茶"、"道"、"馆"四个字来概括。"清"：主要包含两方面含义，一是环境清静幽雅；二是茶点少而精，且以清淡为主。"茶"：茶艺师与茶客一对一服务，为每位茶客用心泡出功夫茶。"道"：茶道的内在本质是和平，外在表现形式是平和。同一号清茶道馆乐于与茶客一起探讨茶道与人生的关系，希望从茶道中悟到哲理引导人生，从而达到禅茶同一、天人同一的境界。"馆"：装修风格极具特色，古朴典雅，清新自然，能使茶客感觉来到了世外桃源，原本烦躁的心情因而能很快平静下来。由于馆内存有数吨普洱茶，茶客推门进来就能闻到一股悠悠茶香，令人心旷神怡，身心俱爽。

6.南通八仙城元春茶庄

元春茶庄地处八仙城中心广场东首，分两层经营，一楼主营茶叶、茶具等，二楼为传统的茶艺馆，集文化、休闲、交流为一体，环境清静，格调高雅，纯朴温馨，使茶客品茗的同时得到精神上的愉悦。

7.浙江磐安紫藤茶坊

紫藤茶坊中的"紫"代表文化；"藤"则是希望能像藤一般具有坚韧的性质，可以改变生态、适应环境。门面不大，茶坊内有一棵大树枝繁叶茂。两壁陈列的全是茶具和茶叶。角落里架着古筝，墙角是图书，几张桌子上多为功夫茶，墙脚支着原木的楼梯。早期紫藤茶坊以举办文化活动为主，也是年轻人聚会、喝茶的地方。至今，学生仍然是其主要客源。

坐在这里，人们能感受到茶、水、器、艺、境、人等元素的高度统一。

浙江磐安紫藤茶坊大厅　　　　　　　　　紫藤茶坊茶艺表演

8.广西南宁长裕川茶艺馆

长裕川是一家百年老字号茶庄，是原晋商中开设时间最长、规模最大的茶庄字号之一。茶庄原名长顺川，开于清代乾隆、嘉庆年间，至光绪年间更名长裕川。总号设在山西祁县。全国有多处分号，因其茶叶质量过硬，信誉很高。长裕川后人在抗战时期迁移到南宁，深受前辈晋商文化和源远流长的茶文化熏陶，传承优秀历史文化，并翻开新的一页，沿用长裕川字号经营茶叶、茶具、书画。茶艺馆以诚信为本，重振当年声威，创百年老字号茶庄。现已在南宁、宾阳、隆安、富川、玉林、百色、钦州、柳州、合浦等地设立分号。

长裕川茶艺馆内，奇山异石，名人字画，丝竹声声，茶香氤氲，幽幽檀香，仿佛在述说着晋商经营茶叶的厚重历史。那种陈香让人难以忘怀，你的心立即被融入到丝绸之路的驼铃声中，得到片刻的安宁。

9.贵阳平坝红缘坊茶楼

红缘坊茶楼是一家综合茶艺馆。走进茶楼，中式装修和仿古家具，配以错落有致的名家字画，充满古朴、典雅的文化气息；二十余间风格各异的茶室让人感到茶楼风格颇具特色，坐而不倦。

茶楼不仅为顾客营造了清幽、雅致的休闲环境，还始终把握茶楼的高品位，并将具有五千年历史的足疗保健与茶楼的休闲功能结合起来，以"健康、快乐、阳光"为主题，逐渐形成了茶楼自身的特色。在不断学习传统茶艺的同时，不断挖掘民俗民间茶艺，独创了"屯堡驿茶茶艺"，讲述六百多年前明朝军队到云南平定叛乱，经过当地驿站休息饮茶的故事。

10.湖南长沙天润福茶馆

天润福茶艺馆布置得雅致清新，游鱼细石、水车石板，颇有些世外桃源的味道，是个适合品茶的好地方。

在天润福，有许多阳春白雪的好茶，茶价却不贵。

茶道即人道，天润福的平和贯彻到它所有的出品。天道有情，润福苍生，天润福的茶道，透彻的是最真实的人生。

11.黄山市玉茗茶楼

"天下名山，必产灵草。江南地暖，故独宜茶"，明人许次纾早在《茶疏》中就对徽州茶做过描述。黄山市是产茶大市，在中国十大名茶的行列中，黄山毛峰、太平猴魁及祁门红茶都产自这里。古代徽州茶文化历史悠久，底蕴丰厚，长期以来人们都有饮茶的习惯。

在这个茶馆，茶的概念上升为一种文化、一种品位。茶艺姑娘摆弄着茶具，沉着洗杯、润茶、冲水、分茶、扣杯、翻杯、闻香等，每个动作都在向人们诉说着茶文化的内涵。

二、茶餐馆

茶餐馆是相对于清茶馆而言，又常被称为荤茶馆。此类茶馆，不仅卖茶，亦卖茶点、茶食，且点心占很大比重，有茶、点、饭三合一的性质。无论是在北方茶馆、江南茶馆，还是在岭南茶馆，都可以品尝到特色浓郁的茶食、茶点。将饮茶与饮食相结合，增添了喝茶的乐趣，而且可以充饥果腹，因而受到茶客们的欢迎。

茶餐馆的茶点供应很有特色，使它又区别于饭馆。快节奏的都市生活，到了周末不觉放慢了脚步，解决一日三餐，方便且经济实惠，减轻了主妇的操劳，使具有这种功能的平民化茶餐馆受到欢迎。这里老少皆宜，充满着家的放松、温馨感觉，因而，茶餐馆也就成了人们的生活乐园。

1.上海秋萍茶宴馆

开在襄阳南路上的秋萍茶宴馆，是中国第一家茶宴馆。它的前身是"天天旺茶宴馆"。走进茶宴馆，映入眼帘的是绿瓦顶、红立柱、花窗格的仿古轩廊；花窗外，悬挂着一排大红的宫灯；廊下，红色台面上陈列着各色名茶和精巧的茶具。这里随处可见字画、瓷器、古董、奇石，凸显出文化品位。茶宴馆店堂正中"道无穷"三个遒劲的字，有着东方式的哲思。整个店堂古意盎然，典雅脱俗。大小包房里悬挂着名人书法、国画；展览室内摆着几百种奇石、苏州刺绣。古色古香的屏风将大厅分为品茶和茶宴两个不同特色的区域。厅堂里可旋转的展示柜里面有各式各样的茶品供客人欣赏。整个茶宴馆里的景物既有明清时期简洁典雅的风格，又有浓郁纯朴的江南乡情。

茶宴，就是用茶来做宴席，自然每道菜都会有茶叶作为辅料。这里每一道菜肴都和茶有关，几乎所有的菜都是和茶一起烹调，茶香与菜性巧妙融合。在这里，茶已经成为一味不错的调料，不但能去除菜的腥、油腻和杂味，而且不会破坏菜的原汁原味。秋萍茶宴馆还推出了一席经典古诗宴。从李白的"飞流直下三千尺，疑是银河落九天"到张继的"姑苏城外寒山寺，夜半钟声到客船"；从苏东坡的"长江绕廊知鱼美，好竹连山觉笋香"到杜甫的"两只黄鹂鸣翠柳，一行白鹭上青天"……千年古诗化成美味佳肴，深厚的文化底蕴让饮食真正成为一种艺术。

上海秋萍茶宴馆外景

秋萍茶宴馆大厅

2.杭州青藤茶馆

青藤茶馆是杭州最早的茶艺馆。茶馆以倡导国饮、弘扬茶文化为己任，给顾客享受一杯好茶为宗旨，聚名茶、名壶、名画于一馆，讲究品茗理念和泡茶技巧，环境幽雅，以良好的口碑饮誉杭州城。

这里的木圈椅搭着大红缎面的棉椅垫；围廊上挂着吊兰，墙上装饰着古朴的瓷器，窗上挂着细竹帘。柜台边的架子格上，摆满了造型奇异的陶器，这些大多是来这里喝茶的客人兴之所至捏成。

茶品有红茶、绿茶、花茶、米茶等。浅绿色的茶单上有诗："青染湖山供慧眼，藤索茗话契禅心"。

杭州青藤茶馆露天茶座　　　　　　　　　青藤茶馆大厅一角

　　青藤茶馆有一种大众化的平民气质，吸引着一方爱茶人。每到周末或节假日，茶馆的大门上会挂出只有在20世纪60～70年代在车、船码头旅馆才看得见的那种"客满"的告示牌。

3.杭州紫艺阁茶坊

　　紫艺阁始创于1992年，坐落于名校浙江大学玉泉校区旁，与西湖相邻，是一家充满大自然气息的茶坊。茶坊得名于紫砂艺术，体现着都市茶风尚。坊内布置别致，绿藤把整个茶坊装扮得古朴、典雅。茶坊内不但有大小包厢，还有一个小型会议厅，可供举办茶话会。茶坊推出各种地方特色茶饮，茶客可从中领略到各地饮茶风情。

青藤茶馆内景

4.杭州门耳茶坊

　　门耳茶坊是杭州最早的茶艺馆之一。它以书香门第、书茶合一为特色。开设系列分店，曙光路的吉祥坊，温馨、清幽、自然、环保，是最早开设的小家碧玉式的茶楼，是文人聚会、闲情之地；环城西路的如意坊，清雅、洗练、精致、内敛，如大家闺秀，心随意动、随心所愿。品茗环境富含中国文化积淀，又颇具当代开放意识，彰显杭州高档茶艺馆的探索精神。坊内还备有文房四宝，文人雅客品茗之暇，还可即兴泼墨，留下丹青小趣，被茶客誉为生态环保型文人茶坊。

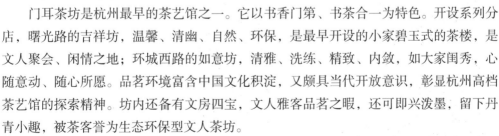

5.杭州陶陶居茶楼

　　茶楼内外装修典雅古朴，分上下两层，共有大小包厢60余个，以及散落在内部景观之中的各处雅座，可同时容纳近400人品茶用食。茶楼提供免费宽带上网接入，投影借用——品茗之余可兼顾商务沟通、单位活动、社团聚会。茶楼汇集了来自全国各地的60余种优质名茶及精选花茶、果茶，辅以或高古淡雅，或清新靓丽，或浓郁淳美的各式茶具。新鲜可口的四时水果、淡香四溢的各地干果、各种风味小吃、面点、糕点、甜品，以及佐茶沽酒的多种冷食、小炒、粥煲、主食——近百种的各类茶食，除自助享用的茶食外，还有精选茶食配送。

6.乐清晨沐茶馆

晨沐茶馆已有多年历史，馆内环境典雅，舒适怡人。以名茶、精美茶点为特色，同时供应烧烤、小炒、西餐、套餐、夜宵等。是乐清市民休闲品茗的好去处。

7.福州别有天茶艺居

福州别有天茶艺居大厅

别有天茶艺居成立于1993年，其馆主为著名的指书家，后移居新加坡，茶楼选址于闹市之中，地处国际大厦三楼的空中花园，可谓是闹中取静，别有洞天，因而冠名为"别有天茶艺居"，其招牌是馆主亲自用指书完成的。别有天茶艺居是福州众多茶馆中的知名品牌，具有五个第一，如福州第一家茶艺馆，福州第一家庭园式茶艺馆，创制出与茶叶一起制作的私房菜肴"茶膳"，将中国的饮茶文化及饮食文化融为一体。

8.广东佛山山水茶艺馆

广东佛山山水茶艺馆内景

一山一世界：山水茶艺馆楼高三层，房间分别以武夷山、昆仑山、普陀山、峨眉山等中国名山命名，在设计上巧妙地融汇中国古典建筑文化，在房间内注入了中国茶文化元素，如增添茶具、茶书等装饰摆设，以求品茗者在中国古典建筑文化中体会茶文化的深刻蕴涵，在茶文化中感受中国古典建筑文化的深远底蕴。

一水一人生：从2002年开业至今，山水茶艺馆以其优雅的品茗环境、丰富的名茶资源和精致的广东茶点，逐渐成为城中人们口口相传的品茗佳地。这里有浓醇清活的武夷岩茶、陈香浓郁的宫廷普洱、香馨高爽的蒙顶甘露，还有透天香观音、醉贵妃、白牡丹、冻顶乌龙、洞庭碧螺春、狮峰龙井等。

福州别有天茶艺居茶点之一

9.十堰青藤茶艺馆

青藤茶艺馆是十堰市最早的茶艺馆之一。茶馆以倡导国饮、弘扬茶文化为己任，给顾客享受一杯好茶为宗旨，集名茶、名壶、名画于一馆，讲究品茗理念和泡茶技艺，环境幽雅，以良好的口碑饮誉十堰市。茶艺馆的环境清新优雅，风格是现代与传统的结合。门口有一特大茶壶；室内陈列各种造型的根雕茶桌、雕刻精美的紫砂和名人字画等。在茶艺馆里，可欣赏古筝和古琴乐曲，观赏茶艺小姐各种精湛的茶艺表演和民乐现场演奏等。

10.许昌中和茶艺社

中和茶艺社位于许昌市魏都区毓秀路中段，将瓷文化、茶文化、休闲文化浓缩为一体。以茶为媒，拥有南北名茶，如西湖龙井、碧螺春、信阳毛尖、六安瓜片、铁观音等，都能在此品尝到。

三、戏曲茶馆

演艺茶馆，也称戏曲茶馆，即饮茶之余也设戏曲表演的茶馆。

清末民初，北京出现了以短评书为主的茶馆。茶馆内设专门的表演区，一般为八仙桌椅，让茶客边喝茶边看戏，演出弹唱、相声、大鼓、评话等，戏剧演出最初也在茶馆。现在的演艺茶馆以售茶为主：只收茶钱，不卖戏票，演戏是为娱乐茶客和吸引茶客服务的。白天接待饮茶的客人，晚上就上演京戏、曲艺、魔术、功夫、杂技与川剧变脸等各种节目。戏曲与茶楼的联姻，由来已久，戏曲艺术依赖于特定的舞台，而茶楼可算是室内剧场的一种，为戏曲提供了表演场所。通过各地的演艺茶馆，人们可以领略到各具特色的地方文化。

1.北京老舍茶馆

老舍茶馆位于北京市前门西大街，是以剧作家老舍先生命名的茶馆。老舍茶馆已经成为一家汇聚中国戏曲文化、饮食文化、茶文化、京味文化于一身，集老北京清茶馆、餐茶馆、野茶摊、书茶馆等多种形式为一体的综合性文化企业。茶馆分为三层，内部陈设古朴、典雅，京味十足，大厅内整齐排列的八仙桌、靠背椅、屋顶悬挂的一盏盏宫灯、柜台上挂着的标有龙井、乌龙等各式名茶的小木牌，以及墙壁上悬挂的书画楹联，使游客感觉如同进入了一座老北京的民俗博物馆。位于二层的"前门四合茶院"，以古老经典的北京传统建筑四合院为形制，在保留老北京四合院正房原貌的同时，又体现出"北方庄重、南方素雅"的特色。各厢房错落有致、变化多端，三层的演出大厅，每天都可以欣赏到京剧、曲艺、杂技、魔术、变脸等优秀民族艺术的精彩演出。观看演出的同时，还可以品用各类名茶、宫廷细点、风味小吃和京味佳肴茶宴。三层东侧的大碗茶酒家，是一家以老北京风味菜、特色茶菜、茶宴为主的餐厅。

老舍茶馆内老北京六大茶馆微缩景观

老舍茶馆的皮影戏表演

开业以来，老舍茶馆接待了几十位外国元首和众多国家的驻华大使及夫人、众多社会名流及数百万中外游客，成为展示民族文化的特色"窗口"和连接国内外友谊的"桥梁"。慕名而来老舍茶馆的，更多的是为了体验和重温老北京的民间文化趣味，更在看戏、听曲，同时品饮北京传统茶饮——盖碗茶。

2.成都顺兴老茶馆

顺兴老茶馆坐落在成都国际会议展览中心三楼，是参照成都历代著名茶馆、茶楼风范，聘请资深茶文化专家、古建筑专家和著名民间艺人精心策划营造的一座集明清建筑、壁雕、窗饰、木刻、家具、茶具、服饰和茶艺于一体的艺术茶馆，是天府茶人传承巴蜀茶文化的经典杰作，也是一座极具东方民族特色的茶文化历史博物馆。

顺兴老茶馆"万年戏台"上演川剧 引自《中国茶馆鉴赏》

嵌于馆内古巷青壁上的九幅浮雕，由中国著名雕塑家朱成历时半年倾心创意设计，再现了临江古镇景观、市井院落风貌、老茶馆风俗特写、旧时水井诸像等川西民风民俗和建筑艺术，堪称西蜀现代《清明上河图》。

顺兴老茶馆的特色是在品茶的同时，可以观看长嘴壶茶艺表演和川剧绝活，而在顺兴品尝成都小吃更是了解成都文化的较好方式。从2 000多种四川小吃中精选出60多个品种，这些小吃传承手工制作的成都风格，让人更能体会成都美食悠长之味和成都生活悠闲的韵致。

3.江苏太仓五福园红茶坊

五福园红茶坊位于太仓市新华东路57号，集品茗、赏艺、商务、会友、棋牌、根雕欣赏、字画、茶具为一体。为体现茶坊的文化底蕴，里面的装修清雅脱俗，可谓是壶友好天地。

在五福园红茶坊，服务小姐娴熟地表演茶艺，而琵琶、二胡、箫的合奏，更使人陶醉其中，忘却了人间的烦忧。

江苏五福园红茶坊演艺大厅

四、风景茶楼

纵览茶馆的历史，除却领市面、探行情、传播信息以外，茶馆更多的是满足人的休闲需求，让人享受那一份茶与优雅环境独有的情致。"细啜襟灵爽，微吟齿颊香。归来更清绝，竹影踏斜阳。"自古以来，人们就注重饮茶的环境。明代人已经有意识地追求一种自然美和环境美，这种环境包括饮茶者的人数和自然环境。当时对饮茶的人数有"一人得神，二人得趣，三人得味，七八人是名施茶"之说。至于自然环境，则最好在清静的山林，周边是清溪、松涛，而无喧闹嘈杂之声。在山水风光胜地或郊野有景之所，常常亦是茶馆、茶楼之所在。在风景之地开辟茶室，为品茶营造最佳时空，而品茶又为品景创造最佳心境。在各个景区的茶馆，凭借着得天独厚的地理条件，为人们呈现了美轮美奂的风情。

1.中国茶叶博物馆茶楼

依山而建的中国茶叶博物馆风景优美，空气清新，现有的茶楼群包括贵宾茶楼、心茶亭、一品亭、玉川楼、七碗居、露天茶座等，适合不同群体品茗赏景。

贵宾茶楼 是茶楼群的核心部分，分上下两层，主要供贵宾品茶和观看茶艺表演，其整体设计严谨、和谐，充满中国传统古典的韵味。一楼采用中式对称设计，红木桌椅配深色的木地板，墙上云南普洱茶饼图上的飞龙瞪视着墙角清雅的君子兰，窗外绿色郁郁葱葱、远山茶园朦朦胧胧。二楼为红木桌椅配欧式风格的装饰，更为开放时尚，体现了中西合璧、古今相衬的特色。

中国茶叶博物馆心茶亭

和式茶室 由一品亭和心茶亭组成，按日式的风格布置。门前屋后间杂着几株樱花，房子为木结构，拉开格子移门，脱鞋入内，席地而坐，室内铺有榻榻米，以竹帘、屏风、矮墙作象征性的间隔。整体布置简洁明快，或悬一画，或插一花，体现了和、敬、清、寂的茶道精神。

仿明茶楼 分玉川楼、七碗居、露天茶座内外三部分，整个结构古朴严谨，不用入门也能感触到流淌在角角落落的朗朗"明"风。房子为木结构，室内设计成明朝传统居家的客堂形式，正中悬画轴，两侧为对联，其中玉川楼的楹联上

中国茶叶博物馆七碗居

书"茶烟清与鹤同梦，竹榻静听琴所言"。屋外，茂密高大的香樟树下散放着一些藤桌椅，供茶客休闲品茗。茶桌边小溪流水潺潺，对岸的七碗居楼阁掩映在树影花间、芦苇丛中，空气里弥漫着洗彻心扉的樟树香味。

2.杭州湖畔居茶楼

位于杭州西湖六公园北侧，三面临湖，有着"湖光山色共一楼"之美誉和"秀色可餐西湖醉，湖畔居士宾如归"的佳话。

湖畔居一楼有各档茶位，汇集了全国各地的各种优质名茶、套茶、功夫茶100余种及杭式点心；二楼大厅有龙井厅、湖畔诗社等各具特色的包厢。同时，还推出红楼茶宴、秦淮茶宴、江南茶宴等各种茶宴及韩国茶、英国茶等；三楼音乐茶吧东南侧有湖畔阁豪华包厢，在

杭州湖畔居茶艺师现场泡茶

湖畔居茶楼外景

湖畔居茶楼包厢

品茗或享用茶宴之时更能领略西湖湖光山色共一楼的独特情趣。此外，二三楼临湖露台上的茶位，也是独有情趣的品茶、赏景的好地方。

3.杭州吴山城隍阁茶楼

"鉴湖女侠"秋瑾写过一首《登吴山》的诗，其中写道："老树扶疏夕照红，石台高耸近天风。茫茫灏气连江海，一半青山是越中。"新西湖十景之一的"吴山天风"即由此而得名。从吴山广场沿山而上，就到了城隍阁，城隍阁共六层，集休闲、观景和接待功能为一体。建筑与湖、山、江、城相呼应，是观看杭州全景的最佳之处。3～6楼为茶楼，室内有中国藻井图案造型的吊顶，传统明式红木家具点缀其间，江南丝竹奏出悠悠曲声。每层的露台和平台宽阔，是品茗、赏月、观景的绝佳之地。站在这杭州最高、视野最佳的茶楼上，西湖美景一览无余。

杭州城隍阁茶楼外景

城隍阁茶楼演艺大厅

茶楼里配备各种名茶、名点，如最具杭州特色的点心西湖藕粉、吴山酥油饼等。

4.黄龙茶艺馆

位于黄龙洞之侧，依山傍洞，风景独优。纯木结构、仿古建筑是其特色，隐在幽幽绿树之中，给人以神秘的遐想。它将杭州独特的园林艺术与传统的宫廷建筑完美结合，融合自然与时尚，用历史文化与现代对话的表现方式，给人们提供了一个休闲、商务、聚会的场所，曾被评为杭州十佳温馨茶楼之一。

5.绍兴雁雨茶楼

位于绍兴城市广场西南之侧卧龙山麓宝珠桥堍。由著名绍剧艺术家十三龄童与其子创办，以其多年收藏的民间古典艺术精品作为背景装饰，是品味绍兴文化、凝聚亲情友情的绝佳之处。

雁雨茶楼拥有中国各大名茶："龙井"纤细俊秀，"碧螺春"柔曼娇嫩，"乌龙"苍老遒劲，"祁门红茶"汤似琥珀，众多花茶更是婀娜多姿，争奇斗艳，清香绽放。会稽山源头舜江清泉泡沏的名茶浓厚、醇和、鲜甜、回味无穷。具有深厚文化内涵的茶道表演，将中国茶文化和古越文化艺术完美结合，构筑出一隅清香、清静、清趣、清乐的茶艺境地。

6.上海湖心亭茶楼

位于上海豫园外荷花池上九曲桥中心的古亭——湖心亭，是上海开埠的标志性建筑之一。湖心亭始建于清乾隆四十八年（1783），是明代四川布政使潘允端私家园林豫园中一景。至咸丰五年（1855）改为茶楼，曾名"也是轩"、"宛在轩"，是沪上留存至今最早的茶室。

突起的飞檐，红色的雕梁画栋，高悬着的宫灯，整齐的红木桌椅，古色古香。茶楼能容纳200余人

绍兴雁雨茶楼夜景

绍兴雁雨茶楼内景

湖心亭茶楼全貌

品茶，古朴典雅的设备布置，极富民族传统特色；供应的各式名茶，有茶食配套。水质经净化处理，清澈甘甜。茶楼设有专业茶艺表演队。每周一下午，还可以欣赏到江南丝竹优美的乐曲。在亭中品茗赏景，别具一番情趣。

茶楼每天吸引着大量中外游客，还曾接待过英国女王伊丽莎白二世等许多国家元首和中外知名人士。小小茶楼已成为上海市接待元首级国宾的特色场所，蜚声海内外。

7.广东佛山高茗茶艺轩

佛山是一座历史悠久的名城，以水为美，高茗茶艺轩内设文人墨宝、古典屏风，宛如书香门第，岭南风格的特色装潢令人心情舒畅，楼下有仿真榕树，楼上包间里陈设着名人字画。

8.西安六如轩茶艺馆

六如轩茶馆依傍在西安大雁塔西侧，大门两侧的条幅为主人亲自所作："惜花惜月惜情惜缘惜人生,如梦如幻如露如电如泡影"；正中是乾隆手书的"六如轩"三个大字。在六如轩里，大小包间各有雅称，如妙语轩、紫竹轩、静心轩、读月轩、顺顺轩等，主人对各个雅室都有不同的解读，如读

六如轩茶艺馆大厅

月轩："品茶品酒品人生，闲心闲情闲读月"，"万古长空一朝风月"；顺顺轩："人品即茶品，品茶即品人；心清如泉清，清泉如清心"。

六如轩的茶艺表演将茶和情相融，给人以美的享受，使人在观看表演时渐渐融入六如轩的境美、水美、器美、茶美和艺美之中。

9.济南斯宇茶艺苑

斯宇茶艺苑坐落在庄严肃穆的英雄山脚下，东临风景秀丽的植物园，南靠历史悠久的文化古城。在这里喝茶，可欣赏到独创的"泉城功夫茶"，体验到泉城茶艺的独特魅力。斯宇的茶艺师，不仅会让茶客在欣赏茶艺表演的过程中获得美的享受，还会通过与茶客的交流，让茶客在赏茶、洗茶、冲茶、品茶的过程中，感受茶文化的博大精深。茶馆的装饰风格充满现代茶馆的温馨，台湾高山茶的余韵袅袅不绝。

10.昆明一壶春茶楼

一壶春茶楼坐落在昆明翠湖旁，古典式的茶楼宁静而典雅。二楼有露台，可坐到阳光下或树荫里喝茶、聊天、看书、下棋、赏景。

泡茶分功夫泡和一般泡两种，其功夫普洱是品茗者的最爱。在这里，每周日上午9

一壶春茶楼大厅

一壶春茶楼备茶间

点至下午1点都会有一个英语角，可泡上一壶茶，一边品茗，一边听、说英语。

11.山东青州八喜茶艺馆

八喜茶艺馆，坐落在青州宾馆八喜阁的三楼，拥有一支较大的茶艺表演队，其大碗茶遍布全省各大酒店宾馆，其茶艺表演曾在2002年5月的中国济南第二届国际茶博览会

八喜茶艺馆

八喜茶艺馆长廊

八喜茶艺馆品茶亭

上荣获茶艺表演特等奖。八喜茶艺馆与全国众多的无公害茶园基地建立了长期的合作关系，所选用的茶为获得绿色食品证的无公害茶叶。

五、商务茶馆

商务茶馆建立在中高端消费的基础上，凭借专业、文化、品牌来体现其特殊性。别致的场所和个性化的服务是亮点，如会所里陈列豪华的紫檀、鸡翅木的茶台和桌椅，茶艺师提供一对一的冲泡、讲解等服务。

现代茶馆发展至今，内部设计愈加富有现代气息，还更注重品茗环境，文化氛围浓郁、文化品位更高。现代茶馆某种程度上也早已超越了单纯提供饮茶的功能，呈现出更加多元化的发展趋势。在供应茶饮的同时，还可为茶客提供多项商务、休闲形式，如养生餐饮、民俗文化、陶艺布艺、古玩鉴赏、上网看书等。

在这样的现代茶馆中，品茶与商务休闲兼容并蓄，休闲功能几乎与品茶并驾齐驱，有时茶的功能甚至退居次要地位。茶馆已经成为一种现代都市商务、休闲的载体。

1.你我茶燕茶吧

你我茶燕成立于1997年，前身为西湖边湖滨路口一家小小的你我茶吧。茶吧风格定位为休闲、精致、温馨、浪漫。茶、咖啡、红酒；怀旧的音乐与鲜花、烛光，格外受到都市时尚一族的推崇，成为年轻情侣们的最爱。茶吧店堂设计与布置精致婉约，总体布局、风格定位及茶席设计、选茶择水，均具有独到品位。

在杭州市首届茶文化节上被评为"杭州十佳温馨茶楼"，其创意和表演的幽兰出谷茶艺，连续两届夺"金冠奖"、"银冠奖"。

你我茶燕除秉承多年研修茶道之传统外，还顺应时尚消费潮流、引入健康新理念，推出养颜圣品——燕窝系列产品，并推出多款手制港式点心。

你我茶燕茶吧的五彩燕窝

2.杭州临安陶然居茶楼

陶然居茶楼位于临安市苕溪南岸，可同时容纳200余人，集散座、卡座、摇椅、各式大小包厢于一体，可品茗、会友、娱乐、商务洽谈。曾被杭州市评为最佳商务茶楼。陶然居茶楼楼名取自李白的《下终南山过斛斯山人宿置酒》一诗的最后一句："我醉君复乐，陶然共忘机"。意思是说，我醉了，您也很快乐，我们都似乎忘掉了血肉之躯的存在，远远离开了世俗的种种。陶然居人希望能以茶代酒，为当今都市人提供"我醉君复乐，陶然共忘机"的小憩之处。

其设计风格以临安的生态环境为主体，小桥流水，翠竹林立，富有江南韵味。一楼大厅宽敞，梅花和桃花竞相开放，蜿蜒的小溪里时常可见一群群小鱼争食嬉戏。在悠扬的古筝声中欣赏茶艺表演，在陆羽烹茶图前细细品尝各类名茶点心，仿佛已置身于山间野林里与茶圣切磋茶艺。20多间包厢基本临窗，随时可欣赏到窗外苕溪沿岸的山水风光。二楼的自助茶点由茶艺师制作，提供各类绿茶、红茶、乌龙茶、白茶及精选花茶、果茶、奶茶、保健养生茶等。陶然居茶楼提供的绿茶"陶然云雾"、"天目青顶"等分别产自陶然居茶楼的茶叶基地浙西大峡谷和太湖源东坑村，天然无污染，是当地有名的有机茶。

临安陶然居茶楼大厅

陶然居茶楼包厢

3.浙江安吉第一滴水茶艺馆

位于安吉县城的生态广场，是一座隐于修竹松林间的园林建筑，内部设计独特，融合了古典和现代元素，设有溢水莲池、石雕碑文、古旧家具、青纱缦、紫穗帘、竹根雕等。在这里可品尝全国各种名茶，也可品尝茶馆基地自产的安吉白茶和野生茶。上等的好茶配上黄浦江源头活水、竹根之滤乐平水、白茶母地大溪山泉、石佛甘露观音水，茶馆精选的四味珍水，便是该茶馆别具特色的创意之一。

4.忆江南茶楼

杭州忆江南茶楼是一处集"自然、休闲、江南人文、茶文化为一体的多元化人文空间"。这里有清水荡漾的水榭楼台和丰富的茶、茶点，让人们在品茗同时，享受江南水乡"小桥、流水、人家"所带来的舒适休闲。提供多元化的休闲娱乐服务是忆江南茶楼的特色，特设棋牌区和商务休闲区，配套设施完善，还准备了丰富多彩的卫星电视节目和宽带网络，并在商务休息区提供包括足浴在内的个性服务，满足顾客多元化的需求。

5.慈溪梅岭轩茶楼

梅岭轩茶楼是集商务、休闲、娱乐于一体的大型专业茶楼，可同时容纳200余人。数十个包厢，装修豪华、设施高档齐全。室内大厅植物葱茏，鸟语花香，清爽宜人，如置身于大自然之中。

6.上海唐韵茶坊

唐韵茶坊创办于2000年，位于上海市衡山路。目前，在上海有三家风格独特的茶

唐韵茶坊初期外景

唐韵茶坊整修后外景

坊,其主要功能是提供交流、休闲的优雅空间。茶坊提供的茶品以传统茶为基础,兼及保健茶及创新茶。同时,提供干果、鲜果及商务、家庭小厨。唐韵对茶做出了新的定义和新的诠释,"品茶是工作的延续,品茶是一种休闲的工作方式"。

7.上海紫怡茶道馆

紫怡茶道馆坐落在上海市闸北区风景怡人的大宁灵石公园门外,是一所环境怡人、脱俗雅致、富有古韵的人文景观品茗坊。

唐韵茶坊内景　以上3幅图引自《中式茶楼》

茶道馆装修古朴而典雅。门柱是用百年榆木雕刻的九叠篆:福禄禧寿和荣华富贵,两侧配以紫竹。大厅里两扇古色古香的大门,具有中国特色的宫灯和与主题相符的茶船

紫怡茶道馆外景

紫怡茶道馆大厅一角

超凡脱俗，百子图青花瓶富贵华丽。古语有云"茶墨俱香"，茶、墨向来是文人的共爱，茶道馆以文人墨客的书画加以点缀，恰到好处地把两者结合在了一起。

曲径通幽的走廊把茶道馆分为两个部分，一边是青青竹帘营造的小天地，一边是开放式的雅座。馆内除精致的茶品外，还提供富有异域风情的饮料、咖啡。

8.嘉兴平湖格陵兰版纳茶楼

茶楼内设"春露堂"、"香宜亭"、"滴翠亭"、"秋爽斋"、"竹素苑"、"逸思轩"、"凝雪阁"、"紫藤庐"等十多个茶叙休闲包厢，以亲切、随意、放松的理念

平湖格陵兰版纳茶楼一角

平湖格陵兰版纳茶楼馆主与禅师切磋茶文化

服务于广大顾客，同时设有书画室、棋牌室。茶楼地面全部以实木地板铺设而成，淡雅的色调，清晰的木纹，既清新又古朴。大厅墙上小杉木参差排列，纸质的茶灯古意盎然，又有字画点缀于墙上，给人以一种置身森林的感觉。中厅犹如古意书斋，文房四宝齐备，字画满墙，可谓茶墨并香。休闲包厢也别有意趣，如"逸思轩"特意把包间地面抬高三个台阶，杉木护墙，有纯白的天花板与艺术玻璃小吊灯；"竹素苑"全部用小翠竹装饰，墙上屋顶均是；"凝雪阁"全以杉木装饰，"和、敬、清、寂"四个字道出了此间包厢的日式风格；"秋爽斋"具中式风格，墙上以蓝印花布装饰，中间一个假窗户上挂了两条布艺鱼，一派农家风味……

9.广州雅韵轩茶艺馆

通过塑造全国特色城市文化的空间，装修出不同风格的包间，将客人引领进入一个置身于他乡的情景，让顾客得到一个足不出户，举国畅游的地方特色茶艺馆。

雅韵轩茶艺馆外景 引自《中国茶馆鉴赏》

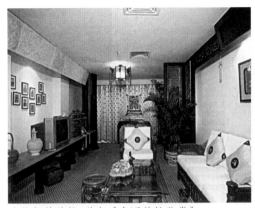

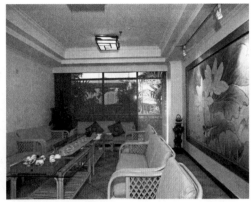

雅韵轩茶艺馆 引自《中国茶馆鉴赏》　　　　雅韵轩茶艺馆包厢 引自《中国茶馆鉴赏》

　　茶馆在装修与设计方面匠心独运,将静态景观与虚化景象较好地融合在一个小小的包间之内。通过异域他乡的城市特色装饰与柔和静谧的灯光相结合,让人产生出迷蒙的错位感。省去舟车劳顿,在广州市内就能感受老北京的文化特色、江南水乡的恬淡优雅、西南民族的好客热情。雅韵茶艺馆通过展示祖国博大的风土人情与地域特征,构筑了一个五脏俱全的现代茶艺馆。

10.昆明今雨轩茶馆

　　今雨轩茶馆坐落于美丽的昆明城,馆内设计温馨而古朴。博古架上是各种装饰品,水墨画、书法挂于墙上,茶台、古琴摆放在旁,海棠幽兰随处点缀。正中台案上悬挂达摩像,旁边是一副对联"普洱茶开百窍通泰,达摩禅悟一念不生",诉说着这一方小天地的一丝禅意。

今雨轩茶馆斗茶表演厅

　　金达摩古树清饼普洱"定慧之韵"、陈年普洱"妙香藏真"……这里的茶艺小姐在泡茶的同时也会为茶客做简单的介绍。

11.河南水云涧茶楼

　　水云涧茶楼是河南十佳茶楼之一。室内装饰字画代表着文化背景,丝竹管乐为客人营造一个清雅幽静的氛围,给人一种自然古朴的感觉。从冠名的茶艺、装饰、器具到店堂格局设置,无不渗透着典雅与清幽。

12.唐山六福茶艺馆

　　六福茶艺馆共分三层,可同时容纳上百人品茗聚会,是目前唐山市规模最大、功能最全,口味最高的现代派茶艺馆。茶艺馆分为散座和风格各异的雅居,装饰风格具有江南特色。清淡的装修格调,配以多盆绿色植物,精巧的回廊,无不渗透出诗情画意。茶艺馆内供应各种茶叶和茶具。

13.沈阳和静园茶楼

和静园茶楼作为东北第一家高级专业茶艺馆，目前已经成了茶艺馆行业的知名文化品牌。

和静园对品茗环境的要求严格而唯美，那里的品茗空间华丽而不流于俗艳，精致而不拘于工巧，传统而不保守。其主题茶艺《白云流霞》引人入胜。

和静园茶人会馆

2005年和静园在沈阳创立了北方第一个普洱茶专营店——和静园茶人会馆。几百种普洱茶，最先被创办者从云南"动迁"到了北方，在沈阳安了家。它们"生活"在特制的茶仓里，人们可以观赏到不同"年龄"的普洱茶。

茶人俱乐部，是和静园在创立8年后推出的品牌升级版。他们辟出2 000平方米的"理足馆"推出"理足调心"的健康理念。

和静园俱乐部品茗大厅

14.呼和浩特健康茶楼

健康茶楼的"健康茶"是将绿茶、红茶、花茶、白茶、黄茶和乌龙茶按比例科学配制，具有较高的营养价值和保健功能，且口感丰富、纯正，消费者易于接受。

庄主以创办健康茶楼为载体，通过推广健康茶和茶疗系列，使呼和浩特的茶人对健康饮茶、饮茶健康有了更深入的了解。

15.哈尔滨雅泰茶楼

"雅室香茗聆妙音，泰然不涉宠辱心。茶中自有神仙道，楼外红尘不染身。"茶楼设计典雅，装修时尚。龙井、花茶、茉莉、铁观音等各种低中高档茶一应俱全，并以优质的服务、优雅的音乐成为冰城哈尔滨茶人品茗会友的好去处。

六、文化主题茶馆

茶自诞生之日起，就与文化结下了千丝万缕的联系。历代文人皆饮茶，茶饮能给他们增添文采，让他们写出精彩诗文、绘出栩栩如生的画卷。从晋代诗人杜育、左思，到唐宋时期的杜甫、苏轼、白居易，从宋徽宗赵佶的《大观茶论》，到清代乾隆的《坐龙井上烹茶偶成》，多少文人墨客以茶入诗、以茶入艺、以茶入画、以茶起舞、以茶歌吟、以茶兴文、以茶作礼。…

现代茶馆继承并延续了茶与文化的渊源，在室内设计和茶品管理等各方面都十分注重文化内涵的烘托。除了文学艺术，茶馆还将茶与多种文化融合，包括仿古建筑、古董收藏、音乐艺术等，让茶客在品茶的同时感受到其他优秀文化的熏陶。

这些以茶为媒，相聚志同道合者的茶馆，使茶的清香增添了一份优雅的韵味，它们仿佛是穿越时空的使者，传递着先人的荣耀，引领心灵进入宁静的家园。

1.杭州老龙井御茶园

言不尽西子，方必及龙井。从龙井村向西，沿途农家茶室次第相迎，峰回路尽处即为老龙井御茶园。

老龙井御茶园

进门是一块题为"龙井问茶"的石刻，从竹林边上的台阶上去，就是大名鼎鼎的"十八棵御茶"了。如今，"十八棵御茶"修剪得更像公园里的观赏植物，并由刻了龙形图案的精美石栏围了起来，成为此处的招牌景观。

从御茶园往里，有三幢两层的茶楼，廊榭庭园，飞檐翘角，一派古色古香。一幢用来介绍龙井茶的历史、制作方法以及老龙井周边的人文景观；另一幢专门用于迎客和表演茶道；还有一幢则为品茗休闲的茶室，在这里可以品尝到"十八棵御茶"的茶味和正宗的狮峰龙井茶。从茶室圆洞门穿出去，可以看到几处古迹：在一泓碧水的侧壁上所镌的"老龙井"三个字，相传为苏东坡所书。龙嘴至今涌泉不息，汩汩而流，吐出的山泉寒碧异常，清澈见底。搅动池中水时，会有一明显高出水面的水线，民间传说为龙须，实为水中矿物质含量颇丰所致。此处虽曰井，实与寻常的井不同，配以龙头，隐喻"龙井"。

2.杭州和茶馆

和茶馆始创于1999年，全称为"和茶馆·正和雅集"。寓意是希望将中国古老的茶文化和中国古典艺术品中所蕴涵的浓厚民俗文化结合起来，在纷繁的现代社会中构筑起一隅清香、清趣之地。

这里有古典家具、老绣片、历代水具茶具、银饰造像……进入和茶馆就好像进入了一个摆满古玩物的博物馆，这也是其不同于杭州其他茶馆的独特之处。

3.上海雅趣茶道馆

上海最早的茶道馆之一。讲究品茗艺术，"泡好每一壶茶"、"好茶与您分享"是雅趣茶道馆宗旨。不仅为茶友提供幽雅的品茗休闲氛围，在那里茶友同时也能领略

茶馆风情

到茶艺、琴艺、花艺、陶艺等相关艺术。

雅趣注重文化品位，始终与茶文化相结合，体现江南特色。茶道馆中演奏者充分运用排箫、二胡、古筝、琵琶、中音笙、古琴等乐器不同的特性，综合地方音乐的色彩，细腻地描绘出不同地区的茶味与别致，使听者在聆赏音乐之际，神游茶乡的美丽风光，享受在茶乡品茶的独特风味。

雅趣茶道馆内景 引自《中国茶馆鉴赏》

4.山东名人茶馆

探索儒家文化与中国饮茶文化之间千丝万缕的联系，齐鲁学子王赛时撰写的《名人茶馆记》说："佛山脚下，虎泉之南，地生灵竹，有寮飘香，此乃名人茶馆也。"茶馆的内外部装饰，体现了儒学文化气韵，更像是古时学究气氛浓厚的书香门第；突出孔子、儒

山东名人茶馆外景 引自《中国茶馆鉴赏》

家文化藏品，使用传统文化茶具，保持东方风韵。茶馆洋溢着孔子茶道，并提供茶艺文化演示等。

5.广东潮州天羽茶斋

天羽茶斋创建于2000年，是潮州市对外茶文化交流的非营业场所。潮州天羽茶斋中茶器采用传统功夫古茶具：红泥小炉、橄榄炭、砂铫等煮水泡茶，是国家非物质遗产"潮州功夫茶"的宣传窗口。同时，还组建了潮州唯一的"潮州功夫茶"表演队。

刘枫在天羽茶斋品尝潮州功夫茶后题字留念

6.张铭音乐图书馆

音乐茶馆以饮茶品点、欣赏音乐艺术为主要内容，是既品茶又娱乐的文化场所。在唐代已有先例。

张铭音乐图书馆坐落在杭州西湖边六公园，是国内音乐界第一家面向大众的民办音乐图书馆。门口是大大的圣诞树，推开玻璃门则见一大摞的CD、墙上各种留言、架子上丰富的杂志、舒适宽敞的沙发、时尚而简洁的前台。人们可以在这里选自己喜欢的光碟、杂志，泡一壶好茶，坐上一个下午，感受午后的宁静和惬意。

七、农家茶楼

在茶农自家开的茶室里喝茶，喝到的是茶农自己种植、自己采摘、自己炒制、自己冲泡的好茶，感受到的是茶农淳朴、真挚的情感，欣赏到的是四周满目的秀丽风景。农家茶室的另一特色就是茶与农家菜的结合。许多前来喝茶就餐的人，就是冲着茶室地道的农家饭菜的，土鸡、土鸭、土菜等农村特色菜，引来众多城里人，就着茶园摆开餐桌，吃着土鸡、喝着清茶，成为不少都市人前来农家茶室的追求。

农家茶楼的价格不等，但总体较为实惠，泡茶器皿则是敞口玻璃杯，而菜式上已逐渐向餐馆化过渡，如虾类、海鲜类也渐渐在餐桌上出现。正是农家茶室独具一格的风格，吸引了许多人前去喝茶、就餐。

1.钱师傅茶庄

钱师傅茶庄位置优越，地处杭州市龙井路旁的里鸡笼山。自2005年开办以来，一直经营农家乐茶庄及各种农家菜，吸引了不少杭州市民前去休闲品茗。茶庄自有茶园，一年四季供客人游赏，客人可在翠绿的茶树下放几张桌椅，静静地晒太阳；或者在主人的指导下自采、自制、自泡地道的西湖龙井茶。

茶楼开张的时间以每天第一位客人的到来为准，完全奉行"顾客是上帝"的经营理念。农家菜原料新鲜，以龙井茶入菜，散发着茶的丝丝清香。

钱师傅茶庄

2.幼展茶庄

幼展茶庄坐落于著名的西湖龙井茶原产地西湖景区龙井村，毗邻狮峰山，离十八棵御茶树仅百步之遥。茶庄主要经营龙井茶的销售，亦是龙井村最早经营农家饭的茶庄之一。茶庄四面环山，郁郁葱葱，风景秀丽，环境清雅，正门口有一泉涓涓流淌，从九溪十八涧源头引流而下，正所谓推门迎一泓溪流，开门迎四面青山。院内摆放着炒茶锅和品茶桌椅，屋内存放有狮峰龙井的传统大茶罐。茶庄为杭州市茶楼业协会会员，2008年被杭州市商贸局评为最佳乡村茶居。幼展茶庄基于对中国茶文化的热衷，及对中国传统文化的崇尚，而精心打造的中国传统家庭式品茶、赏茗及交友的场所，也是现代时尚休闲、品尝西湖茶宴、观光赏月的好去处，是古典与现代完美结合的产物。

3.梅五星人家茶庄

在梅家坞茶文化一条街上，远远望去就可以看到梅五星人家茶庄上方飘着的五星红旗，取意庄主的姓名——"梅五星"，走到近处，是一所干净素雅飘着茶香的院子，院子里摆放着品茶桌椅和炒茶锅。每当春茶采摘季节，庄主便会亲自上阵，安排在自家一亩多的茶园里放些茶篓，供游客体验采茶的乐趣，并且边示范边讲解，怎么采才是正确的手法和标准的芽叶，什么是"喜鹊嘴"、什么是"一芽一叶"……并将采摘来的鲜叶摊放在竹匾内，现场炒制成西湖龙井茶，用山顶泉水现场冲泡，供游客品饮观赏。为了满足游客在梅家坞休闲一天的需求，茶庄在提供梅家坞龙井茶的同时，还兼营农家菜肴。

八、社区茶室

贴近居民，为居民服务，以公益事业为己任，是社区茶室的特色。越来越多的老人喜欢在社区茶室度过自己的每个下午。花上几元钱就能捧着一杯热气腾腾的茶在茶室里消磨时光，既可以和邻里唠唠家长里短、谈谈子女、生活，又可以和相识多年的老友下下棋、叙叙旧，年轻人也对社区茶室情有独钟。虽然不像景区茶室那样景色宜人，超凡脱俗，也可能不适合文人墨客抒发思古之幽情，但是却适合大众休闲交际、承载市井生活。

1.上海新民茶室

上海市积极构筑城市终身教育体系，通过开办社区学校和社区"新民茶室"，便民利民，丰富市民业余生活，加强新形势下思想道德建设和精神文明创建工作。"新民茶室"成为居委会工作和活动场所的延伸，既是茶室、活动室、小区图书室，也是谈心室、调解室、信息公布室、选民选举室、规章讨论室等，为小区居民参与居委会工作提供了场所。

2.杭州绿茗社区书茗苑茶室

书茗苑茶室位于江干区采荷街道，属于茶吧性质。绿茗社区以绿茗即茶树的嫩芽为名，"以茶会友，以书结朋"为目的，为居民提供一个娱乐、休闲、喝茶、交流的平台。日常开展功夫茶艺表演，还为居民朋友提供中国六大名茶。在这高雅的环境里，普通居民也能品味优美的茶韵，享受茶文化的趣味。

九、港澳台茶馆

1.香港乐茶轩茶馆

乐茶轩茶馆是一座位于香港公园及博物馆内的茶馆。其建筑沿用19世纪英国维多利亚风格，环境优美，绿树成荫，占地200多平方米，成为香港文化人每周日举行"丝竹茗趣"音乐茶座之地。茶馆采用广式饮茶风格，八仙桌椅，虔制素点，精选佳茗。来这里喝茶、吃精致的素食点心，既闲适又优雅。点心由一间净苑的出家人制作，所以全是素食。据说当中最受欢迎的是萝卜糕及腰果糯米糍，其他的点心每日会有所不同。菜式主要是广东菜：萝卜糕、炒乌冬、蒸甘笋饺、紫米糕、腰果糯米糍和奶皇烧饼。

2.澳门春雨坊茶艺馆

澳门集天下美食之大成，春雨坊则集天下名茶之大成。春雨坊茶艺馆是澳门第一家现代茶艺馆，装饰得颇有江南风韵。馆内水榭茶亭，丝竹声回。茶艺馆以清新、高雅的格调，精湛的茶艺令人忘却烦忧，享受喝茶的乐趣。客人除了品尝名茶之外，亦有精致的茶食可吃，如白玉卷、蛋白肉馅糕等。店内还出售具有中国传统文化特色的茶叶、茶具、茶艺书籍、民族服装、饰物及乐器。在春雨坊，可以喝到三十多年的普洱茶和武夷山正岩茶，连台湾产量有限的东方美人茶也全收集到位，称得上是百茶之馆。

3.台湾桄翠坊

桄翠坊坐落于台北市区，是一个闹中取静的逸茶空间。进入桄翠坊，迎面的草席香与淡淡的原木香，悦耳的琴音，舒适的灯光，恰到好处的绿意，令人感到放松。桄翠坊不愿茶被扭曲而变调，以生态茶为圆心，生活美学为半径，画出一个食茶文化的圆，有着有形的养生美食、茶具器皿、古董、文物；有着无形的音乐……这里只提供有机自然生态的茶品。菜色单纯而富有诗意，有机天然的食物素材是基础,烹调只为引出食物的真滋味，不妄言茶道、香道、花道。

全球性文化交流，使茶文化传播到全世界，同各国人民的生活方式、风土人情相结合，呈现出五彩缤纷的世界各民族饮茶习俗……

第八篇 茶之传播

中华茶文化是中华民族优秀的文化遗产，也是世界文化遗产的重要组成部分。古代中国海陆交通发达，政治、文化影响已经远远超出国界。所以，中华茶文化丰富发展的历史也是中华茶文化对外传播交流的历史。

第一章　茶文化在亚洲的传播交流

一、茶文化在朝鲜半岛的传播交流

朝鲜半岛在4～7世纪中期，是高句丽、百济和新罗三国鼎立时代。632-646年间（相当于唐贞观年间），新罗逐渐统一了朝鲜半岛，开始从中国引进饮茶习俗。

在南北朝和隋唐时期，百济、新罗与中国的往来频繁，经济和文化的交流关系也较密切。特别是新罗，在唐朝有通使往来120次以上，是与唐通使来往最多的邻国之一。新罗人在唐朝主要学习佛典、佛法，研究唐代的典章，在学习佛法的时候将茶文化带到了新罗。

公元828年，新罗使节金大廉将茶籽带回朝鲜，种于智异山下的双溪寺庙周围，朝鲜的种茶历史由此开始。朝鲜《三国本纪》卷十《新罗本纪》兴德王三年云："入唐回使大廉,持茶种子来，王使植智异山。茶自善德王时有之，至于此盛焉"。

二、茶文化在日本的传播交流

中国的茶与茶文化，对日本的影响极为深刻，日本茶道的发祥与中国文化的熏

日本茶画

茶之传播

日本茶画

空海入唐之碑石

陶戚戚相关。

唐朝，大批日本遣唐使来华，到中国各佛教圣地修行求学。当时中国的各佛教寺院，已形成"茶禅一味"的一套"茶礼"规范。这些遣唐使归国时，不仅学习了佛家经典，也将中国的茶籽、茶的种植知识、煮茶技艺带到了日本，使茶文化在日本发扬光大，形成了具有日本民族特色的艺术形式，并赋予新的精神内涵。

唐贞元二十年（804），日本最澄禅师来中国浙江天台山国清寺，师从道邃禅师学习天台宗。唐永贞元年(805)，最澄从浙江天台山带去了茶种归国，并植茶籽于日本近江（今滋贺县）。

根据弘仁五年（814）闰七月二十八日的《空海奉献表》（《性灵集》第四卷）记载，日本延历二十三年（唐贞元二十年），留学僧侣空海来到中国，两年后的大同元年归日时，空海带回了大量的典籍、书画和法典等物。其中，奉献给嵯峨天皇的《空海奉献表》中提到"观练余暇，时学印度之文，茶汤坐来，乍阅振旦之书。"有关茶的确切文字记载出现在《空海奉献表》以后的第二年——嵯峨天皇弘仁六年夏季问世的《类聚国史》中，记载了嵯峨天皇行幸近江国、滋贺的韩崎，路经崇福寺，又在梵寺前停舆赋诗时，高僧都永忠亲自煎茶奉上。

最澄之前，天台山与天台宗僧人也多有赴日传教者，如六次出海才得以东渡日本的唐代名僧鉴真，他们带去的不仅是天台宗的教义，而且也有科学技术和生活习俗，饮茶之道也是其中之一。

宋代时期，宋代的制茶、饮茶方法先后传入日本。目前，日本还保持中国蒸青

"碾茶"的生产特点。生产高级"抹茶"的原料和玉露茶（高级绿茶）相同。方法是将茶叶（鲜叶）蒸热后，稍加揉捻，直接烘干，再用机械碾成粉末，拣去茶梗，制成"抹茶"。因此，保持了茶叶本来的真香、真味、真色，清香味醇，翠绿艳丽。

径山坐落在今浙江余杭、临安两县交界处，属天目山北麓。唐时，即以法钦所建的径山禅寺而闻名于世，为江南禅林之冠。径山历代多产佳茗，相传法钦曾"手植茶树数株，采以供佛，逾手蔓延山谷，其味鲜芳特异。"后世僧人常以本寺香茗待客。久而久之，形成一套行茶的礼仪，后人称之为"茶宴"。

日本荣西禅师曾两次到中国留学，回国后写下《吃茶养生记》一书，这是日本最古老的一部茶叶专著，他对茶叶的倡导，促进了当时日本茶业的发展，所以荣西被誉为日本的"茶祖"。

日本圣一国师于1242年将浙江余杭径山茶种子以及径山"研茶"传统制法带回

日本的古茶园

荣西禅师碑文

日本"茶祖"荣西像

荣西禅师茶碑

日本。

　　1259年，日本南浦绍明到杭州净慈寺、余杭径山寺，拜径山寺虚堂和尚为师，学习佛经。据《本朝高僧传》记载："南浦绍明由宋归国，把茶台子、茶道具一式，带到崇福寺。"

　　而日本著名的"天目茶碗"，则是由入宋的日本僧人到天目山径山寺、禅源寺学习归国后带回日本的，被奉为日本国宝。

日本的抹茶

宋代黑釉盏曾在日本非常流行

三、茶文化在土耳其的传播交流

　　公元473—478年，突厥商人以蒙古边界为中界地，通过以物易物的方式，与我国进行茶叶贸易。

　　1888年，土耳其从日本传入茶籽试种，1937年又从格鲁吉亚引入茶籽种植。经过不断开发，特别是在国家采取多种鼓励性举措之后，茶业生产逐步走上了规模化发展之路。

竹节银茶具是清代外销的茶具典型

四、茶文化在印度的传播交流

　　印度很早就从西藏传去了饮茶法。1780年，英国东印度公司引进茶籽入印度加尔各答等地试种，但因种植不当而没有成功。1834年，印度组织了一个研究中国茶在印度种植问题的委员会，并派遣委员会秘书戈登来中国调研，引种了大批武夷茶籽，并雇用了中国工人经过多次试验，终于成功培植。1950年后，印度茶业迅猛发展起来。今日的印度已经是世界上茶叶的生产、出口、消费大国。

印度制茶图（晒茶）

印度制茶图（揉茶）

印度制茶图（烘茶）

斯里兰卡茶园

马来西亚拉茶

五、茶文化在斯里兰卡的传播交流

斯里兰卡在4~5世纪就与中国有文化交流。1841年，中国数株茶树种于斯里兰卡的咖啡园中，后在此基础上成立了东方垦殖公司发展种茶。1875年，斯里兰卡在1 000多英亩咖啡园遭遇病害后，转而种植茶树替代，茶叶产业迅速发展起来。

六、茶文化在其他亚洲国家的传播交流

茶叶还通过海上"丝绸之路"向东南亚等其他亚洲国家地区传播。海上丝绸之路起点在泉州一带，这里在唐代就是著名的海外交通大商港之一，与世界上百个国家地区有通商往来。宋、元时期，泉州是我国对外贸易的中心。而当时毗邻泉州的茶叶产地不

1780年前后中国广东珠江流域的外国商馆，大量的中国茶叶通过他们运到欧美各国

少，茶从此向东南亚传播。

南亚诸国是中国从海上通往地中海和欧洲各国的中介地。元、明代以后，中国茶经过这些国家传向西方，形成了一条海上的"茶叶之路"。正是通过这条途径中国茶文化的影响才开始遍及欧美各国。

清代前期，中国的茶叶生产有了惊人的发展，种植面积和产量较前期都有了大幅度的提高。茶叶

清末茶作坊的女工正在分拣茶叶(1)

清末茶作坊的女工正在分拣茶叶(2)

清末出口外销茶

更以大宗贸易的形式迅速走向世界，曾一度垄断了整个世界市场。

1684年清政府取消海禁，茶叶海运贸易迅速发展，先后与中东、南亚、西亚、西欧、东欧、北非等地区的30多个国家建立了茶叶贸易关系。中国茶叶大量外销欧洲，引起欧洲贸易逆差。以英国为首的欧洲各国通过贩卖鸦片来达到商业目的。1842年，清政府被迫签订《南京条约》，实行五口通商后，中国茶叶对外贸易的发展更为迅速；同时，由于清政府允许大量鸦片和工业品进口，致使贸易入超与年俱增。为了平衡贸易逆差，抵制白银外流，清政府大力发展农业，从而使这一时期的茶叶产销呈现一片兴旺景象。据史料记载，1886年出口茶叶量达13万～41万吨。

在英、法等国家资本家的扶持下，越南于1825年、缅甸于1919年开始建立茶园，生产红茶。

公元1684年，德国人由中国输入茶籽在印度尼西亚的爪哇试种，没有成功。1731年，从中国输入大批茶籽，种在爪哇和苏门答腊，自此茶叶生产在印度尼西亚开始发展起来。

锄地

播种

茶之传播

379

浇水

施肥

采茶

拣茶

选茶

装茶

运茶

炒茶

话
说
中国茶

这是一组1800年左右绘制的广州外销画，真实地再现了珠江三角洲流域的风俗和地貌，记录了当时茶叶从种植、施肥、采摘和加工、装箱、外运的全过程。

行商

第二章　茶文化在欧洲的传播交流

19世纪中国广州港箱茶外销的情景

1767年中国与瑞典的茶叶交易契

早在公元851年，阿拉伯人苏莱曼在《中国印度见闻录》中介绍中国广州的情况，其中就提到了茶叶。

14～17世纪，经中亚、波斯、印度西北部和阿拉伯地区通过阿拉伯人，中国茶的信息首次传到西欧。此时，欧洲传教士开始来到元和明朝传教，在为中西文化交流搭起桥梁时，也将中国茶介绍到欧洲。意大利传教士利玛窦在《利玛窦中国札记》中对饮茶习俗的记载详细而具体。

清朝之后，饮茶之风逐渐波及欧洲一些国家，当茶叶最初传到欧洲时，价格昂

外商在检验中国外销茶

茶之传播

哥德堡号商船

哥德堡号商船打捞上来的茶叶

广州茶贸易油画

中国外销茶叶装箱过秤

贵，荷兰人和英国人都将其视为奢侈品。后来，随着茶叶输入量的不断增加，价格逐渐降下来，茶才成为民间的日常饮料。

18世纪，饮茶之风已经风靡整个欧洲。欧洲殖民者又将饮茶习俗传入美洲的美国、加拿大以及大洋洲的澳大利亚等英、法殖民地。到19世纪，中国茶叶的传播几乎遍及全球。

一、茶文化在俄罗斯的传播交流

中国茶叶开始大量输入俄罗斯是在明朝。明隆庆元年（1567），两个哥萨克人在中国得到茶叶后送回俄罗斯。1618年明使携带两箱茶叶历经18个月到达俄京以赠俄皇。至清代雍正五年（1727）中俄签订互市条约，以恰克图为中心开展陆路通商贸易，茶叶就是其中主要的商品，其输出方式是将茶叶用马驮到天津，然后再用骆驼运到恰克图。

俄罗斯砖茶

鸦片战争后，俄罗斯在中国得到了许多贸易特权，1850年开始在汉口购买茶叶，俄罗斯商人还在汉口建立砖茶厂。此外，欧洲太平洋航线与中国直接通航后，俄罗斯敖德萨、海参崴港与中国上海、天津、汉口和福州等航路畅通，俄罗斯商船队相当活跃。此后，俄罗斯又增设了几条陆路运输线，加速了茶叶的运销。

随着中国茶源源不断地输入，俄罗斯的饮茶之风逐渐普及到各个阶层，19世纪时出现了许多记载俄罗斯茶俗、茶礼、茶会的文学作品。如俄罗斯著名诗人普希金就有俄罗斯"乡间茶会"的记述。

1883年后俄罗斯多次引进中国茶籽，试图栽培茶树。1884年索洛沃佐夫从汉口运去茶苗12 000株和成箱的茶籽，开始从事茶树栽培和制茶。

1888年俄罗斯人波波夫来华，访问宁波一家茶厂，回国时，聘去中国10名茶叶技工，同时购买了茶籽和茶苗回国种植，并建立了小型茶厂。几年后再次招聘技工、购茶苗茶籽，种植茶树，并建立茶叶加工厂。

现今，俄罗斯的茶室遍布都市、城镇及乡村，有的昼夜营业，饮茶已经成为俄罗斯人民的生活习俗之一。

二、茶文化在葡萄牙的传播交流

1517年，葡萄牙海员从中国带回茶叶。葡萄牙传教士克鲁兹于1556年在广州居住数月，看到了中国人的饮茶情况，并于1560年公开撰文推荐中国茶"此物味略苦，呈红色，可治病"。

三、茶文化在荷兰的传播交流

明神宗万历三十五年（1607），荷兰海船自爪哇来中国澳门贩运茶叶。1610年荷兰直接从中国贩运茶叶，转销欧洲。这是西方人从东方殖民地转运茶叶的开始，也是中国向欧洲输入茶叶的开始。

最初，中国的茶叶在荷兰仅仅局限于宫廷和豪门世家享用，饮茶成为上层社会炫耀阔绰、附庸风雅的方式。随着进口茶叶的增加和饮茶风气的普及，饮茶逐渐从上层社会转

飞剪船

一种特别构造的快船，不受季风影响，速度快。19世纪40年代，美国人用这种帆船到中国从事茶叶和鸦片贸易。

入普通家庭，并分为早茶、午
茶、晚茶等，成为待客习俗。

荷兰人的饮茶礼仪相当讲
究，每逢客至，主妇以礼迎客
就座、敬茶、品茶、寒暄直至
送别，其过程极为严谨。由于
荷兰人的宣传与影响，饮茶之
风迅速波及英、法等国。

1655年荷兰东印度公司商船停在广州港

四、茶文化在英国的传播交流

早在1600年英国茶商托马斯·加尔威写过一本名为《茶叶和种植、质量和品德》
一书。1639年英国人首次来华与中国商人接触，对茶叶贸易做了调查，但未进行交易。
1644年开始在厦门设立机构，采购武夷茶。1702年又在浙江舟山采购珠茶。1658年英国
出现第一则茶叶广告，是至今发现的最早的售茶记录。1669年由英国直接进口的第一批

东印度公司到中国的运茶商船

英国最早出售茶叶的加仑威尔士咖啡店

茶叶在伦敦上岸。1820年以后，英国人开始在其殖民地印度和锡兰（斯里兰卡）种植茶
树。1834年，中国茶叶成为英国的主要输入品，总数已达3 200万磅。

英国茶文化，先在皇室上层流行，1662年嫁给英王查理二世的葡萄牙公主凯瑟琳，
人称"饮茶皇后"。当年她的陪嫁品包括221磅红茶和精美的中国茶具。在红茶的贵重
堪与银子匹敌的年代，皇后高雅的品饮表率，引起贵族们争相效仿。由此饮茶风尚在英
国王室传播，不但宫廷中开设了气派豪华的茶室，一些王室成员和官宦之家也群起仿
效，在家中专辟茶室，以示高雅和时髦。

18世纪英国人在饮下午茶

外销英国的箱茶正在过秤

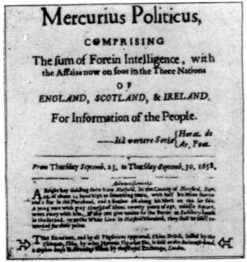

英国最早的茶叶广告，内容是：妙在中国人称之为茶，其他国家的人或称之为tei，或称之为tea，这种所有医生都加以推荐的中国饮品，在伦敦皇家交易所附近的咖啡馆上市。

英国人正在品评茶叶

目前，茶在英国的普及，影响到了千家万户。英国人每年平均消费茶叶3千克左右，伦敦还有世界上最早、最大的茶叶市场。此外，英国还经常举行各种茶会，把杯论道，品茶磋商，进行学术探讨。

三个多世纪以来，茶不但是英国人的主要饮料，而且也在他们的历史文化中扮演了重要角色。

英国茶叶包装工厂的茶师在品评茶叶

茶之传播

五、茶文化在法国的传播交流

法国人接触茶叶，是中国茶传入荷兰后转销法国而开始的。1636年饮茶风气虽在巴黎盛行，但直到20世纪初，普通法国人并不饮茶。只是到了近年，法国人养成了午后饮茶习俗后，饮茶才在法国各阶层兴起。

法国人饮茶一般在下午4时半至5时半，有清饮和调饮两种。其中，清饮和我国目前饮茶方式相似；调饮则加方糖或新鲜薄荷叶，使茶味甘甜。而无论清饮或调饮，均有各式糕饼佐茶。

法国人饮茶以绿茶为主流，名贵茶饮用者主要是上流社会人士，包括一些英、美、俄诸国侨民。

饮茶可以益思，因此受到人们的欢迎，尤其为一些作家、诗人及其他脑力劳动者所深爱。如法国著名作家巴尔扎克就喜欢中国茶。

第三章　茶文化在美洲、非洲和大洋洲的传播交流

一、茶文化在美洲的传播交流

美国人饮茶的习惯是由欧洲移民带去的，因此饮茶方式与欧洲大致相同。

1773年英国政府为倾销东印度公司的积存茶叶，通过了《救济东印度公司条例》。该条例给予东印度公司到北美殖民地销售积压茶叶的专利权，免缴高额的进口关税，只

波士顿倾茶事件中的装茶货船

征收轻微的茶税。条例明令禁止殖民地贩卖"私茶"。东印度公司因此垄断了北美殖民地的茶叶运销，其输入的茶叶价格较"私茶"便宜50%，该条例引起北美殖民地人民的极大愤怒。

1773年12月16日，东印度公司三艘满载茶叶的货船停泊在波士顿码头，愤怒的反英群众将东印度公司船上的342箱茶叶全部投入海中，史称"波士顿倾茶事件"，这是美国第一次独立战争的导火线。

美国独立后，茶叶无需经由欧洲转运，茶叶成本随之降低，但茶叶在美洲仍是高级饮料。1784年2月，美国的"中国皇后号"商船从纽约出航，经大西洋和印度洋，首次来中国广州运茶，获利丰厚。从此，中美之间的茶叶贸易与日俱增，不少美国的茶叶商户成为巨富。

南美洲到20世纪初才有茶叶栽培，1920年日本侨民开始在巴西开园种茶。1924年南美的阿根廷由中国引种茶籽于北部地区，并相继扩种。

在巴西里约热内卢植物园种茶的中国茶农

二、茶文化在大洋洲的传播交流

大洋洲饮茶，大约始于19世纪初。随着各国经济、文化交流的加强，一些传教士、商人，将茶带到新西兰等地。以后茶的消费在大洋洲逐渐兴盛起来。在澳大利亚、斐济等国还进行了种茶的尝试，在斐济种茶获得成功。

茶之传播

387

在历史上，大洋洲的澳大利亚、新西兰等国的居民，多数是欧洲移民的后裔，深受英国饮茶风俗的影响，喜饮牛奶红茶或柠檬红茶，而且喜欢在茶中加糖，特别钟爱茶味浓厚、汤色鲜艳的红碎茶。由于大洋洲饮的是调味茶，因此，强调一次性冲泡，饮用时还须滤去茶渣。

大洋洲人饮茶，除早茶外，还饮午茶和晚茶。至于茶室、茶会等几乎遍及社会的每个角落。尤其是新西兰，人均茶叶消费量名列世界第三。在新西兰人的心目中，晚餐是一天的主餐，比早餐和中餐更重要，而他们则称晚餐为"茶多"，足见茶在饮食中的地位。新西兰人就餐一般选在茶室里进行，因此，当地到处都有茶室，供应的品种除牛奶红茶、柠檬红茶外，还有甜红茶等。但是，在新西兰，通常在就餐之前不供应茶，只有在用完餐后才可以喝茶。

新西兰人喜欢喝茶，所以，在政府机关、公司等，还在上午和下午安排喝茶休息时间。至于有客来访，或双方会谈，一般都先奉上一杯茶，以示敬意。

三、茶文化在非洲的传播交流

19世纪50年代，东非和南非等地区先后种茶。20世纪50年代，中国又帮助马里、几内亚等国家发展茶叶生产。

如今，由于非洲的多数国家气候干燥、炎热，居民多有宗教信仰，不饮酒而饮茶，使饮茶成为日常生活的主要内容。无论是亲朋相聚，还是婚丧嫁娶，乃至宗教活动，均以茶待客。这些国家多爱饮绿茶，并习惯在茶里放上新鲜的薄荷叶和白糖，熬煮后饮用。

中华茶文化走出国门与其他国家的文化相融合，演变成日本茶道、韩国茶礼、英国茶文化、俄罗斯茶文化、摩洛哥茶文化……

茶文化已经成为世界性的文化，是全人类共有的文化财富。

后　记

座上清茶依旧，杯中虽有常新。

中国茶叶博物馆已匆匆走过了20年不平凡的历程。

20年前，中国茶叶博物馆建成于中国茶文化方兴之际。即时引领一时风会。如今回首看时，已成为中国茶文化发展史的标志性事件。

薪尽火传。20年来，中国茶叶博物馆承继古代悠久的文明，梳理了中华茶文化的历史脉络，总结历代茶人茶学的精神，推陈出新，开创了中华茶文化研究的全新局面。

中国茶叶博物馆以及由中国茶叶博物馆倡导及发起的中国国际茶文化研讨会等诸多盛极一时的茶事活动，不断地促进了中国茶文化的发展，并步步深入，一时间形成了茶文化研究波澜壮阔的局面，给中国的茶事活动以极大的推动。而随后由中国茶叶博物馆举办的"茶艺师"培训活动，则为全国各地火爆的茶馆业、茶馆文化奠定了基础。

务虚求实。20年来，中国茶叶博物馆在有关茶文化的各个领域进行了不倦的探索与实践，不断地提高自身的形象与品位，今日的中国茶叶博物馆已成为中国茶文化相关文物最重要的收藏与研究中心，成为中国以及世界各地茶文化研究者、爱好者的交流中心，为在更深、更广阔的领域内弘扬茶之精神搭建了平台。

本书的出版，可以说是中国茶叶博物馆诸多同仁对20年来工作的回顾与总结，以及在有关中华茶文化的各个领域内所作的研究与探讨。本书视野广阔，内容丰富，资料翔实，雅俗共赏，堪称茶文化的百科全书。从中我们也可以看出，中国茶叶博物馆年轻茶人们踏实的足迹、辛勤的劳动与付出。

中国茶叶博物馆还很年轻，前面的路还十分漫长，尚需百尺竿头更进一步，把中华茶文化的研究推向更高的层次，完成中华茶文化从"艺"到"道"的飞跃，即由"形而下"向"形而上"的过渡，在上层建筑意识形态领域内构筑更富于理性与哲学意味的理论体系，使有悠久传统的"中国茶道"精神重新发扬光大。

谨以此与中国茶文化研究者共勉。

编　者

2010年10月

参考书目

1. 姚国坤，图说中国茶文化.杭州：浙江古籍出版社，2008

2. 陆钧、施奠东，品茶说茶.杭州：浙江人民美术出版社，2003

3. 张文江，洪州窑.上海：文汇出版社，2002

4. 河北省文物所，珍瓷赏具.北京：科学出版社，2007

5. 李辉柄，两宋瓷器.上海：上海科学技术出版公司，2005

6. 中国土产畜产进出口总公司，中国——茶的故乡.香港：香港文化教育出版社有限公司，1994

7. 浙江省文物考古研究所，浙江考古精华.北京：文物出版社，1999

8. 香港艺术馆，中国陶瓷茶具.香港：香港市政局，1991

9. 法门寺考古队，法门寺地宫珍宝.西安：陕西人民美术出版社，1994

10. 静嘉堂文库美术馆，煎茶具名品展.日本：1998

11. 香港茶具博物馆，中国古代茶具展.香港：香港市政局，1994

12. 矢部良明，唐物茶碗.日本：株式会社淡交社，平成11年

13. 河北省文物局，定州文物藏珍.广州：岭南美术出版社，2003

14. 辛革，佛宝.上海：上海文艺出版社，2003

15. 王建荣等，绿茶功夫.杭州：浙江摄影出版社，2010

16. 陈锦，四川茶铺.成都：四川人民出版社，1992

17. 《云南少数民族图库》编委会，德昂族.昆明：云南美术出版社，2002

18. 《云南少数民族图库》编委会，哈尼族.昆明：云南美术出版社，2002

19. 曹子丹，吃茶的民族.长沙：湖南美术出版社，2005